高等院校**计算机**
基础课程新形态系列

Python
程序设计基础

王静红 傅志斌 / 编著

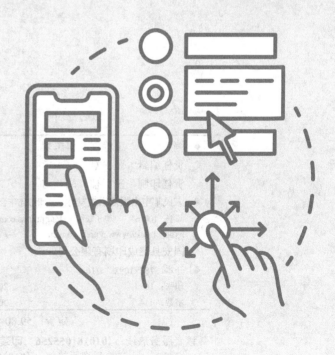

人 民 邮 电 出 版 社
北 京

图书在版编目（CIP）数据

Python程序设计基础 / 王静红，傅志斌编著. -- 北京 : 人民邮电出版社，2024.2（2024.3重印）
高等院校计算机基础课程新形态系列
ISBN 978-7-115-62265-5

Ⅰ. ①P… Ⅱ. ①王… ②傅… Ⅲ. ①软件工具—程序设计—高等学校—教材 Ⅳ. ①TP311.561

中国国家版本馆CIP数据核字(2023)第122911号

内 容 提 要

本书以 Python 知识脉络为线索，结合 Python 生态系统，通过融合中华优秀传统文化、历史人文等元素的实践案例，力求在轻松的氛围中培养读者的程序设计能力和计算思维能力。

全书共分 10 章，主要内容包括搭建编程环境，基础语法概述，流程控制语句，字符串，列表、元组与字典，函数，访问文件，处理异常，模块与包，面向对象编程等。本书各章内容采用模块化组织，除了具体知识的梳理与铺陈，每章都会介绍相关的 Python 库，并提供多个案例对本章知识进行综合演练，通过拓展实践进一步提升读者的实操能力。

本书内容由浅入深，可读性强，适合作为普通高等院校 Python 程序设计相关课程的教材，也可以作为 Python 编程爱好者的参考书。

◆ 编　著　王静红　傅志斌
　　责任编辑　张　斌
　　责任印制　王　郁　胡　南
◆ 人民邮电出版社出版发行　　北京市丰台区成寿寺路 11 号
　　邮编　100164　　电子邮件　315@ptpress.com.cn
　　网址　https://www.ptpress.com.cn
　　固安县铭成印刷有限公司印刷
◆ 开本：787×1092　1/16
　　印张：16　　　　　　　　　　　　2024 年 2 月第 1 版
　　字数：414 千字　　　　　　　　　2024 年 3 月河北第 2 次印刷

定价：59.80 元

读者服务热线：(010)81055256　印装质量热线：(010)81055316
反盗版热线：(010)81055315
广告经营许可证：京东市监广登字 20170147 号

党的二十大报告提出，教育、科技、人才是全面建设社会主义现代化国家的基础性、战略性支撑。必须坚持科技是第一生产力、人才是第一资源、创新是第一动力，深入实施科教兴国战略、人才强国战略、创新驱动发展战略，开辟发展新领域新赛道，不断塑造发展新动能新优势。

当前人工智能的发展如火如荼，大数据分析处理方兴未艾。IT 素养已经成为越来越重要的时代要求，很多行业的从业者都需要了解甚至掌握一定的程序设计知识。在这种形势下，Python 以其简单易学、生态完备、应用广泛等诸多特点脱颖而出，成为计算机专业与非计算机专业共同的"宠儿"。学习编程，尤其是通过 Python 学习编程已经成为很多人的选择。

本书面向学习程序设计的初学者，力求以通俗的语言、生动的案例，让初学者的学习过程愉悦、学习曲线平滑。本书每章内容均由三部分构成：一是 Python 自身知识体系的梳理；二是 Python 生态系统中库的介绍，每章介绍一个库，并与该章的知识体系配合起来，形成知识+生态的学习路线；三是安排大量的案例供读者进行实践。本书的案例分为三级，有知识讲解环节的小案例、小试牛刀环节的中案例及拓展实践环节的大案例。这些案例联系实际，融合了中华优秀传统文化、历史人文等元素。各章之间相互呼应，前面学到的知识，会在后续内容中反复用到，体现了在实践中学习的理念。此外，书中部分案例提供了微课视频，读者扫描二维码即可查看。

全书共分 10 章，内容由浅入深，从 Python 环境的安装到面向对象编程均有详细的介绍。下面简单介绍各章的内容。

第 1 章　搭建编程环境，在简单介绍 Python 的发展历程后，着重讲解如何安装与配置适合自己的编程环境，并介绍利用 turtle 库绘制向日葵、京剧脸谱等图案。

第 2 章　基础语法概述，讲解 Python 的基本语法知识，让初学者理解变量的概念，熟悉编写程序的思维方法，并介绍利用 math 库完成日出时间、自动售货机找零等程序设计。

第 3 章　流程控制语句，讲解控制程序流程的基本语句，并介绍利用 random 库完成人体 BMI 指数、布朗运动及《少年中国说》等案例设计。

第 4 章　字符串，讲解与字符串有关的知识，并介绍利用 xml 库完成诗词飞花令、名画知识问答、猜单词小游戏等案例设计。

第 5 章　列表、元组与字典，讲解 Python 中常用的几种高级数据类型，并介绍利用中文分词工具 jieba 库完成随机分配办公室、谁是天际社交达人等案例设计。

第 6 章　函数，讲解如何在程序中定义并使用自己的函数，并介绍利用处理时间的 time 库实现求圆周率、模拟二十四节气倒计时等案例设计。

第 7 章　访问文件，以文本文件为例讲解如何读写文件，实现数据的持久化，并介绍利用 os 库完成保存比萨定价、生成销售报告等案例设计。

第 8 章　处理异常，讲解 Python 中的异常处理机制，并介绍利用 shutil 库完成绘制历史名人时间线、给程序做个彩超等案例设计。

第 9 章　模块与包，讲解如何将程序代码组织在多个代码文件中，并介绍利用 Pygame 库完成游戏预备、多样的投票模式等案例设计。

第 10 章　面向对象编程，讲解面向对象编程的核心概念，并介绍利用图形界面设计工具 tkinter 库完成打地鼠游戏等案例设计。

本书由王静红、傅志斌编著，并负责统稿工作，参与编写的人员有陈霄凯、刘晨光、刘侃、刘增锁、师胜利、徐宁、吴敬、王伍伶、张军鹏、张磊。作者在编写与出版本书的过程中得到了很多专业人士的支持和帮助，在此表示由衷的感谢。

由于作者水平所限，书中不足之处在所难免，恳请广大读者与同行批评指正。

作者

2023 年 9 月

目录
Contents

第 1 章

搭建编程环境

1.1 初识 Python ··· 1

1.2 理解 Python 解释器 ·· 2

1.3 熟悉 Python 自带的编程环境 ···························· 2

    1.3.1 安装 Python 解释器 ·································· 3

    1.3.2 Python 自带编程环境简介 ·························· 4

1.4 Python 的集成开发环境简介 ···························· 5

    1.4.1 PyCharm 简介 ··· 6

    1.4.2 Visual Studio Code 简介 ··························· 8

    1.4.3 Jupyter Notebook 简介 ···························· 9

    1.4.4 Thonny 简介 ··· 10

1.5 Python 生态系统之 turtle 库 ·························· 10

    1.5.1 小海龟的坐标系 ······································ 11

    1.5.2 小海龟制图的常用方法 ······························ 12

1.6 小试牛刀 ·· 16

    1.6.1 绘制一朵向日葵 ······································ 17

    1.6.2 绘制多彩的螺旋 ······································ 17

1.7 拓展实践：使用小海龟绘制京剧脸谱 ················ 18

    1.7.1 绘制前的预备工作 ···································· 18

    1.7.2 绘制脸谱代码解析 ···································· 20

    1.7.3 为绘制的脸谱题字 ···································· 22

本章小结 ·· 22

思考与练习 ·· 22

第 2 章

基础语法概述

2.1 Python 语法规范 ································· 24
   2.1.1 大小写 ································· 24
   2.1.2 缩进 ································· 25
   2.1.3 注释 ································· 26
   2.1.4 留白 ································· 26
   2.1.5 换行 ································· 26

2.2 变量和数据类型 ································· 28
   2.2.1 变量 ································· 28
   2.2.2 数据类型 ································· 29
   2.2.3 类型转换 ································· 31

2.3 常见运算符 ································· 32
   2.3.1 算术运算符 ································· 32
   2.3.2 赋值运算符 ································· 33
   2.3.3 复合运算符 ································· 33
   2.3.4 比较运算符 ································· 33
   2.3.5 逻辑运算符 ································· 34
   2.3.6 成员运算符 ································· 34
   2.3.7 运算符的优先级 ································· 35

2.4 输入与输出 ································· 35
   2.4.1 输出函数 print() ································· 35
   2.4.2 输入函数 input() ································· 36

2.5 Python 生态系统之 math 库 ················· 37
   2.5.1 访问 math 库文档 ························· 37
   2.5.2 math 库函数举例 ························· 38

2.6 小试牛刀 ································· 39
   2.6.1 更安全的密码 ························· 39
   2.6.2 人体内的水分子个数 ················· 39
   2.6.3 多一份备份，多一分保障 ··········· 40
   2.6.4 如何换算座位号 ····················· 41
   2.6.5 日出时间是何时 ····················· 41

2.7 拓展实践：模拟自动售货机找零 ········· 43
   2.7.1 问题描述 ································· 43
   2.7.2 IPO 建构法 ······························· 43
   2.7.3 分解问题 ································· 43
   2.7.4 编写程序 ································· 44
   2.7.5 测试代码 ································· 44

本章小结 ································· 45
思考与练习 ································· 45

第3章

流程控制语句

3.1 选择结构：if 语句 ……………………………… 46
   3.1.1 if 语句的基本形式 …………………… 46
   3.1.2 if 语句中的条件表达式 ……………… 49
   3.1.3 if 语句的嵌套 ………………………… 51
3.2 循环结构：while 和 for 语句 ……………… 52
   3.2.1 while 语句 ……………………………… 52
   3.2.2 for 语句 ………………………………… 54
   3.2.3 循环结构的嵌套 ……………………… 56
3.3 循环结构：break 和 continue 语句 ……… 57
   3.3.1 break 语句 ……………………………… 57
   3.3.2 continue 语句 ………………………… 58
   3.3.3 循环结构的 else 分支 ………………… 58
3.4 pass 语句 ………………………………………… 60
3.5 Python 生态系统之 random 库 ……………… 60
   3.5.1 随机小数 ………………………………… 60
   3.5.2 随机整数 ………………………………… 61
   3.5.3 随机抽样 ………………………………… 61
   3.5.4 洗牌 ……………………………………… 62
3.6 小试牛刀 ………………………………………… 63
   3.6.1 计算人体 BMI …………………………… 63
   3.6.2 伯努利试验不白努力 ………………… 64
   3.6.3 模拟布朗运动 ………………………… 65
   3.6.4 羊与汽车的距离 ……………………… 66
   3.6.5 《少年中国说》案例进阶版 ………… 67
3.7 拓展实践：随机数是如何生成的 ………… 71
   3.7.1 计算机中的随机数真的随机吗 …… 71
   3.7.2 实现一个伪随机数生成器 ………… 71
   3.7.3 去掉伪随机数算法的伪装 ………… 72
   3.7.4 衡量伪随机数的随机性 …………… 72
本章小结 ……………………………………………… 74
思考与练习 …………………………………………… 74

第4章

字符串

4.1 认识字符串 …………………………………… 75
   4.1.1 字符串简介 …………………………… 75
   4.1.2 转义字符 ………………………………… 76
   4.1.3 字符串的运算符 ……………………… 77
   4.1.4 字符的编码 …………………………… 77

4.2 字符串的格式化 ·· 78
  4.2.1 字符串的 format()方法 ·· 78
  4.2.2 格式化字符串字面值 ·· 80
  4.2.3 Python 2.x 的格式化方法 ···································· 80

4.3 字符串的切片 ·· 80
  4.3.1 遍历字符串 ·· 80
  4.3.2 字符串的切片示例 ·· 81
  4.3.3 字符串是不可修改的 ·· 82

4.4 字符串的常用方法 ·· 82
  4.4.1 find()方法 ··· 82
  4.4.2 index()方法 ·· 83
  4.4.3 count()方法 ·· 83
  4.4.4 replace()方法 ·· 83
  4.4.5 split()与 join()方法 ·· 84

4.5 Python 生态系统之 xml 库 ·· 84
  4.5.1 XML 的概念 ·· 85
  4.5.2 解析 XML 数据 ·· 86

4.6 小试牛刀 ·· 88
  4.6.1 模拟诗词飞花令 ·· 88
  4.6.2 输出乘法口诀表 ·· 90
  4.6.3 模拟传输校验码 ·· 91
  4.6.4 名画知识问答 ·· 94

4.7 拓展实践：综合运用字符串的方法 ·································· 95
  4.7.1 猜单词小游戏 ·· 96
  4.7.2 游戏的分析与初步实现 ·· 97
  4.7.3 游戏代码的完善 ·· 100

本章小结 ··· 102
思考与练习 ··· 102

第 5 章

列表、元组与字典

5.1 列表 ·· 103
  5.1.1 认识列表 ·· 103
  5.1.2 遍历列表 ·· 105
  5.1.3 列表的运算符 ·· 106

5.2 列表元素的操作 ·· 106
  5.2.1 元素最值 ·· 106
  5.2.2 增加元素 ·· 107
  5.2.3 修改元素 ·· 108

　　　　　　　5.2.4　删除元素 ……………………………………… 108
　　　　　　　5.2.5　元素排序 ……………………………………… 111
　　　　5.3　元组 ……………………………………………………… 111
　　　　　　　5.3.1　认识元组 ……………………………………… 111
　　　　　　　5.3.2　遍历元组 ……………………………………… 112
　　　　5.4　字典 ……………………………………………………… 112
　　　　　　　5.4.1　认识字典 ……………………………………… 112
　　　　　　　5.4.2　字典的常见操作 ……………………………… 113
　　　　5.5　Python 生态系统之 jieba 库 ……………………………… 117
　　　　　　　5.5.1　jieba 库的安装 ………………………………… 117
　　　　　　　5.5.2　分词的基本操作 ……………………………… 118
　　　　　　　5.5.3　词频统计 ……………………………………… 118
　　　　5.6　小试牛刀 ………………………………………………… 120
　　　　　　　5.6.1　随机分配办公室 ……………………………… 120
　　　　　　　5.6.2　模拟婚介 ……………………………………… 121
　　　　　　　5.6.3　模拟抽奖 ……………………………………… 122
　　　　　　　5.6.4　谁是天际社交达人 …………………………… 124
　　　　5.7　拓展实践：让机器理解文章的相似性 …………………… 126
　　　　　　　5.7.1　文本的精确比对 ……………………………… 126
　　　　　　　5.7.2　相似性与散点图 ……………………………… 126
　　　　　　　5.7.3　散点图的实现 ………………………………… 127
　　　　　　　5.7.4　自然语言处理与人工智能 …………………… 133
　　　　本章小结 ……………………………………………………… 133
　　　　思考与练习 …………………………………………………… 134

第 6 章

函数

　　　　6.1　函数的定义和调用 …………………………………… 135
　　　　　　　6.1.1　函数的定义 ………………………………… 135
　　　　　　　6.1.2　函数的意义 ………………………………… 136
　　　　　　　6.1.3　函数的调用 ………………………………… 138
　　　　　　　6.1.4　函数的帮助信息 …………………………… 140
　　　　6.2　函数的参数与返回值 …………………………………… 140
　　　　　　　6.2.1　深入理解参数 ……………………………… 140
　　　　　　　6.2.2　函数的返回值 ……………………………… 143
　　　　　　　6.2.3　四种函数类型 ……………………………… 145
　　　　6.3　函数的嵌套调用与变量的作用域 ……………………… 147
　　　　　　　6.3.1　函数的嵌套调用 …………………………… 147
　　　　　　　6.3.2　变量的作用域 ……………………………… 149

6.4　递归 ························· 152
　　6.4.1　函数的递归 ·············· 152
　　6.4.2　理解递归思想 ············ 154
　　6.4.3　日常生活中的递归 ········ 155

6.5　Python 生态系统之 time 库 ····· 155
　　6.5.1　时间戳 ················· 155
　　6.5.2　时间结构体与格式符 ······ 156
　　6.5.3　其他常用时间函数 ········ 158

6.6　小试牛刀 ···················· 159
　　6.6.1　使用迭代公式求圆周率 ···· 159
　　6.6.2　模拟比萨计价 ············ 159
　　6.6.3　重构蒙提·霍尔三门问题 ·· 160
　　6.6.4　判断元素个数是否为偶数 ·· 161
　　6.6.5　模拟二十四节气倒计时 ···· 162

6.7　拓展实践：利用递归绘制分形图案 ·· 164
　　6.7.1　分形图案的概念 ·········· 164
　　6.7.2　绘制一棵树 ············· 165
　　6.7.3　绘制科克曲线 ············ 168

本章小结 ························· 171

思考与练习 ······················· 171

第 7 章

访问文件

7.1　文件的使用流程 ··············· 172
　　7.1.1　使用文件的原因 ·········· 172
　　7.1.2　使用文件的方法 ·········· 172
　　7.1.3　open() 函数的使用 ········ 173

7.2　文件的读写操作 ··············· 174
　　7.2.1　读取文本文件 ············ 174
　　7.2.2　写入文本文件 ············ 175
　　7.2.3　with 语句 ··············· 176

7.3　Python 生态系统之 os 库 ······· 176
　　7.3.1　修改文件名 ············· 177
　　7.3.2　删除文件 ················ 177
　　7.3.3　文件夹相关操作 ·········· 177

7.4　小试牛刀 ···················· 178
　　7.4.1　保存比萨定价 ············ 179
　　7.4.2　去掉重复姓名 ············ 180
　　7.4.3　文件批量重命名 ·········· 181

7.5 拓展实践：根据订单数据生成销售报告 ················ 182

　　7.5.1 问题描述 ······························ 182

　　7.5.2 思路分析 ······························ 183

　　7.5.3 代码实现 ······························ 183

本章小结 ···································· 185

思考与练习 ·································· 185

第8章

处理异常

8.1 异常的基础知识 ······················ 186

　　8.1.1 异常的概念 ···························· 186

　　8.1.2 异常处理的语法结构 ················ 187

8.2 异常的种类 ···························· 189

　　8.2.1 内置的常见异常种类 ················ 189

　　8.2.2 Exception 异常类 ···················· 189

　　8.2.3 自定义异常类 ························ 190

8.3 主动抛出异常 ························ 190

　　8.3.1 使用 raise 语句上报异常 ············ 190

　　8.3.2 使用 assert 语句调试程序 ·········· 191

8.4 Python 生态系统之 shutil 库 ·········· 192

　　8.4.1 使用 copy()函数复制文件 ·········· 192

　　8.4.2 使用 copy2()函数复制文件的元数据 ······ 193

　　8.4.3 shutil 库的其他函数 ················ 194

8.5 小试牛刀 ······························ 194

　　8.5.1 绘制历史名人时间线 ················ 194

　　8.5.2 批量归纳图片文件 ·················· 197

8.6 拓展实践：给程序做个彩超 ············ 199

　　8.6.1 百思不得其解的 bug ················ 199

　　8.6.2 使用断点逐步调试程序 ·············· 200

本章小结 ···································· 202

思考与练习 ·································· 203

第9章

模块与包

9.1 模块与包的本质 ······················ 204

9.2 库的安装与导入 ······················ 205

　　9.2.1 使用 pip 安装第三方库 ·············· 205

　　9.2.2 导入模块的不同形式 ················ 206

9.3 Python 生态系统之 Pygame 库 ·········· 207

　　9.3.1 初识 Pygame ························ 208

　　9.3.2 搭建游戏主框架 ···················· 208

9.3.3 完善游戏细节 ································ 209

9.4 小试牛刀 ·· 212

    9.4.1 游戏预备工作 ································ 213

    9.4.2 游戏主循环 ···································· 215

9.5 拓展实践：使用模块组织代码 ·············· 217

    9.5.1 多样的投票模式 ···························· 217

    9.5.2 一个具体的投票问题 ···················· 218

    9.5.3 模块 vote_tools ···························· 218

    9.5.4 模块 vote_methods ······················ 219

    9.5.5 导入自定义的模块 ························ 221

本章小结 ··· 222

思考与练习 ·· 222

第10章

面向对象编程

10.1 面向对象简介 ··· 223

10.2 类、对象与封装 ····································· 225

    10.2.1 定义一个类 ································ 225

    10.2.2 对象实例化过程 ························ 226

    10.2.3 访问控制 ···································· 227

10.3 继承与多态 ··· 228

    10.3.1 继承的基本形式 ························ 228

    10.3.2 方法的覆盖 ································ 230

    10.3.3 多态和鸭子类型 ························ 230

10.4 Python 生态系统之 tkinter 库 ············ 232

    10.4.1 初识 tkinter ······························ 232

    10.4.2 生成窗体与标签 ························ 233

    10.4.3 生成文本框与按钮 ···················· 233

10.5 小试牛刀 ·· 235

    10.5.1 使用类重构历史时间线案例 ······ 235

    10.5.2 使用 tkinter 设计打地鼠游戏 ···· 237

10.6 拓展实践：试一试面向对象编程 ·········· 240

    10.6.1 识别对象与类 ···························· 240

    10.6.2 使用设计模式 ···························· 241

    10.6.3 使用模块和包 ···························· 243

本章小结 ··· 244

思考与练习 ·· 244

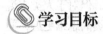

搭建编程环境

第 **1** 章

学习目标

- 了解 Python 语言的特点。
- 理解 Python 解释器的作用。
- 掌握 Python 编程环境的搭建过程。
- 初步体验 turtle 库的使用方法。

在计算技术无处不在的今天，学习一门编程语言早已经不是专业程序员的专利。各行各业的人都有可能有编程需求，掌握一点编程技能对于自身的发展很有益处。而 Python 语言因其语法简单、上手快捷等特点，成为人们学习编程的首选语言之一。工欲善其事，必先利其器。本章将详细介绍 Python 编程环境的搭建，欢迎来到 Python 的世界！

1.1 初识 Python

Python 语言诞生于 20 世纪 90 年代初，创始人是吉多·范罗苏姆（Guido van Rossum）。吉多·范罗苏姆之前曾参与设计一种称为 ABC 的专门为非专业程序员设计的语言，但 ABC 语言没有取得预期的成功。于是在 1989 年圣诞节期间，吉多·范罗苏姆决心开发一个新的程序语言以继承 ABC 语言的理念，他把这个新的语言命名为 Python，这个词出自英国 20 世纪 70 年代首播的电视喜剧《蒙提·派森的飞行马戏团》（Monty Python's Flying Circus）。Python 这个单词的意思是大蟒蛇，因此很多 Python 书籍封面都会有一个造型各异的蟒蛇图案。

得益于面向非专业程序员设计的原因，Python 语法简洁，入门上手比较容易，适合初学编程的人。完成同一件任务，用 Python 书写的代码往往比使用其他语言书写的代码要简短。Python 秉承开源的理念，广泛支持多国语言，适用于各种操作系统。自诞生以来，它已被各行各业的人士用来解决各种实际问题。进入 21 世纪后，Python 的使用率更是突飞猛进。加之大数据分析、机器学习等领域的火爆，将 Python 推向了一个火热的程度，常年居于最受欢迎程序语言排行榜的前列。

Python 还有一个优势是其庞大的生态系统。经过几十年的发展，各行各业众多的使用者、开发者为 Python 贡献了数以万计的工具包（库），这些工具包涉及计算机编程的方方面面，横跨很多学科，形成了一个庞大的生态系统。广大的 Python 使用者利用这些工具包，可以将注意力放在要解决的问题上，极大地提高了编程的效率，降低了编程工作的门槛。因此学习使用这些工具包也是学习 Python 语言的重要组成部分。

Python 在发展过程中形成了两大系列的版本，一个系列是前期的 Python 2.x 版本，另一个是后期的 Python 3.x 版本。Python 3.x 对 Python 进行了很多改进，使 Python 更加易用，性能也更好，但代价是 Python 3.x 并不能完全兼容以前的 Python 2.x 代码。

作为初学者，一般建议学习 Python 3.x 版本，这是因为 Python 2.x 版本已经在 2020 年停止更新，定格在 Python 2.7。而 Python 3.x 版本则持续发展，方兴未艾。随着版本号的升高，随之而来的是其更丰富的功能、更优秀的性能。本书的代码在 Python 3.6 之后的环境中都可以正常运行。

1.2 理解 Python 解释器

Python 是一种高级程序语言。这里的"高级"一词不是普通意义上的褒义词，不具有感情色彩，而是与机器语言相对而言的。机器语言是计算机可以理解并直接执行的程序语言，但对于人类来说不够友好，因此才会出现高级程序语言。所谓"高级"是指这类程序语言距离人类的思维更近，便于人类程序员理解，极大地提高了编程的效率和质量。但随之而来的一个问题是，计算机无法直接理解高级程序语言编写的代码，因此需要将高级程序语言代码翻译成相应的机器语言。

翻译过程有两种方式，即编译和解释。简单来说，编译是指将原始的程序语言代码先整体翻译为目标代码，然后执行，翻译与执行的过程是分开的，执行的是目标代码文件。解释则是将原始代码逐行地解析、执行，并且是一气呵成的，没有产生一个目标代码文件。为了便于理解二者的区别，整个翻译过程可以用一个读者阅读英文小说的例子来类比。假设这个读者不懂英文，就像计算机不懂高级语言一样。为了让他能阅读（执行）英文小说（源代码），编译方式采用的是让翻译家先将这本英文小说翻译为中文版的小说，即会有一本中文版的小说存在，然后读者阅读（执行）中文版的小说，翻译家的翻译行为与读者的阅读行为是截然分开的两个阶段，读者阅读中文版小说时并不需要翻译家在场。解释方式则类似于让这位翻译家将原始的英文小说逐句地口译给读者。在这个口译过程中，不会产生一本中文版的小说，翻译家的解释工作与读者的理解执行是一气呵成的。在编译方式中，翻译家相当于编译器；而在解释方式中，翻译家相当于解释器。无论是编译器还是解释器，都是在底层起支撑作用的计算机程序。

编译与解释这两种方式各有利弊，长期共存。当前主流的程序语言既有采用编译方式的，如 C 语言；也有采用解释方式的，如 Python 语言。使用 Python 语言编写的代码要经过 Python 解释器这个"翻译家"的解释翻译，计算机才能执行。因此在一台计算机上进行 Python 编程工作之前，要确保这台计算机安装了 Python 解释器。

Python 官方网站提供了 Python 解释器的下载链接。事实上，Python 解释器有很多版本可选，如有 Python 2.7 版本，也有一系列的 Python 3.x 版本。由此可知，Python 语言的版本升级其实是由 Python 解释器的升级来体现的。Python 语言新引入的一些功能、特性必须要由解释器提供支持才能落到实处。另外，安装 Python 解释器之前还要考虑计算机的操作系统。针对不同的操作系统，如 Windows、Linux、macOS 等，Python 官方网站提供了不同的解释器文件。

1.3 熟悉 Python 自带的编程环境

在计算机中搭建一个适合自己的 Python 编程环境是学习 Python 的良好开端。Python 的编程环境包含两部分：一是 Python 解释器，这是必需的，没有它计算机无法理解、执行 Python 代码；二是集成开发环境（Integrated Development Environment，IDE），理论上虽然它不是必需的，但是因其可极大提升程序员的工作效率，实际上也是不可缺少的。本节先介绍 Python 解释器的下载与安装。

1.3.1 安装 Python 解释器

Python 的官网提供了面向不同操作系统的 Python 解释器。下面以 Windows 操作系统为例介绍 Python 解释器的下载安装过程。

（1）进入 Python 官网页面，如图 1.1 所示。当鼠标指针悬停在【Downloads】菜单上时，会弹出如图 1.1 所示的下拉列表，在其中可以选择操作系统，下拉列表右侧有最新版本的 Python 解释器下载链接。对于初学者来说，未必一定要使用最新版的 Python 解释器。如果要下载其他版本的 Python 解释器，则可以选择图 1.1 中的【All releases】选项或单击【View the full list of downloads】链接，即可查看全部 Python 3.x 版本的下载链接。

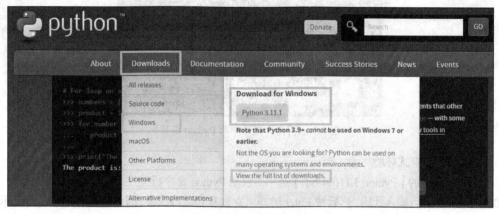

图 1.1　下载 Python 解释器

（2）双击下载的 Python 解释器安装文件，安装 Python 解释器。在打开的图 1.2 所示的界面中，选中【Add python.exe to PATH】复选框，然后单击【Install Now】按钮开启安装进程。当显示 "Setup was successful" 字样时，就意味着 Python 解释器安装成功了。这里选中【Add python.exe to PATH】复选框的目的是将 Python 解释器的安装位置在 Windows 操作系统中做登记，当日后需要使用 Python 解释器来翻译执行 Python 源代码时，Windows 操作系统就知道去哪个目录位置查找 Python 解释器了。

图 1.2　安装 Python 解释器

1.3.2 Python 自带编程环境简介

成功安装 Python 解释器后，在 Windows 的"开始"菜单中会出现图 1.3 所示的条目。在这 4 个条目中，上方 2 个是 Python 自带的编程环境，下方 2 个是关于 Python 及一些工具包的帮助文档，它们是了解 Python 和工具包的第一手资料。下面简单介绍 Python 自带的 2 个编程环境。

图 1.3 "开始"菜单中的 Python 条目

1. 命令行交互式环境

选择图 1.3 中的【Python 3.11(64-bit)】选项，启动 Python 命令行交互式环境，如图 1.4 所示。在形如>>>的提示符后输入代码，然后按 Enter 键即可立刻看到运行结果，因此被称为交互式编程环境。图 1.4 中演示了利用 Python 中的基本运算求半径为 5 的圆的面积。

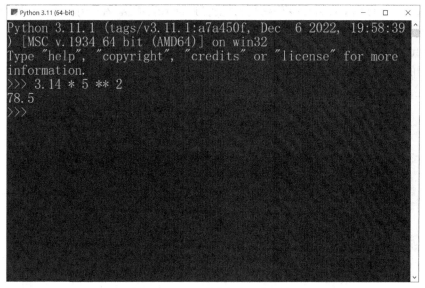

图 1.4 Python 命令行交互式环境

2. IDLE 编程工具

选择图 1.3 中的【IDLE (Python 3.11 64-bit)】选项，打开图 1.5 所示的窗口。这里的 IDLE 是 Integrated Development and Learning Environment 的缩写，即集成开发与学习环境。IDLE 工具同样可以在光标提示符处输入代码，然后按 Enter 键运行。

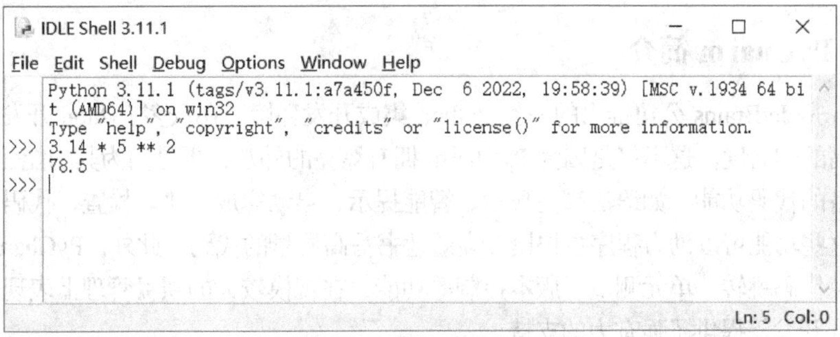

图 1.5　Python IDLE

除上述这种交互式运行方式外，IDLE 还可以运行较长篇幅的代码文件。选择图 1.5 中的【File】→【New File】选项，打开图 1.6 所示的窗口。在该窗口中可以输入多行代码并通过【File】菜单保存为一个文件，扩展名一般为.py。图 1.6 的标题行中显示的代码文件为 welcome.py。

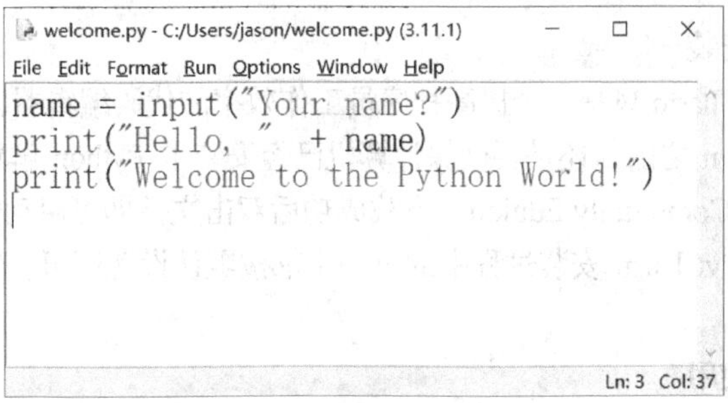

图 1.6　使用 IDLE 编辑代码文件

代码保存后，可以通过选择图 1.6 中的【Run】→【Run Module】选项来运行代码文件。图 1.6 中的代码运行效果如图 1.7 所示。

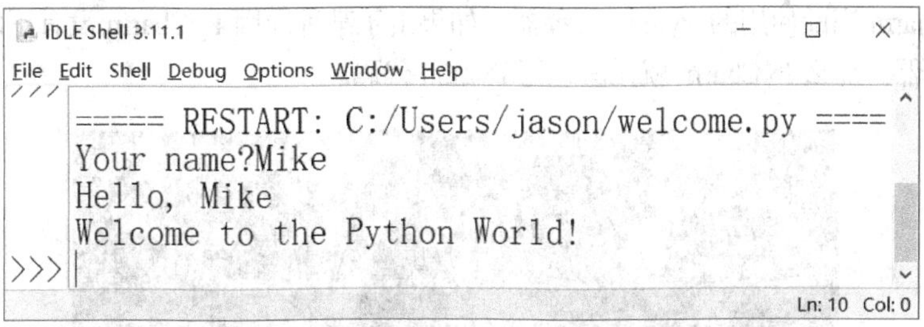

图 1.7　图 1.6 中的代码运行效果

Python 自带的 IDLE 工具虽然功能算不上很强大，但体积小巧、启动速度快，且支持语法高亮显示和调试功能，这对于初学者也是够用的。

1.4　Python 的集成开发环境简介

作为一种当今主流的编程语言，Python 拥有很多功能非常强大的集成开发环境，如 PyCharm、Visual Studio Code 等，如果是进行数据分析或机器学习，Jupyter Notebook 是非常好的选择。而对于刚刚接触编程语言的初学者来说，Thonny 不失为一个友好易用的工具。Python 集成开发环境有很多，无法一一提及。下面简单介绍几种常用的集成开发环境。

1.4.1 PyCharm 简介

PyCharm 是 JetBrains 公司推出的一款 Python 集成开发环境，在众多 Python 开发工具中非常亮眼，拥有很高的知名度。这不仅是因为 PyCharm 拥有漂亮的外观，更是因为其功能强大。PyCharm 拥有非常完备的代码功能，如语法高亮显示、智能提示、自动完成、拼写检查、代码规范检查、代码重构等，这些功能可以助力程序员快捷、高效地书写高质量的代码。此外，PyCharm 还有很强大的调试功能及代码跳转、单元测试、版本控制等功能，在规模较大的项目管理上表现优秀，对数据库开发、Web 开发等提供了强有力的支持。

PyCharm 虽然功能表现优异，但体积不小，其定位是面向专业级程序员完成较大规模的项目开发。PyCharm 的主力版本是 PyCharm Professional Edition，也就是通常说的专业版，这个版本是收费的。初学者如果想长期免费使用 PyCharm，则推荐使用 PyCharm Community Edition，即社区版。社区版 PyCharm 虽然缺少 Web、数据库开发等方面的一些高级功能，但对于初学者而言影响不大。

1．PyCharm 的安装

需要注意的是，PyCharm 只是一个提高程序员工作效率的代码编辑器，它本身不含 Python 解释器。因此在安装 PyCharm 之前，还是要确保计算机已经安装了 Python 解释器。之后访问 JetBrains 公司网站下载 PyCharm Community Edition，下载成功后双击文件即可启动安装过程。

对于初学者来说，PyCharm 安装过程中的每一步都按默认设置即可，因此整个安装过程还是比较容易的。

2．PyCharm 的使用

第一次启动 PyCharm 时，需要选中用户协议的复选框之后才能继续，之后会打开图 1.8 所示的界面。因为 PyCharm 是面向中大型项目开发的专业级开发环境，所以使用 PyCharm 时需要创建新的项目（Project）或打开已经存在的项目。单击图 1.8 中的【New Project】按钮创建一个新的项目，打开图 1.9 所示的界面。在图 1.9 的第一个矩形框中可指定项目的名称及保存位置，在第二个矩形框中显示的是 PyCharm 当前使用的 Python 解释器。如果由于某种原因 PyCharm 没有正确识别计算机中的 Python 解释器，那么 PyCharm 就无法运行 Python 代码。

图 1.8 使用 PyCharm 新建项目

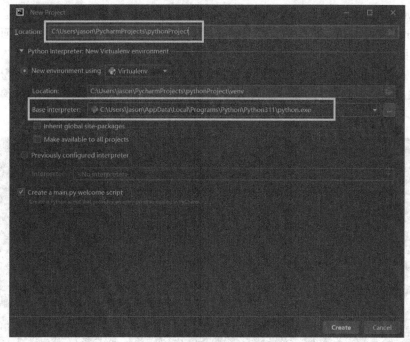

图1.9　为PyCharm项目命名

单击图1.9中的【Create】按钮完成新项目的创建，然后打开PyCharm的主界面，如图1.10所示。在图1.10左上角矩形框所示的项目名称上单击鼠标右键，在弹出的快捷菜单中选择【New】→【Python File】选项，就可以在项目中添加一个代码文件，如图1.10中的welcome.py代码文件。在右侧的代码文件窗格中输入代码，这时就可以看到PyCharm的语法高亮显示、代码自动完成等友好功能了。代码输入完成后，只需在代码窗格内的任意位置单击鼠标右键，在弹出的快捷菜单中选择【Run 'Welcome'】选项（其中的Welcome会根据当前代码文件名的不同而变化）即可运行代码，代码运行结果显示在主界面的下方窗格中。

图1.10　PyCharm主界面

退出 PyCharm 时如果没有关闭当前项目，下次启动 PyCharm 会自动载入这个项目。如果关闭当前项目后再退出 PyCharm，则下次启动 PyCharm 会出现类似图 1.8 的界面，在这个界面中可以选择打开已有项目或创建新项目。

社区版 PyCharm 还提供了非常好的学习资源。选择图 1.8 左侧的【Learn】选项，窗口右侧会列出有关 PyCharm 工具本身和 Python 编程的学习资源入口。图 1.11 展示了访问 Python 编程学习入口后看到的学习资源。

图 1.11　PyCharm 提供的学习资源

1.4.2　Visual Studio Code 简介

Visual Studio Code，一般简称为 VS Code，是微软公司推出的一款跨平台的集成开发环境。长期以来，微软公司在集成开发环境领域一直有一个拳头产品，即 Visual Studio。Visual Studio 的功能非常强大，但体积也非常庞大，而且无法在 Linux 操作系统上使用。因此 Visual Studio Code 应运而生，它基于开源构建，免费，体积小巧，启动速度快，可在 Windows、macOS、Linux 等多个操作系统平台使用，弥补了 Visual Studio 的缺憾。

与 PyCharm 不同，Visual Studio Code 并不是专为 Python 设计的代码编辑环境。通过使用扩展插件，Visual Studio Code 支持众多的编程语言，包括 JavaScript、C/C++、TypeScript、Python、Java、C#、HTML 等，可以说当今主流的编程语言已被 Visual Studio Code 一网打尽。Visual Studio Code 提供了一个在线的扩展插件市场（Visual Studio Code Marketplace），琳琅满目的扩展插件不仅能让 Visual Studio Code 支持众多的语言，还可以根据使用者的需要添加额外的功能，做到对 Visual Studio Code 编程环境的高度定制化。

用户可以在官方网站免费下载 Visual Studio Code，启动 Visual Studio Code 后的界面如图 1.12 所示，单击左侧矩形框中的█按钮，可看到 Visual Studio Code 提供的各种扩展，第一个就是 Python

解释器。单击解释器右侧的【Install】按钮安装 Python 解释器后，Visual Studio Code 就成为一个专业级的 Python 代码编辑器了。

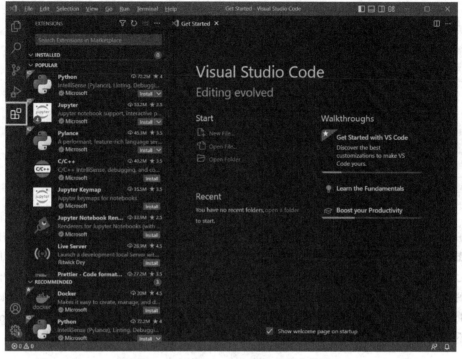

图 1.12　启动 Visual Studio Code 后的界面

1.4.3　Jupyter Notebook 简介

　　Jupyter Notebook 是一款在数据分析、机器学习领域使用非常广泛的 Python 代码编辑工具，它将代码与文档、图片等融为一体的方式，特别适合逐步分析、讲解与展示的情景。读者如果想尝试使用 Jupyter Notebook，则推荐安装 Anaconda。Anaconda 是一个开源的 Python 发行版本，它不仅包含了 Python 解释器、Jupyter Notebook，还有一款类似 PyCharm 和 Visual Studio Code 的开发工具 Spyder，以及上百个常用的 Python 工具包，让使用者免去了安装各组件、工具包的烦琐，并且消除了可能出现的工具包之间令人头疼的依赖故障。

　　Jupyter Notebook 的界面与 PyCharm 和 Visual Studio Code 的界面截然不同。Jupyter Notebook 是基于浏览器的，启动后会运行计算机中的默认浏览器，并出现一个主页面，如图 1.13 所示。单击主页面右侧的【New】按钮可以新建一个 Jupyter Notebook 文件，在这个文件中可以添加一系列的矩形框，如图 1.14 所示。

图 1.13　Jupyter Notebook 主页面

图 1.14 Jupyter Notebook 文件编辑页面

在图 1.14 中，每个矩形框可根据需要设置为代码模式或 Markdown 模式。在代码模式的框中输入 Python 代码，按【Shift+Enter】组合键后运行，结果出现在代码框的下方，如图 1.14 中求解得到的一元二次方程的根。而在 Markdown 模式的框中可输入各种文本、公式甚至图片，如图中的标题及求解一元二次方程的题目说明。Markdown 是一种简洁的标记语言，Jupyter Notebook 支持 Markdown 语法，可以方便地输入各级标题、各种数学符号、分数、希腊字母、图片等。Jupyter Notebook 文件还可以通过图 1.14 中的【File】菜单导出为 HTML、PDF 等格式，方便与其他人分享。

1.4.4　Thonny 简介

对于 Python 的初学者而言，PyCharm 显得有点过于重量级了，虽然其功能很强大，但初学者大多用不到；Anaconda 虽然解决了安装配置问题，但体积也不算小。事实上，对于初学编程的读者而言，理想的编程工具大概就是拥有简洁大方的外观，基础功能完备，安装简单，"开箱即用"。而 Thonny 就是这样一个 Python 代码编辑工具。

Thonny 是由爱沙尼亚的塔尔图大学开发的专门针对初学者的 Python 编辑工具，其设计理念处处为初学者着想。它支持多个操作系统平台、免费、体积小巧，却自带 Python 解释器，安装后无须配置，真正做到开箱即用。Thonny 拥有非常友好的代码调试功能，实时显示变量的值及函数的调用过程，便于初学者理解代码的执行过程，提升学习质量。Thonny 的安装与使用非常简单、直观，在此不再赘述。

本节介绍了多种 Python 集成开发环境，目的就是希望读者能根据自身情况，选择一款适合自己的编程工具软件。凡事预则立，不预则废。在正式开启 Python 学习征程之前，打造一个好用的编程环境是很重要的，它会让后续的学习过程变得更愉悦、更高效。

1.5　Python 生态系统之 turtle 库

学习 Python 时，不仅要学习 Python 自身的语法等基本语言要素，还要掌握其生态系统中各式各样的工具包——库。拥有数量众多的库是 Python 的一大优势，这些库有一小部分会在安装 Python 解释器时同步安装到系统，被称为标准库；还有数量众多的库需要使用者根据自身的需求去额外安装，这样的库被称为第三方库。本章就从 turtle 库开启认识 Python 众多工具包的旅程。

turtle 库是一个绘图库，它是 Python 的标准库。因其简单、有趣，作为了解 Python 生态系统的起点还是比较合适的。turtle 这个单词是"海龟"的意思，为了便于理解，使用这个库时可以形象地认为有一只小海龟拿着一支笔，在屏幕上按照程序指定的角度、长度爬行，从而画出各式各样的图案。因此学习 turtle 库就是学习如何指挥小海龟。

1.5.1　小海龟的坐标系

要理解小海龟在屏幕上绘图的过程，必须首先理解小海龟的坐标系。想象一下小海龟绘图的情景：小海龟在一块"画布"上按照指令爬行，画布嵌在一个窗体中，窗体显示在物理的屏幕上，如图 1.15 所示。

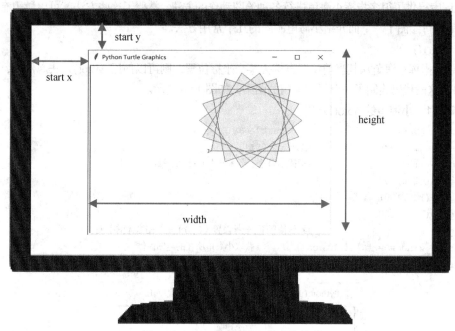

图 1.15　turtle 库的窗体与屏幕的关系

如果需要明确设置绘图窗体在屏幕上的位置，turtle 库提供了一个函数来完成这项工作，即 turtle.setup(width,height,start x,start y)。函数简单来说就是被赋予了名称的一段代码，往往还会有一些参数。例如，这里的 turtle.setup() 就是函数的名称，括号中的 width、height、start x、start y 是这个函数要工作所需的 4 项信息，称为参数。函数 turtle.setup() 的 4 个参数的含义如下。

（1）width：指定绘图窗体的宽度。可以使用整数说明窗体宽度的像素值，也可以使用小数来指定窗体宽度与屏幕宽度的百分比。

（2）height：指定绘图窗体的高度。可以使用整数说明窗体高度的像素值，也可以使用小数来指定窗体高度与屏幕高度的百分比。

（3）start x：绘图窗体左边缘距离屏幕左边缘的像素距离。

（4）start y：绘图窗体上边缘距离屏幕上边缘的像素距离。

例如，turtle.setup(0.8,0.5,200,200) 的含义是将绘图窗体设置为屏幕宽度的 80%、屏幕高度的 50%，距离屏幕左边缘、上边缘均为 200 像素。

虽然 turtle 库提供了设置窗体在屏幕上的位置的函数，但大多时候窗体在屏幕上的位置不那么重要，真正重要的是小海龟在绘图窗体中的位置。默认情况下，小海龟以绘图窗体的中央为坐标系的原点，其一开始也是坐镇绘图窗体的中央，并且面朝屏幕右侧。注意观察图1.15中窗体中央的小箭头，它就是小海龟的化身，箭头朝向即为小海龟朝向。默认情况下，窗体中央位置的坐标为（0,0）。小海龟可以根据程序指令前进、后退，或左转、右转，或直接移动到某个坐标位置等。

在某些情况下，绘图窗体中央为坐标原点并不适合当时的场景，这时就需要调整绘图窗体的坐标系，完成这项任务的函数是turtle.setworldcoordinates(ll x,ll y,ur x,ur y)，括号中的4个参数分别表示窗体左下角的横纵坐标和右上角的横纵坐标。例如，如果需要将绘图窗体的左下角坐标设置为（0,0），右上角坐标设置为（100,100），则可以写为turtle.setworldcoordinates(0,0,100,100)。

1.5.2　小海龟制图的常用方法

turtle库提供了很多指挥小海龟进行各种绘图动作的方法，掌握了这些方法就可以游刃有余地指挥小海龟进行绘图了。下面介绍小海龟制图的几个常用方法。

1. goto()

如果要指挥小海龟从其当前位置直接去某个坐标位置，则可以使用goto()方法。例如，下面的代码1.1，这段代码绘制了一个形如大门的图案，如图1.16所示。

代码1.1　小海龟的goto()方法

```
import turtle                    #导入turtle库
t = turtle.Turtle()             #生成一个小海龟
t.goto(-100,-100)               #指挥小海龟去坐标位置（-100,-100）
t.goto(-100,100)
t.goto(100,100)
t.goto(100,-100)
t.goto(0,0)                     #默认情形下，坐标位置（0,0）是绘图窗体的中央
turtle_window = t.getscreen()   #获取小海龟所在的绘图窗体
turtle_window.exitonclick()     #窗体在单击后关闭
```

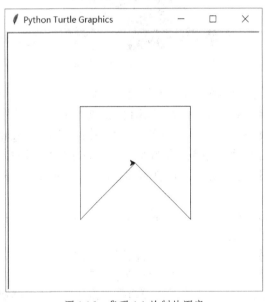

图1.16　代码1.1绘制的图案

在代码1.1中，有大量以"#"开头的文字内容，这些是程序注释，不是要运行的代码。这段代码首先使用import语句导入turtle库。这是使用Python库的必要流程，所有的Python库在使用前都

需要导入。接下来调用 turtle 库中的 Turtle 类创建一个小海龟对象，并用 t 来指代它。这里涉及一点面向对象编程的知识，可参阅第 10 章。下面简单介绍面向对象编程的语法风格，读者只需要有一个基本的了解，不至于形成阅读障碍即可。

Python 是面向对象编程的语言，众多的 Python 库也都是使用面向对象语法风格编写的，turtle 库也不例外。因此 turtle 库中有一个 Turtle 类可以用来生成具体的小海龟对象。

对象是对现实世界事物的一种抽象概括。现实世界中的万千事物是可以分类的，同一类事物拥有一些共同的属性特征和能力。例如，所有的汽车是一个类，汽车类中的任何一个具体的汽车都拥有轮胎、发动机等属性，都拥有行驶的能力。在面向对象编程中，类定义了一类事物的属性和能力，根据这个类构造出的具体的对象拥有类定义的属性和能力。开发设计 turtle 库的程序员提炼了绘图小海龟这类事物应该具有的属性和能力，并将这些属性和能力通过 Turtle 类定义下来。turtle 库的使用者通过查阅文档可以知道小海龟这类对象拥有哪些能力，通过调用这些能力来指挥小海龟绘图。例如，所有的小海龟都有 goto() 方法，都有移动到指定坐标位置的能力。这里的 Turtle 类就好比生成小海龟的图纸，按照图纸生产出来的具体对象一定具有图纸定义的属性和方法（方法即能力的体现）。

有了类与对象的基本概念，再回看代码 1.1 中的 "t=turtle.Turtle()" 这行代码，其含义就变得清晰了，按照 turtle 库中的 Turtle 类（图纸）生成一个具体的小海龟对象，称为 t。而 t 这个具体的小海龟一定拥有 Turtle 类定义的各种能力，如 goto() 方法。接下来代码 1.1 中连续调用了多次小海龟 t 的 goto() 方法，指挥其不断爬行到目标位置，从而绘制出一个图案。再次强调，默认情况下，绘图窗体的坐标系原点为窗体的中央。

注意代码 1.1 中的 t.goto(x,y) 这种写法，这是面向对象编程的常见写法，可以理解为调用小海龟 t 的 goto() 能力，并告知其目标位置为 (x,y)。假设一个对象 A 有一个 f() 方法，则调用 A 对象的 f() 方法即可写为 A.f()。另外，要注意 Turtle 类名是首字母大写的，而 Python 是区分大小写的，若写错，那么代码就无法正常运行。

代码 1.1 的倒数第 2 行调用了小海龟 t 的另外一个方法——getscreen()。其含义是让小海龟 t 把自己所在的绘图窗体引荐出来。这个绘图窗体也是一个对象，虽然和小海龟不是一类对象，但窗体类的对象自然有窗体的能力，如 exitonclick()，其含义是单击时退出。因此在绘图窗体任意位置单击后窗体会消失，程序结束。

2. speed()

小海龟的爬行速度是可以调整的，调整时只需调用小海龟的 speed() 方法，括号中提供一个速度值即可。速度值可以使用整数，也可以使用更直观的英语单词来描述，如表 1.1 所示。

表 1.1　小海龟的速度值

英文描述	数值
fastest	10 以上或 0
fast	10
normal	6
slow	3
slowest	1

下面的代码 1.2 相比代码 1.1 只多了一行 "t.speed("normal")"，读者可自行尝试不同的数值或英语单词所对应的绘图速度。注意，使用英文描述时，单词要加上英文的引号。

代码 1.2　小海龟的 speed()方法

```
import turtle
t = turtle.Turtle()
t.speed("normal")          #速度可设成 1 和 10 分别试一下
t.goto(-100,-100)
t.goto(-100,100)
t.goto(100,100)
t.goto(100,-100)
t.goto(0,0)
turtle_window = t.getscreen()
turtle_window.exitonclick()
```

3. penup()与 pendown()

小海龟绘图的过程可以形象地想象为小海龟拖着一支笔在画布上爬行。如果只需要小海龟移动位置，不需要留下笔迹，则可以使用 penup()方法将笔抬起。同理，pendown()可在需要时将笔放在画布上以便留下笔迹。下面的代码 1.3 演示了利用 penup()与 pendown()两个方法恰当地控制小海龟在需要的时机抬起画笔或放下画笔。

代码 1.3　小海龟的 penup()与 pendown()方法

```
import turtle
t = turtle.Turtle()
t.speed(1)                 #速度设成 1
t.penup()                  #让小海龟将画笔抬起
t.goto(-100,-100)          #从起始位置到（-100,-100）之间没有线条
t.pendown()                #放下画笔
t.goto(-100,100)           #从（-100,-100）到（-100,100）之间有线条
t.goto(100,100)
t.goto(100,-100)
t.goto(-100,-100)
t.penup()                  #再次抬起画笔
t.goto(0,0)                #小海龟回归原点
turtle_window = t.getscreen()
turtle_window.exitonclick()
```

这段代码绘制了一个中心位于坐标原点的正方形，因此小海龟一开始的移动，以及绘制完正方形回到坐标原点的移动都不需要留下痕迹，需要适时地将画笔抬起。

4. forward()与 backward()

小海龟在画布上时刻都有自己的朝向，默认情况下，绘图刚开始时小海龟朝向屏幕右侧。无论小海龟当下朝向何方，forward()方法的含义是向朝向的方向移动，称为前进；而 backward()方法是向朝向的反方向移动，即为后退。代码 1.4 演示了这两个方法的使用。

代码 1.4　小海龟的 forward()与 backward()方法

```
import turtle
t = turtle.Turtle()
t.speed(1)
t.forward(50)
t.backward(100)
t.forward(200)
t.backward(400)
```

```
turtle_window = t.getscreen()
turtle_window.exitonclick()
```

代码 1.4 的运行结果清晰地说明了小海龟初始状态朝向屏幕右侧，在此情形下，前进 forward()
是向右侧移动，后退 backward() 是向左侧移动。小海龟会左右移动绘制出一条直线。

5. left() 与 right()

既然小海龟时刻有朝向，前进与后退都取决于当下的朝向，那么如何调整小海龟的朝向呢？left()
与 right() 方法可完成这个任务。left() 与 right() 分别表示原地左转、原地右转，括号内提供具体的度数
即可。注意，这里的"原地"二字，即在左转或右转时，小海龟的坐标位置是不变的，只是朝向变
了。例如下面的代码 1.5。

代码 1.5　小海龟的 left() 与 right() 方法

```
import turtle
t = turtle.Turtle()        #创建一个小海龟
t.speed(1)                 #爬行速度
t.penup()                  #抬起画笔
t.goto(100,100)            #移动小海龟到坐标指定位置
t.pendown()                #放下画笔
t.backward(200)            #后退 200 个单位,请问小海龟在向哪边移动?
t.right(90)                #原地右转 90°
t.forward(200)
t.left(90)                 #原地左转 90°
t.forward(200)
t.left(90)
t.forward(100)
t.left(90)
t.forward(200)
turtle_window = t.getscreen()
turtle_window.exitonclick()
```

读者在运行上述代码 1.5 时，要特别留意小海龟的朝向变化，并尝试回答代码注释中的问题：
小海龟后退 200 个单位时其运动方向是怎样的?

6. circle()

小海龟还可以绘制简单的几何形状，如圆、圆弧或多边形等都可以通过 circle() 方法来完成。circle()
方法的语法如下。

```
turtle.circle(radius,extent=None,steps=None)
```

使用 circle() 方法时可以提供 3 项信息来描述要绘制的圆弧。具体来说，这 3 项信息中必须提供
的是半径 radius，它的取值可正可负。如果 radius 为正数，那么所绘制的图形出现在小海龟朝向的左
侧；如果 radius 为负数，那么所绘制的图形出现在小海龟朝向的右侧。另外两项信息是可选的，其
中 extent 表示度数，如果不足 360°，那么绘制的就是一段弧，也可以超过 360°。extent 的取值
也可正可负，正数表示小海龟在绘制图形时始终在前进，负数表示小海龟在绘制图形时一直在后退。
最后一项信息 steps 是一个正整数，表示模拟圆弧需要的多边形边数。若没有提供则由小海龟自行决
定，一般绘制出的图案是比较光滑的圆或圆弧。如果提供了 steps 值，则绘制相应数量的边（未必闭
合，因为 extent 的度数未必是 360°）。

由于 circle() 的变化比较多，理解其工作效果的最好方法就是实际尝试各种可能，观察其绘制的
效果。代码 1.6 列出了几种典型情况，为了更好地观察效果，要保证每次运行时只有一个 circle() 前
没有"#"符号。

代码 1.6　小海龟的 circle()方法

```python
import turtle
t = turtle.Turtle()
t.speed(1)

#以 80 为半径在小海龟左侧向前绘制 4 条边,环绕 280°
t.circle(80,280,4)

#以 80 为半径在小海龟右侧向前绘制 4 条边,环绕 280°
#t.circle(-80,280,4)

#以 80 为半径在小海龟左侧向后绘制 4 条边,环绕 280°
#t.circle(80,-280,4)

#以 80 为半径在小海龟左侧向后绘制环绕 280° 的弧
#t.circle(80,-280)

turtle_window = t.getscreen()
turtle_window.exitonclick()
```

上述代码只有第一个 circle()方法是有效的，其参数值为 80、280、4，绘制出的效果如图 1.17 所示。

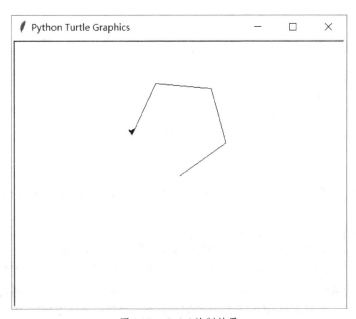

图 1.17　circle()绘制效果

1.6 小试牛刀

在读者配置好自己的 Python 编程环境后，就可以小试牛刀了。本章还没有展开学习 Python 的更多知识，先尝试使用小海龟绘制一些漂亮、复杂的图案。

1.6.1 绘制一朵向日葵

下面的代码 1.7 运行后可以绘制一个类似向日葵的图案。在书写这段代码时要注意缩进。之前的代码例子中的所有行都没有缩进,但代码 1.7 中 for 语句后的两行代码都缩进了 4 个空格。for 语句会在第 3 章中进行详细介绍,这里读者只需要知道 Python 使用缩进来严格控制代码之间的层次关系,如果没有了缩进,则代码的含义将完全不同。

代码 1.7   绘制向日葵

```
import turtle
t = turtle.Turtle()
t.speed(6)
t.pencolor('red')              #指定小海龟的画笔颜色
t.fillcolor('yellow')          #指定填充色
t.begin_fill()                 #开始填充
for x in range(18):            #这是一个循环
    t.forward(200)             #每次循环要前进 200 个单位
    t.left(100)                #然后左转 100°
t.end_fill()                   #结束填充
screen = t.getscreen()
screen.exitonclick()
```

代码 1.7   绘制向日葵

在代码 1.7 中出现了几个关于小海龟的新知识点。pencolor() 可以设置小海龟画笔的颜色,从而决定绘图笔迹的色彩。除了笔迹的颜色,几何形状内部还可以有填充色。指定填充色时可以使用fillcolor(),并通过 begin_fill() 和 end_fill() 明确说明从何时开始填充,到何时结束。至于代码中出现的for 语句,在此只需大概理解,不构成学习障碍即可。for 语句是一个循环结构,其中的 range(18) 会生成一个整数序列,包含 0~17 共 18 个整数。for 语句中的 x 会依次取值为 0、1、2、…、17,因此for 语句会循环 18 次。每次循环都会将跟在 for 语句后被缩进了的两行代码执行一遍。因此小海龟会前进 200 个单位、左转 100°,然后前进 200 个单位、左转 100°,这样重复 18 次。最后绘制出的效果如图 1.18 所示。

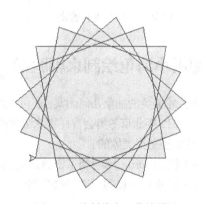

图 1.18   绘制的向日葵效果图

1.6.2 绘制多彩的螺旋

下面的例子仍然利用 for 语句循环结构,但这次绘制的是类似蜗牛壳的螺旋结构。在代码 1.8 中,有一些知识点会在后面的章节中进行介绍。例如,列表及 "%" 运算符。列表是 Python 中的一种数据结构，关于列表的知识会在第 5 章中进行介绍，这里只需形象地理解为一个颜料盒，里面有 3 种颜色供选择即可。"%" 符号是模运算，会在第 2 章中进行介绍。模运算与列表配合起来，实现每次循环都在颜料盒中选取一个颜色，然后以 x 为半径使用所选颜色绘制圆。关键在于这里的 x 会逐渐变大，因此每次绘制的圆都比上一轮循环绘制的圆大。

代码 1.8　绘制多彩螺旋

```python
import turtle
t = turtle.Turtle()
t.speed(0)                      #速度设为最快
colors = ["red","yellow","green"]    #这是一个颜色盒
for x in range(20,100):         #循环
    t.pencolor(colors[x % 3])   #在 3 个颜色中挑一个
    t.circle(x)                 #以 x 为半径画个圆
    t.left(10)                  #左转 10°
t.getscreen().exitonclick()
```

左转 10° 绘制出的是一个螺旋形，效果如图 1.19 所示。其实左转不同的度数会得到不同的图案，读者可自行尝试其他度数对应的效果。

图 1.19　绘制的多彩螺旋效果图

1.7　拓展实践：使用小海龟绘制京剧脸谱

使用 turtle 库不仅可以绘制出美轮美奂的抽象几何图案，还可以绘制出生活中很具象的画面。例如，网上流传着使用 turtle 库绘制 2022 年北京冬奥会吉祥物冰墩墩的代码，代码运行后，看着可爱的冰墩墩一点点出现在屏幕上，感觉还是很美妙的。

本章的拓展实践环节给出一个使用 turtle 库绘制京剧脸谱的例子。无论是冰墩墩还是京剧脸谱，虽然绘制的内容不同，但方法思路是一致的。通过这个案例，读者对小海龟的运用会再上一个台阶。

1.7.1　绘制前的预备工作

京剧是国粹，京剧的脸谱也已经成为一门艺术，是代表中华传统文化的符号之一。生旦净末丑，不同行当的脸谱绘制各具特色，造型、用色拥有丰富的内涵，其中的学问大得很。作为一个练习，这里不去深究脸谱中的门道，读者可到网络上寻找自己喜爱的脸谱形象作为绘制的参考。

为了使绘制的效果更好，可将预备好的脸谱图片"贴到"小海龟绘图的画布上作为背景，然后比照着进行绘制，如代码 1.9 所示。代码首先生成一个小海龟 t，之后调用小海龟 t 的 getscreen()方法得到小海龟所在的绘图窗体对象。turtle 库的窗体对象拥有 bgpic()方法，可以设置背景图片。为方便起见，建议在代码文件相同目录下创建一个 file 文件夹，将预先准备好的脸谱图片放在 file 文件夹下。在 bgpic()的括号中提供脸谱图片的文件路径时，路径分隔符"\"要书写为"\\"，具体原因会在第 4 章中进行解释。

代码 1.9　绘制京剧脸谱：预备工作

```
import turtle
t = turtle.Turtle()
window = t.getscreen()
window.bgpic("file\\京剧脸谱.gif")    #脸谱图片在 file 文件夹下
t.speed(0)
t.pensize(2)
t.pencolor("gray")
t.penup()
t.goto(-148,70)
t.setheading(95)
t.pendown()
```

为了提升绘制的速度，将速度值设为 0，即最快。为了让脸谱的轮廓线更明显一些，可以使用 pensize()将笔迹的粗细设置为 2，后期在绘制眼部瞳孔等位置时，可将笔迹粗细设为 1，以便将细节绘制得更精致。pencolor()是设置笔迹颜色，这里暂时设为灰色，后期根据不同部位的需要可随时更改。运行代码 1.9 后，脸谱图片的中央位置将与小海龟绘图窗体的默认坐标系原点（窗体中央）重合，如图 1.20 所示。

图 1.20　脸谱图片

做好这些前期设置后，就可以指挥小海龟开始绘制了。先从脸谱左侧的耳根上方开始绘制头顶的轮廓线，因此需要先将小海龟移动到该位置。关于该位置的坐标可以多次尝试后准确获得。在尝试的过程中，始终注意绘图窗体的坐标原点在窗体中央，从中央向左侧横坐标为负，向右侧横坐标为正；从中央向上纵坐标为正，向下纵坐标为负。另外，在小海龟从窗体中央移动到指定位置的过程中不能留下痕迹，因此要使用 penup()方法抬起画笔，等到了指定位置后再调用小海龟的 pendown()

方法放下画笔，做好绘制的准备。

代码中还有一个操作是通过 setheading() 来设置小海龟的朝向。因为绘制脸谱时主要使用小海龟的 circle() 方法，通过组合各种圆弧来形成脸谱造型，即使圆弧的半径、所对圆心角都是一样的，但小海龟的朝向不同，绘制出的圆弧位置也会不一样，因此小海龟的朝向很重要。确定小海龟朝向时要考虑小海龟的朝向应与所绘制的圆弧相切。例如，一开始从左侧绘制脸谱头顶轮廓时，可以明显看出小海龟的起始方向应为垂直向上微微偏向左侧，因此代码中设为 95°。关于小海龟朝向的度数是这样规定的，0° 代表朝向右，90° 代表朝向上，180° 代表朝向左，270° 则代表朝向下，如此一周为 360°。

1.7.2 绘制脸谱代码解析

绘制脸谱的关键是利用小海龟的 circle() 方法，通过设置不同的半径、圆心角度数绘制角度各异、大小不一的圆弧，利用这些圆弧组成脸谱的图案。因此采用分而治之的策略，将脸谱图案进行合理分解，得到不同部位的局部图案，各个击破。

首先是整个面部的外轮廓，不含耳朵。根据代码 1.9，小海龟已经定位到左耳处的面部轮廓位置，朝向为 95°，即正上方微微偏左。下面利用代码 1.10 即可绘制出整个面部的外轮廓图案。

代码 1.10 绘制京剧脸谱：面部轮廓

```
t.circle(-148,190)        #头顶弧线
t.setheading(258)
t.circle(900,7)           #右侧脸
t.circle(-152,77)         #右脸颊
t.penup()                 #抬起画笔
t.goto(-148,70)           #定位到左侧脸位置
t.setheading(282)         #海龟朝向为正下方偏右
t.pendown()
t.circle(-900,7)          #左侧脸
t.circle(152,77)          #左脸颊
```

在上述代码 1.10 中，着重体会 circle() 的用法。这里没有用到 circle() 的第 3 个参数，主要通过前两个参数也就是半径和度数来调整所绘制的圆弧。度数全部使用正数，因此小海龟一直在前进。在度数为正数的前提下，也就是小海龟从来不后退的情况下，第一个参数半径的正负含义就比较容易理解了。半径为正数，说明圆弧要在小海龟的左侧，因此是逆时针方向绘制圆弧；半径为负数，说明圆弧要在小海龟的右侧，因此是顺时针绘制圆弧。明确了这一点，仔细观察脸谱轮廓的圆弧走向是顺时针还是逆时针，即可判断出半径的正负。

另一个可以提升绘制速度的技巧是利用对称性。因为脸部左右两侧的很多部位都是对称的，而脸谱在绘图窗体中又是居中的，所以这些部位的横坐标值互为相反数，纵坐标值相同。对于左右对称的圆弧来说，度数相同，半径互为相反数。例如，代码 1.10 中绘制左右脸颊的两个 circle() 函数（见代码 1.10 的注释），其度数均为 77°，半径分别为 152、-152。这种对称性为后面绘制左右眼部、左右耳朵、胡须甚至嘴唇都带来了便利。

下面的代码 1.11 是绘制左眼外围黑色眼影的代码。

代码 1.11 绘制京剧脸谱：左眼部分

```
t.pencolor("black")       #绘制左侧眼影，笔迹颜色调整为黑色
t.penup()
t.goto(-135,140)          #定位小海龟到指定位置
t.setheading(265)         #调整小海龟的朝向
```

```
t.pendown()
t.fillcolor("black")          #眼影填充为黑色
t.begin_fill()                #开始填充
t.circle(50,55)
t.circle(25,55)
t.circle(-52,70)
t.circle(-98,18)
t.setheading(252)
t.circle(-35,65)
t.circle(-260,6)
t.circle(-40,80)
t.circle(-255,8)
t.circle(45,35)
t.setheading(105)
t.circle(-55,35)
t.end_fill()                  #结束填充
```

将这段代码按照左右对称的规则稍加修改即可得到绘制右侧眼部外围眼影的代码,如代码 1.12 所示,读者请仔细对比其中的变化。

代码 1.12　绘制京剧脸谱:右眼部分

```
t.penup()                     #绘制右侧眼影
t.goto(135,140)               #横坐标取相反数,纵坐标不变
t.setheading(275)             #代码 1.11 中的 265° 变为 275°,关于 270° 对称
t.pendown()
t.fillcolor("black")
t.begin_fill()
t.circle(-50,55)              #弧形的度数不变,半径为相反数
t.circle(-25,55)
t.circle(52,70)
t.circle(98,18)
t.setheading(288)
t.circle(35,65)
t.circle(260,6)
t.circle(40,80)
t.circle(255,8)
t.circle(-45,35)
t.setheading(75)
t.circle(55,35)
t.end_fill()
```

　　根据分而治之的策略,整个脸谱可分解为外轮廓、眼部、耳朵、额头、眉心椭圆、胡须、嘴唇等部位,只需利用前面介绍的知识精心绘制一侧图案,根据对称性即可得到另一侧的图案。完整代码较长,因篇幅所限就不附在这里了。其中,眼部稍显复杂,可以继续分解,分为外部眼影、眼形轮廓、眼球、瞳孔与高光。要注意眼部这些零部件的绘制顺序,因为后绘制的会遮挡先绘制的,所以要先绘制外部眼影(填充为黑色),而后绘制眼形轮廓(填充为白色),再绘制眼球(填充为棕褐色),最后绘制瞳孔与高光。按照这样的绘制顺序,眼部各零件的遮挡关系才是正确的,不会出现外部眼影将眼球遮挡住的情形。

1.7.3 为绘制的脸谱题字

脸谱所有的部位绘制完毕后，可以在脸谱下方题上一行字，增加画面的美观性。代码 1.13 如下，使用小海龟的 write()方法，指定要书写的文本内容及字体即可。

代码 1.13 绘制京剧脸谱：题字

```
t.penup()
t.goto(-155,-250)
t.pendown()
t.write("京剧脸谱　中华艺术",font=('黑体',20,'bold'))
t.hideturtle()
turtle.done()
```

全部绘制工作完成后，小海龟功成身退，这样画面更美观。另外，也要记得将一开始的参照图片去掉，最后的绘制效果如图 1.21 所示（个别颜色与原图片略有不同）。

图 1.21 京剧脸谱的最终绘制效果

本章小结

本章简述了 Python 语言的特色与版本，着重讲解了 Python 编程环境的搭建，介绍了常见的 Python 集成开发环境，讲解了 turtle 库的基本概念，并通过若干实例演示了 turtle 库的使用方法。

思考与练习

1. Python 有哪些优势可吸引初学者?
2. Python 的标准库与第三方库在使用流程上有什么区别?
3. 使用 turtle 库编写代码，绘制一个边长为 200 个单位的等边三角形。
4. 下列代码的作用是使用小海龟绘图，在（-100,-20）到（300,-60）两点之间画一条线段，补齐代码。

```
import turtle
t = turtle.Turtle()
t.speed(2)
_____
t.goto(-100,-20)
_____
t.goto(300,-60)
t.getscreen().exitonclick()
```

5. 下列代码的作用是，绘制一个以（-100,-20）点为左上角的、边长为 50 的正方形，补齐
代码。

```
import turtle
t = turtle.Turtle()
t.speed(2)
t.penup()
_____
t.pendown()
for i in range(4):        #循环结构,下面两行缩进的代码会重复执行 4 次
    t.forward(50)
    _____
t.getscreen().exitonclick()
```

第2章 基础语法概述

学习目标

- 养成良好的编程习惯。
- 深入理解变量的概念。
- 掌握 Python 常用的数据类型。
- 掌握 Python 常用的运算符。
- 掌握 print()与 input()函数的使用方法。
- 掌握 math 库的使用方法。

平时常见的编程语言有很多，它们都有一些基本的构成要素，如变量、表达式、流程控制语句、函数等。Python 同样拥有这些基本要素，在本章及后续的章节中会依次展开介绍。本章重点讲解 Python 中的基础语法，包括变量及数据类型的概念，有了变量，再配合不同的运算符就构成了表达式。复杂的程序代码都是由这些基本要素构成的。由基本要素构成完整程序的过程一般要遵循一些共同的书写规范，以保证代码的质量、可读性。

2.1 Python 语法规范

2.1.1 大小写

Python 区分代码的大小写，这被称为大小写敏感。例如，在代码 2.1 中，如果将小海龟库中的 turtle.Turtle()类写成了全小写，则代码运行时就会报错。

代码 2.1　Python 区分大小写

```
import turtle
t = turtle.turtle()      #大小写错误,运行报错
t.speed(0)
t.pensize(2)
t.pencolor("gray")
```

区分代码大小写的程序语言有很多，因此有一个良好的书写代码习惯很重要。在为程序中各种要素命名时，一定要有一个统一的规范。例如，一般面向对象中类的名称都是首字母大写；如果名称使用多个单词，则单词之间可以使用下画线连接等。当然这些习惯不是强制的，而且不同的程序语言往往有不同的风格。但一定要有良好的编程习惯，并且要在一开始就注意养成。

2.1.2 缩进

在 C、C++、Java、C#等很多程序语言中，代码块使用{}括起来。但 Python 省去了花括号，直接强制使用缩进来表示代码块，如代码 2.2 中 for 语句后面的 3 行代码都有 4 个空格的缩进，这 3 行代码就构成了一个代码块，隶属于 for 语句。for 语句每循环一次都要执行这 3 行代码。

代码 2.2　正确使用缩进

```
import turtle
t = turtle.Turtle()
t.speed(0)                        #速度设为最快
colors = ["red","yellow","green"] #这是一个颜色盒
for x in range(20,100):           #循环
        t.pencolor(colors[x % 3]) #在 3 个颜色中挑一个
        t.circle(x)               #以 x 为半径画个圆
        t.left(10)                #左转 10°
t.getscreen().exitonclick()
```

其实这段代码就是第 1 章中的代码 1.8，因此绘制的效果可参看图 1.19。但如果将代码 2.2 稍作修改，写成代码 2.3，即将 t.left(10)这行代码的缩进取消，则左转 10° 这项操作就不属于 for 语句的循环结构了。左转 10° 这行代码和 for 语句是同级关系，只是在顺序上排在 for 语句之后，要等 for 语句执行完毕才运行。因此它不会再被执行多次，而是只被执行一遍，程序绘制的图案效果与代码 2.2 将大不相同。

代码 2.3　有无缩进效果大不同

```
import turtle
t = turtle.Turtle()
t.speed(0)                        #速度设为最快
colors = ["red","yellow","green"] #这是一个颜色盒
for x in range(20,100):           #循环
        t.pencolor(colors[x % 3]) #在 3 个颜色中挑一个
        t.circle(x)               #以 x 为半径画个圆
t.left(10)                        #左转 10°，这行不属于 for 循环
t.getscreen().exitonclick()
```

运行代码 2.3，绘制的效果如图 2.1 所示，读者可与图 1.19 进行比对，查看左转 10° 这一行代码有无缩进的影响。

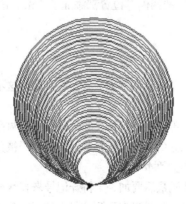

图 2.1　代码 2.3 的绘制效果

在 Python 中，每一层的缩进为 4 个空格，但一般情况下并不需要程序员手动输入。第 1 章介绍的众多集成开发环境都有自动添加缩进的功能。例如，在代码 2.3 中，输入 for 语句所在行最后的冒号并按 Enter 键后，集成开发环境会自动添加缩进。如果没有出现缩进，一般是因为 for 语句行最后的英文冒号写成了中文的冒号。Python 语言用到的所有特殊字符，如冒号、点、逗号、括号、引号等，都是英文半角格式下的。

2.1.3　注释

前面出现的很多代码例子中都有以 "#" 开头的文字内容，这些就是代码的注释。注释用于帮助用户理解代码，它们不属于代码，不会被执行。好的代码大都有注释，注释能显著提高对代码的理解。

除添加注释外，好的代码还要求有自解释性，也就是代码本身具有很好的描述性，其各要素的命名都很直观。

2.1.4　留白

代码一般要适当留白，包括空格、空行等。前面的代码例子为了节约篇幅，行与行之间没有留白。但真正在计算机中书写代码时，一般要适当留白。例如，代码 2.2 添加留白后变为代码 2.4。可以看到在 import 语句后有空行，在 for 语句循环结构和窗体退出的代码之间也有空行。

代码 2.4　代码要适当留白

```
import turtle

t = turtle.Turtle()
t.speed(0)                          #速度设为最快
colors = ["red","yellow","green"]   #这是一个颜色盒
for x in range(20,100):             #循环
    t.pencolor(colors[x % 3])       #在 3 个颜色中挑一个
    t.circle(x)                     #以 x 为半径画个圆
    t.left(10)                      #左转 10°

t.getscreen().exitonclick()
```

这些空行不是必需的，但它们可以将整个代码分成几个 "段落"，每个段落都有自己的主题，让程序也有起承转合。其实不仅行与行之间要留白，同一行的字符之间也可以留白。仔细观察代码 2.4，在 "=" 的两侧、"%" 的两侧等位置都添加了空格。这些空格使程序看上去更舒展、通透、美观。

2.1.5　换行

如果有一行代码特别长，屏幕显示不下怎么办？有人认为这不是问题，只需换行即可。但这个问题并没有看上去那么简单。

程序是由多行代码构成的。现在将一行长长的代码分成了两行来写，Python 解释器如何知道程序中的两行代码原本就是两行独立的代码，还是某一行长代码被分成了两行呢？因此必须使用一种方式让 Python 解释器可以区分这两种情形。

在很多程序语言中，一行代码最后要加一个特殊记号来表示本行代码结束。例如，C 系列的语言会在一行代码尾部加一个分号。如果没有看到分号，就意味着本行代码没有结束，屏幕上的下一

行应该还是同一行代码。这样就解决这个问题了，但其弊端是每写一行代码都得在尾部加一个分号，包括那些很短的行，如果遗忘还会造成误会。

Python 没有采用这个方案，因此平时书写代码时不用在尾部加记号。当偶尔遇到超长代码行需要分成多行书写时，只需在行尾添加斜杠"\"即可。下面看代码 2.5，这个例子尝试使用小海龟模拟纵向书写的效果，输出梁启超的名篇《少年中国说》的一段文字。这段文字以字符串的形式出现在代码中，虽然只是原文中的一段，但对于代码行来说，还是过长，一行无法写完。可以看到，在代码中这段文字每次换行时行尾都有一个"\"，因此这几行其实是一行代码。

代码 2.5　纵向输出《少年中国说》一段文字

```
import turtle
turtle.setup(0.8,0.5,100,100)
turtle.setworldcoordinates(-500,-250,500,250)      #设置坐标系
t = turtle.Turtle()
t.penup()
t.speed(0)
t.goto(400,200)            #小海龟移动到靠近右上角的位置,纵坐标为 200 处
t.setheading(270)          #小海龟朝向垂直向下
t.speed("slow")
content = "红日初升，其道大光。河出伏流，一泻汪洋。潜龙腾渊，鳞爪飞扬。" \
"乳虎啸谷，百兽震惶。鹰隼试翼，风尘翕张。奇花初胎，矞矞皇皇。干将发硎，" \
"有作其芒。天戴其苍，地履其黄。纵有千古，横有八荒。前途似海，来日方长。" \
"美哉我少年中国，与天不老! 壮哉我中国少年，与国无疆! "
for i in range(len(content)):
    t.write(content[i],font=('宋体',15))            #循环输出每个字
    t.forward(40)                                   #小海龟继续向下移动
    if t.ycor() < -200:                             #小海龟的纵坐标小于-200
        t.goto(t.xcor()-40,200)                     #小海龟向左移动一列
author = "梁启超 少年中国说"
t.goto(-170,100)
for i in range(len(author)):
    t.write(author[i],font=('宋体',12))
    t.forward(30)
t.hideturtle()
turtle.done()
```

这个例子在第 3 章还会出现，到时会继续完善丰富。简单解释一下这段代码的含义。代码开头部分分别使用 setup() 与 setworldcoordinates() 方法设置绘图窗体的大小位置及窗体内的坐标系。坐标原点仍然在窗体中央，窗体左下角的坐标为（-500,-250），右上角的坐标为（500,250）。小海龟一开始被移动到靠近右上角纵坐标为 200 的地方，朝向设置为垂直向下。要输出的文字内容以字符串形式预备好，关于字符串的知识会在第 4 章中详细介绍，这里只需理解代码中的 content 就像一个拥有很多格子的容器，每个格子对应一个汉字，可以通过 content[i] 这种形式访问第 i 号格子，从而得到相应的汉字。接下来的 for 循环会依次走遍 content 容器中的每个格子，随着 i 的增长，会将每个格子 content[i] 中的汉字通过小海龟的 write() 方法写到画布上。每次写完一个汉字，小海龟都会前进 40 个单位。因为小海龟的朝向是垂直向下的，所以它会向下移动，整个书写效果就是纵向书写。稍微复杂点的一个细节是，小海龟如何在纵向写完一列文字后移动到下一列的开头位置。可以看到在代码的第一个 for 循环 （紧跟 content 后的 for 语句）中有一个 if 语句做判断，如果小海龟的纵坐标

ycor()已经小于-200，就不要继续向下移动了，而是要移动到下一列的开头。因此小海龟要向左移动，即横坐标要减小，纵坐标恢复到 200。后面输出梁启超名字等文字内容的方法是一样的。所有文字内容输出完成，隐藏小海龟。代码 2.5 的运行效果如图 2.2 所示，绘图窗体的左侧感觉有些空，如果能配上一些图案则效果会更好，这个问题留到第 3 章再来解决。

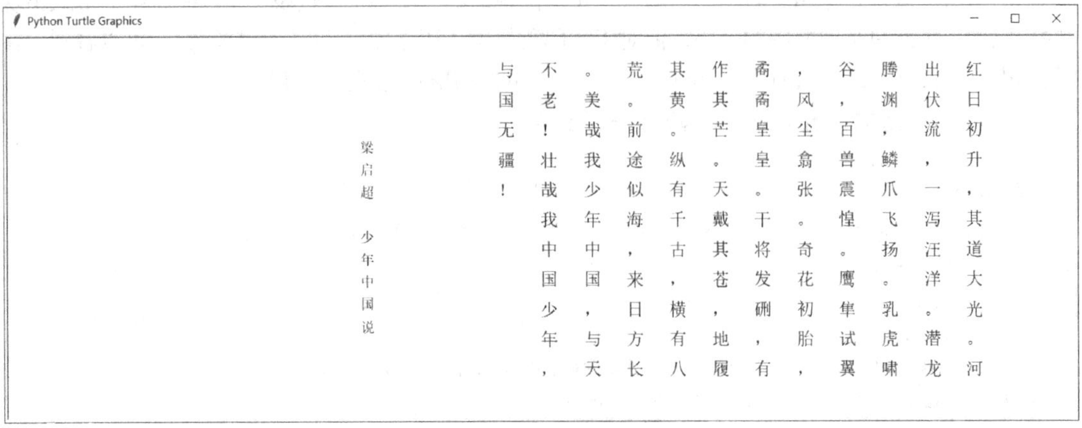

红日初升，其道大光。河出伏流，一泻汪洋。潜龙腾渊，鳞爪飞扬。乳虎啸谷，百兽震惶。鹰隼试翼，风尘吸张。奇花初胎，矞矞皇皇。干将发硎，有作其芒。天戴其苍，地履其黄。纵有千古，横有八荒。前途似海，来日方长。美哉，我少年中国，与天不老！壮哉，我中国少年，与国无疆！

梁启超 少年中国说

图 2.2 《少年中国说》节选

本节集中介绍了书写 Python 代码需要注意的一些规范。之所以在正式介绍 Python 语言要素前先讲规范，就是希望初学者能在一开始就养成良好的编写代码习惯。Python 语法的规范限制了程序员书写代码的随心所欲，换来的是代码的清晰、可读、美观、稳健。毫无规矩的代码不仅让人理解起来困难，对自己而言也是一种负担。规范可以锻造更好的代码，接下来就是实践规范了。

2.2 变量和数据类型

变量是非常基础的语言要素，深入理解变量的概念对于编程初学者的重要性是怎么言之都不为过的。正是因为变量十分基础，所以前面的很多代码例子中已经不可避免地用到了变量。例如，代码 2.5 中的小海龟 t，还有保存《少年中国说》文字内容的 content 等，都是变量。下面来正式认识一下变量。

2.2.1 变量

编程与烹饪有相似之处。烹饪的过程将原料加工成菜肴，在这个过程中，原料是输入，最后的菜肴是输出。加工过程中需要各种类型的器皿容纳食材。程序也需要输入数据，运行过程中会将输入数据加工成需要的样子后输出。例如，将输入的原始图片数据加工成用户喜欢的样子输出。在这个加工过程中，程序也需要各种容器来容纳数据，这些容器就是变量。

程序中的变量有不同的类型，称为数据类型。好比厨房容器分为锅、碗、瓢、盆等不同的种类，不同类型的容器适合容纳不同类型的数据。与厨房容器不同的是，程序中的变量要有明确的名称，称为标识符，只有这样才能方便地在程序中使用它们。例如，前面代码中根据 Turlte 类生成一个具体的小海龟对象并保存在 t 这个变量中，如果没有 t 这个名称，就无法方便地指挥这个小海龟。同样地，《少年中国说》中的那段文字保存在 content 变量中，如果没有 content 这个名称，程序又该怎样访问这段文字内容呢？因此程序中的变量都要有名称，一般由英文大小写字母、数字、下画线等常用字符构成，但不能以数字开头。而且因为 Python 是大小写敏感的语言，所以标识符是区分大小写的。另外，变量名通常也不能使用 Python 语言固有的一些标识符，因为它们已经有了其他特殊含义了。例如，不能将一个变量命名为 for，类似 for 这样的一些 Python 语言固有的标识符被称为 Python 语言的关键字（key word）。

在 Python 中，变量要先定义，再使用。所谓定义其实是在计算机内存中开辟一块空间，并将这块空间初始化，然后给这块空间起个名称（标识符），以后要访问这块内存空间中的数据时只需通过标识符即可，不用操心内存空间的二进制地址。这也是高级程序语言"高级"的地方之一，远离机器世界，努力靠近人类世界。具体来说，在 Python 中定义变量是通过赋值语句来完成的。例如，t = turtle.Turtle()，又或者 author = "梁启超 少年中国说"。这里的等号"="不是数学意义上的相等，而是表示赋值，是将等号右侧的数据赋值给等号左侧的变量（Python 使用"=="表示相等）。在赋值的过程中，变量就被定义好了，程序即可使用这个标识符来访问该变量，或者说访问该变量所指代的内存空间。

再来看一个使用变量的例子。在代码 2.6 中，通过赋值语句定义了一个 age 变量，其初始值为18。之后使用 print() 函数输出 age 变量的值，然后再一次为变量 age 赋值。第二次为 age 赋值时，由于 age 变量已经存在，无须定义，直接修改其值即可。注意，第二个赋值语句中写在等号右侧的 age 和等号左侧的 age 是对 age 变量不同的操作。等号右侧的 age 是对变量 age 的读取操作，读取得到的值加 1 后再写入 age 变量。

代码 2.6　使用变量示例

```
age = 18
print("今年我",age,"岁")
age = age + 1
print("明年我",age,"岁")
```

如果将上述代码的第一行变为注释，则运行就会出错。错误信息为"NameError: name 'age' is not defined"，意思是变量 age 没有定义。这是由于在 age 没有定义的情况下，要输出 age 变量的值，从而引起变量未定义的错误。因此在使用一个变量前一定要确保其有定义。

2.2.2　数据类型

变量保存的数据有不同类型之分，因此变量也有相应的类型。例如，保存整数的整型变量、保存小数的浮点型变量，以及复数类型、字符串等。每一种数据类型都有一些共同的特征及针对这种类型的一系列操作。在某些程序语言中，定义变量时必须明确说明变量的类型，而且这个变量一经确定就不能保存其他类型的数据，如声明为整型的变量不能用来保存字符串。但Python 语言不是这样的。Python 对数据类型的处理比较灵活，定义变量时无须声明变量的类型，Python 会自动判断。在 Python 程序中，同一个变量上一刻保存的是整数，下一刻换成字符串也是没问题的。

虽然 Python 变量的数据类型比较灵活，但并不意味着数据类型对于 Python 不重要。了解常见数据类型的特点及相应操作仍然是一个重要而基础的工作。本章主要介绍整型、浮点型、复数类型、逻辑类型等基本类型，关于字符串等类型会在后续章节逐渐进行介绍。

1．整型

顾名思义，整型变量中保存的是整数。整数可以进行各种常见的数学运算，下面的代码 2.7 以等差数列为例做了简单的演示。

代码2.7 整型变量示例

```
a_1 = 2        #等差数列的第一项为2
d = 3          #公差为3
print("变量a_1的数据类型: ",type(a_1))

a_9 = a_1 + 8 * d
print("等差数列的第9项为: ",a_9)

a_5 = (a_1 + a_9) / 2      #a_5是a_1和a_9的等差中项
print("等差数列的第5项为: ",a_5)
```

代码2.7的运行结果如下。

```
变量a_1的数据类型: <class 'int'>
等差数列的第9项为: 26
等差数列的第5项为: 14.0
```

在这段代码中有两个注意点：①可以使用 Python 内置函数 type()查看变量类型；②整型变量的加法、减法、乘法运算结果仍为整型，但除法运算不是。在 Python 3.x 版本中，两个整数的除法结果为小数，无论是否整除。

上述代码最后利用等差中项的知识求数列的第 5 项。虽然 a_1 与 a_9 之和可以被 2 整除，但 a_5 的运算结果为 14.0，是一个小数，即下面要介绍的浮点型。但一个整数数列的第 5 项怎么能是小数呢？因此应该把运算结果由 14.0 转换为 14，即由小数转换为整数。这涉及数据类型的转换，后面会有专门的介绍。

2. 浮点型

浮点型变量中保存的是小数。小数可以使用十进制的方式直接写出来，如 3.14；也可以采用科学记数法来表达，如 5.23e3 表示 5230.0。这里的 e 大小写均可，表示 10 的幂，指数由 e 后的数值决定。指数可以是负的，如 6.02e-2 表示 0.0602。

整数与小数在计算机中的处理方法是不一样的。因此 14 与 14.0 虽然数值大小一样，但一个为整数，另一个为浮点数，不能混为一谈。另外，整数运算是精确的，而浮点数运算是有误差的。这是因为程序中表达的十进制小数其实在计算机内是要转换为二进制小数的。但很多十进制小数无法精确地用二进制小数来表达，这有点类似很多分数无法用小数精确表达。例如，1/3 是一个精确值，但转换为小数是一个无限小数。如果只能写到小数点后若干位的话，则得到的小数就是 1/3 的近似值，是有误差的。同样地，一些十进制小数在转换为二进制小数时，转换过程永远没有尽头，计算机不可能无限地进行这个转换，一定要在某个位置截断，最终得到的二进制小数就是原十进制小数的一个近似值。

下面的代码 2.8 演示了浮点数运算有误差的事实。当然这个误差非常小，如果不是进行某些高精度的运算，一般可以忽略。

代码2.8 浮点数运算的误差

```
a = 3
b = 0.1
c = a * b
print("c =",c)           #输出 0.30000000000000004
```

3. 复数类型

这里的复数即中学数学中的复数，有实部与虚部，只不过将虚部单位 i 改写成字母 j。代码2.9 中首先定义了一个复数型变量 a，然后使用 type()函数确认其数据类型，再输出复数 a 的实部和虚部，最后输出 a 的值。

代码2.9　复数类型

```
a = 3 + 5j
print(type(a))        #确认 a 的类型为 complex
print(a.real)         #输出复数的实部,3.0
print(a.imag)         #输出复数的虚部,5.0
print(a)              #输出（3+5j）
```

可以看到变量 a 的类型是 complex，即复数类型。而输出其实部与虚部的代码又一次见到了面向对象中的"点"形式，这说明一个简单的复数也是一个对象，所有的复数构成一个复数类，它们拥有一些共同的特征属性，如都有实部与虚部。另外需要注意的是，复数的实部、虚部是实数，不限于整数，因此输出的实部、虚部是浮点型。

4.逻辑类型

逻辑类型变量的取值只有两种可能：True 和 False，代表真和假。逻辑类型的变量可以做与、或、非等运算，在 2.3.5 节中会对逻辑运算符进行介绍。

2.2.3　类型转换

不同类型的数据之间是可以根据需要进行转换的，如代码 2.7 中等差数列需要将求出的 a_5 由浮点数转换为整数，这可以使用 Python 内置的 int()函数来完成，如代码 2.10 中的粗体代码所示。

代码2.10　浮点数转换为整数

```
a_1 = 2        #等差数列的第一项为 2
d = 3          #公差为 3
print("变量a_1的数据类型：",type(a_1))
a_9 = a_1 + 8 * d
print("等差数列的第 9 项为：",a_9)
a_5 = (a_1 + a_9) / 2
a_5 = int(a_5)             #将 a_5 由浮点数转换为整数
print("等差数列的第 5 项为：",a_5)
```

代码 2.10 的运行结果如下，数列的第 5 项不再输出 14.0，而是整数 14。

```
变量a_1的数据类型： <class 'int'>
等差数列的第 9 项为： 26
等差数列的第 5 项为： 14
```

再来看几个数据类型转换的例子。下面代码 2.11 中分别演示了使用 int()函数将其他类型的数据转换为整数；使用 float()函数将其他类型的数据转换为浮点数；使用 str()函数将其他类型的数据转换为字符串。需要注意，int()函数将浮点数转换为整数时，其行为不是进行四舍五入，而是直接抹掉小数部分。最后一行代码使用 str()函数将整数 5000 转换为字符串，从而可以和前后的字符串首尾衔接，形成一个更长的字符串。

代码2.11　数据类型转换示例

```
print(int(17.6))                          #结果为 17,不是 18
print(int("119"))                         #字符串转换为整数
print(float(120))                         #整数转换为浮点数
print(float("17.2") + 5)                  #字符串转换为浮点数
print("中华文明拥有" + str(5000) + "年的历史。")   #数值转换为字符串
```

代码 2.11 的运行结果如下。

```
17
119
```

```
120.0
22.2
```
中华文明拥有 5000 年的历史。

2.3 常见运算符

变量解决了数据的存储问题，但程序中的数据是要被加工处理的，也就是说保存在变量中的数据要动起来程序才有意义，这就需要对数据进行各种操作的运算符。Python 提供了各式各样的运算符，通过这些运算符可以将变量彼此之间联系起来，构成一个个的式子，称为表达式。

2.3.1 算术运算符

算术运算符可以完成基本的数学运算，如加、减、乘、除等。表 2.1 列出了几种 Python 常用的算术运算符。

表 2.1　常用的算术运算符

运算符	说明
+	加法
−	减法
*	乘法
/	除法
//	整除：返回商的整数部分。15 // 2 的结果是 7
%	模运算：返回商的余数。15 % 2 的结果是 1
**	乘方：2 ** 3 结果是 8，4 ** 0.5 结果是 2.0

模运算有一些非常典型的应用。例如，判断一个整数是不是偶数，可以很容易用 % 运算来实现。又如，假设程序接到的输入是从负无穷到正无穷区间的任一整数，但程序需要将输入的整数变为[0,2]区间的一个整数。这时模运算就派上用场了，只需让输入的整数%3 即可。还记得第 1 章绘制彩色螺旋的例子吗？再来看一遍这个例子的代码，注意代码 2.12 中的粗体显示部分。

代码 2.12　绘制彩色螺旋（代码 1.8 重现）

```
import turtle
t = turtle.Turtle()
t.speed(0)                            #速度设为最快
colors = ["red","yellow","green"]     #这是一个颜色盒
for x in range(20,100):               #循环
    t.pencolor(colors[x % 3])         #在 3 个颜色中挑一个
    t.circle(x)                       #以 x 为半径画个圆
    t.left(10)                        #左转 10°
t.getscreen().exitonclick()
```

在绘制彩色螺旋的代码中，for 循环中的变量 x 即为半径，取值位于[20,100]区间。如何根据 x 的值在颜色盒中挑选颜色呢？因为颜色盒 colors 中只有 3 种颜色，其编号依次为 0、1、2，即 colors[0]代表 red，colors[2]代表 green。问题就变为如何将一个[20,100]区间的整数映射到[0,2]区间，此时即可进行 x % 3 运算，这样无论 x 的值是多少，除以 3 取余后结果一定是 0、1、2 中的一个。

模运算和整除组合起来可以提取整数的某一位。例如，对于整数 5673，如何将个位 3 单独提出

呢？如何抹掉个位3变为5670呢？这些都可以用 // 和 % 的组合来实现。代码2.13演示了对于一个两位数如何提取个位数与十位数，提取更多位数的整数中某一位的道理是一样的。

代码2.13　取余、整除运算的应用

```
num = 73
print("两位数的个位: ",num % 10)
print("两位数的十位: ",num // 10)
```

2.3.2　赋值运算符

在中学数学中，等号"="的含义是判断等号两边的数是否相等。但在Python语言中，等号"="的含义是赋值运算，表示一个动作，将等号右侧的数据赋值给左侧的变量。在很多程序语言中判断是否相等时使用两个等号"=="，Python语言也不例外。

Python中的赋值运算有很多比较灵活的写法，代码2.14演示了几种常见的形式。

代码2.14　赋值运算的各种写法

```
a = b = c = 5              #同一个值赋给多个变量
print(a,b,c)


a,b,c = 5,7,10            #一行实现多个值赋给多个变量
print(a,b,c)


num1 = 2.3                #无须第三个变量,直接交换两个变量的值
num2 = 5.9
num1,num2 = num2,num1
print(num1,num2)          #输出 5.9 2.3
```

代码的第一部分演示了用一行代码将同一个值赋给多个变量。因此变量a、b、c的值均为5；代码的第二部分演示了一行代码实现将多个值赋给多个变量，这里的对应顺序很重要，变量a的值为5，变量b的值为7，变量c的值为10；代码最后一部分演示了交换两个变量的值。这个操作很多程序语言都需要引入第三个变量作为中转站，但Python提供了如代码2.14所示的快捷写法。

2.3.3　复合运算符

复合运算符是将某种算术运算符和赋值运算符结合起来，形成一种简洁的写法。一些常用的复合运算符如表2.2所示。

表2.2　复合运算符

运算符	说明
+=	a += 1 等效于 a = a + 1
-=	a -= 2 等效于 a = a - 2
*=	a *= 3 等效于 a = a * 3
/=	a /= 4 等效于 a = a / 4

2.3.4　比较运算符

比较运算的含义与中学数学中的比较运算符的含义是一致的，只是写法略有区别。表2.3列出了Python中常用的比较运算符。特别注意：相等使用两个等号表示。

表 2.3　比较运算符

运算符	说明
==	5 == 5 的结果为 True；5 == 6 的结果为 False
!=	5 != 6 的结果为 True；5 != 5 的结果为 False
>	5 > 4 的结果为 True；5 > 6 的结果为 False
>=	5 >= 5 的结果为 True；5 >= 6 的结果为 False
<	5 < 6 的结果为 True；5 < 4 的结果为 False
<=	5 <= 5 的结果为 True；5 <= 4 的结果为 False

从表中可看出，所有这些比较运算符的返回结果都是逻辑值，因此只有 True、False 两种可能。

2.3.5 逻辑运算符

逻辑运算包括与、或、非，专门针对逻辑类型的变量进行运算，对应的 3 种运算符如表 2.4 所示。

表 2.4　逻辑运算符

运算符	说明
and	与运算：如果 x 为 False，则 x and y 返回 False，否则返回 y 的值
or	或运算：如果 x 为 True，则 x or y 返回 True，否则返回 y 的值
not	非运算：如果 x 为 True，则 not x 返回 False

其中，and 与 or 为二元运算符，not 是一元运算符，直接对逻辑值取反。

对于 and 运算符，只有当两个逻辑值都为 True 时结果才为 True。实际上对于表达式 x and y，如果第一个操作数 x 是 False，则无须关心 y 的值是真还是假，结果均为 False。如果 x 的值是 True，则 y 的值即为结果的值。这样的思维方法体现了计算思维中的分解思想，从而无须比对 x 与 y 的各种真假组合情况。

对于 or 运算符，只要参与运算的两个逻辑值中有一个为 True，结果即为 True。

前面介绍的比较运算的结果均为逻辑值，因此比较运算经常和逻辑运算组合起来形成更复杂的表达式，如代码 2.15 所示。

代码 2.15　逻辑运算示例

```
print(5 > 6 and 3 < 5)       #False
print(5 > 6 or 3 < 5)        #True
print(not(5 > 6) and 3 < 5)  #True
```

2.3.6 成员运算符

成员运算符用来判断一个成员（元素）是否在一个集体（序列）中。常用的成员运算符有 in 和 not in，如表 2.5 所示。

表 2.5　成员运算符

运算符	说明
in	如果元素在指定的序列中，则返回 True，否则返回 False
not in	如果元素不在指定的序列中，则返回 True，否则返回 False

Python 中有很多序列型的容器，如第 5 章的列表、元组、字典等，它们经常会和成员运算符搭配使用。其实字符串也是一个由若干个字符构成的序列，因此可以用成员运算符判断一个字符串是否在另一个更长的字符串中。

在中华传统文化中，诗词无疑占有很重的分量，而飞花令则是人们在背诵诗词时一种有趣的游戏形式。代码 2.16 假设飞花令的关键字是"千里"，要求判断给出的诗句中是否包含关键字，成员运算符即可很好地完成这个任务。

代码 2.16　成员运算符示例

```python
keyword = "千里"
poem_1 = "欲穷千里目，更上一层楼。"
poem_2 = "千里来寻故地，旧貌变新颜。"

print(keyword in poem_1)          #True
print(keyword not in poem_2)      #False
```

2.3.7　运算符的优先级

不同的运算符组合起来往往会构成一个比较复杂的表达式，此时多个运算符之间的计算会有先后问题，即运算符的优先级问题。表 2.6 给出了一些常用运算符的优先级。对于十分复杂的表达式，可通过括号来明确运算顺序是一个好的做法。

表 2.6　常用运算符的优先级

运算符说明	运算符	优先级顺序
圆括号	()	高
乘方	**	
乘除	*、/、//、%	
加减	+、-	
比较运算符	==、!=、>、>=、<、<=	
成员运算符	in、not in	
非	not	
与	and	低
或	or	

2.4　输入与输出

前面的代码中已经多次用到了 print() 函数，这是 Python 程序的基本输出方式。虽然 print() 函数的使用很简单，但也有一些细节需要介绍。另外，还有和输出对应的输入函数 input()，它们是频繁出现在代码示例中的两个函数。

2.4.1　输出函数 print()

在 Python 中，如果想要了解某个函数的详细语法，则可以使用 help() 函数。例如，想显示 print() 函数的语法细节，输入 help(print) 即可得到 print() 函数的帮助信息，如代码 2.17 所示。

代码 2.17　使用 help() 函数查看帮助信息

```
Help(print)
```

得到的帮助信息如下。

```
Help on built-in function print in module builtins:
print(...)
    print(value,...,sep=' ',end='\n',file=sys.stdout,flush=False)
    Prints the values to a stream,or to sys.stdout by default.
    Optional keyword arguments:
    file: a file-like object (stream); defaults to the current sys.stdout.
    sep:   string inserted between values,default a space.
    end:   string appended after the last value,default a newline.
    flush: whether to forcibly flush the stream.
```

阅读英文的帮助信息也是学习 Python 的必修课之一。通过这个帮助信息可以看到 print() 函数有多个参数，除要输出的内容即 value 外，还有几个参数可以设置。这里重点介绍 sep 与 end 参数。sep 参数指明多个输出项之间使用什么字符分隔，默认使用的是空格；end 参数决定所有内容输出完成后使用什么字符结尾，默认使用 "\n"，即换行符来结尾。

下面的代码 2.18 演示了合理使用 print() 函数的参数来控制文字输出的效果。第一行代码输出若干个空格和"蝉"字，空格是为了让诗的标题有居中的效果。第二行代码输出两项内容，朝代和作者。二者之间使用"|"分隔。这两个 print() 函数没有明确说明 end 参数的值，因此就是默认的换行符。所以诗的标题和作者各占一行。接下来的 4 个 print() 函数都明确指出 end 参数的值。当 end 参数的值为空格时，该句诗输出完成但并不换行，下一句诗会在同行输出。

代码 2.18　print() 函数示例

```
Print ("        蝉")
Print ("    唐","虞世南",sep=" | ")      #两项之间用"|"分隔
Print ("垂绥饮清露，",end=" ")          #不换行
Print ("流响出疏桐。",end="\n")          #换行
Print ("居高声自远，",end=" ")
Print ("非是藉秋风。",end="\n")
```

代码 2.18　print() 函数示例

代码 2.18 运行后，初唐虞世南的这首咏蝉诗就以如下格式进行呈现。

```
        蝉
    唐 | 虞世南
垂绥饮清露，  流响出疏桐。
居高声自远，  非是藉秋风。
```

2.4.2　输入函数 input()

很多时候程序运行后需要从键盘获取数据，完成这一任务可以使用 Python 内置的 input() 函数。input() 函数一般出现在赋值运算符的右侧，当程序运行到 input() 函数处时会停下来，在屏幕上输出提示信息后等待来自键盘的输入数据。一旦用户输入完成并按 Enter 键后，程序会继续运行。此时 input() 函数会将从键盘得到的输入数据保存到某个变量中，就像代码 2.19 所展示的。

代码 2.19 运行后会等待用户从键盘上输入莫高窟现存洞窟数量。敦煌莫高窟是世界上现存规模最大、保存最完好的佛教石窟艺术，是中华文明宝库中的瑰宝，现存 735 个洞窟。程序会根据用户输入的数量正确与否给出不同的回馈。

代码 2.19　input() 函数示例

```
num = int(input("你知道莫高窟现存有多少个洞窟吗？"))
```

代码 2.19　input() 函数示例

```
if num == 735:
    print("完全正确! 你一定很爱莫高窟。")
elif 700 <= num < 800:
    print("虽然不正确, 但百位数是对的。")
else:
    print("差得有点多, 去查阅一下资料吧。")
```

仔细观察这段代码，第一行为什么会有 int()函数存在呢？其实，这是因为 input()函数的返回值为字符串，即它把从键盘上收到的所有输入都看成字符串。因此虽然用户输入的是类似 735 这样的数字，但 input()函数返回的是类似 "735" 的字符串。程序预置的答案是整数 735，因此需要将 input()函数的返回值转换为整数，才能和标准答案进行比对。这就是第一行 int()函数的来历，如果没有它，则程序会报错。

由于 int()函数的存在，第一行代码形成了两个函数套在一起的局面。因为 input()函数被套在 int()函数中，所以函数 input()从键盘得到输入的数据后，会以字符串的形式返给 int()函数，由它来将其转换为整数，最后保存到 num 变量中。

代码中用到的 if 语句会在第 3 章进行介绍，这里只需知晓它会根据用户输入的数量与标准答案之间比对的不同结果有不同的输出即可。注意比对过程中比较运算符的书写。

输入与输出是程序与外部世界打交道的基本途径，失去了输入与输出，程序的价值也就无从体现。

2.5 Python 生态系统之 math 库

在 Python 的标准库中有一个小巧的数学类函数库即 math 库。这个库提供了几个数学常数，如圆周率、e、无穷等，另外还有几十个常用的数学函数。

2.5.1 访问 math 库文档

要想完整地了解 math 库，查看其帮助文档是一个好方法。可按如下步骤访问 math 库的文档。

（1）单击 Windows "开始" 菜单，在打开的 "开始" 菜单中找到 Python 的相应条目（即第 1 章的图 1.3 所示的条目）。

（2）选择 Python 条目中的【Python 3.11 Module Docs(64-bit)】选项，如图 2.3 所示，打开一个命令行窗口，随后会启动浏览器打开 Python 工具包的索引页面。

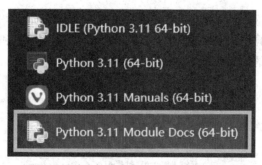

图 2.3 通过开始菜单 Python 条目访问库文档

（3）在索引页面中的【Built-in Modules】部分找到 math 库的入口链接，如图 2.4 所示，单击后即可浏览 math 库的帮助文档。

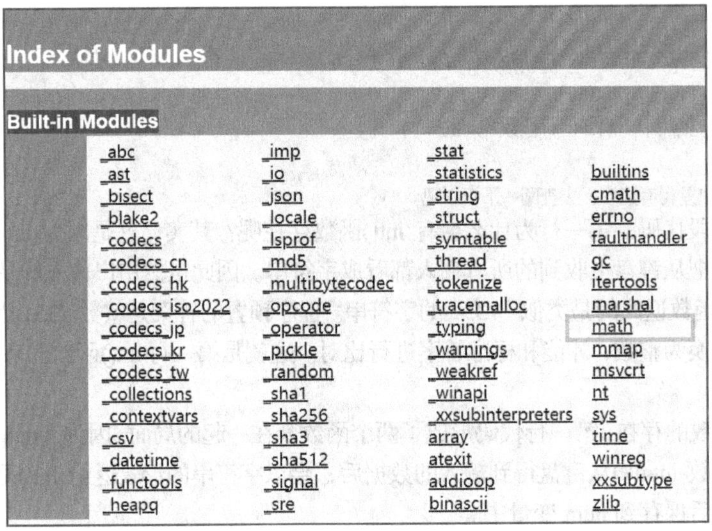

图 2.4 math 库文档的入口链接

2.5.2 math 库函数举例

1．数学常数

下面的代码 2.20 演示了圆周率、常数 e 及正无穷和负无穷的使用。使用 math 库与使用 turtle 库的过程是类似的，也要使用 import 语句导入库，库中的数学常数及函数在使用时都要挂上库名前缀。

代码 2.20 math 库数学常数示例

```
import math
print(math.pi)        #输出 3.141592653589793
print(math.e)         #输出 2.718281828459045
print(math.inf)       #输出 inf
print(-math.inf)      #输出-inf

print(float("inf"))   #另一种表达正无穷的方法
```

这段代码的最后演示了另外一种通过数据类型转换得到正无穷的方法，负无穷也可以通过这种方法得到。

2．乘方运算

Python 中实现乘方运算的方式有多种，代码 2.21 演示了使用 math 库中的 pow()函数、Python 内置的 pow()函数、乘方运算符 3 种方式计算 2 的乘方与开方，可以看出其中的异同。

代码 2.21 math 库的乘方与开方函数

```
import math
print(math.pow(2,3))  #2 的立方,结果为 8.0
print(pow(2,3))       #2 的立方,结果为 8
print(2 ** 3)         #2 的立方,结果为 8

print(math.sqrt(9))   #9 的算术平方根,结果为 3.0
print(9 ** 0.5)       #9 的算术平方根,结果为 3.0
print(pow(9,0.5))     #9 的算术平方根,结果为 3.0
```

求算术平方根时既可以通过乘方的思路，也可以使用 math.sqrt()函数。

3. 对数运算

math 库中有一系列的对数运算函数,如以 2 为底的 log2() 函数,以 10 为底的 log10() 函数,还有可以指定对数底的 log() 函数。代码 2.22 做了演示。

代码 2.22　math 库中的对数函数示例

```
import math
print(math.log2(8))        #以 2 为底 8 的对数,结果为 3.0
print(math.log10(100))     #以 10 为底 100 的对数,结果为 2.0
print(math.log(100,10))    #以 10 为底 100 的对数,结果为 2.0
print(math.log(125,5))     #以 5 为底 125 的对数,结果为 3.0000000000000004
print(math.log(100))       #以 e 为底 100 的对数,结果为 4.605170185988092
```

对于函数 log2() 和 log10(),因为底是固定的,所以只需输入一个参数。而函数 log() 有两个参数,其中第二个参数为底,如果没有指明,则默认以数学常数 e 为底。

4. 其他运算函数

math 库中还有很多完成三角函数运算的函数,如 sin()、cos() 等,另外还有角度与弧度之间的转换函数,如 degrees()、radians() 等,其功能都是简单直白的,在此不再一一赘述。

总体来说,math 库是一个小库,提供的功能大部分局限于初等数学。如果需要进行高等数学、工程技术等方面的科学计算,则可以了解 Numpy、Scipy 等第三方库。

2.6　小试牛刀

下面将通过几个案例来集中演练本章所学的内容。虽然 Python 学习的征程刚刚开始,所学内容还很有限,但已经可以利用 Python 做很多事情了。

2.6.1　更安全的密码

现代人离不开网络,每个人都会有很多网络账号,常用的安全措施就是给自己的账号设一个密码。什么样的密码才是比较安全的呢? 密码的安全性和其组合可能性有关。组合的可能性越多,密码相对越安全。下面就使用 Python 来计算不同方案下密码的可能性。

第一种方案,只使用 26 个英文字母的小写,密码长度为 6 位。这种密码的可能性是 26 的 6 次方;第二种方案,使用 26 个英文字母大小写、10 个阿拉伯数字及!、@、#、¥、%这 5 个特殊字符构成长度为 12 的密码。这种密码每一位的可能性是 26+26+10+5 即 67,又因长度为 12,所以最终的可能性为 67^{12}。这些数值都比较大,但使用 Python 来求解毫无压力,如代码 2.23 所示。

代码 2.23　密码的安全性

```
#第一种方案: 308915776
print(26 ** 6)


#第二种方案: 8182718904632857144561
print((26 + 26 + 10 + 5) ** 12)
```

可以看出第二种方案密码的可能性远远多于第一种,这就是为什么设置密码时要大小写字母混合,包含数字,还要有特殊字符的原因,当然长度也不宜太短,这样的密码比较安全。

2.6.2　人体内的水分子个数

假设一个成年人的体重为 70kg,人体重的 70%是水,水分子的摩尔质量为 18g/mol,即 6.02 ×

10^{23} 个水分子质量为 18g。根据这些信息就可以估算一个成年人体内的水分子个数了，计算过程如代码 2.24 所示。

代码 2.24　估算人体内水分子的个数

```
h2o_count = (70 * 1000 * 0.7) / 18 * (6.02 * 10 ** 23)
print("人体内水分子的个数约为：",h2o_count,"个")

how_many_year = h2o_count / (3600 * 24 * 365)
how_many_year = int(how_many_year)
print("一秒数一个，需要",how_many_year,"年")
```

代码的第一部分将体重 70kg 换算为克，然后求出人体内水的克数，之后根据水的摩尔质量得出人体内水分子的数量，约为 1.64×10^{27} 个。这是一个很大的数，为了能有一个直观的感觉，假设可以一个个地清点人体内的水分子，并且假设一秒数一个，要不眠不休地清点多少年才能数完呢？代码的第二部分回答了这个问题。为了让答案更直观，将年数转换为了整型，结果是51965302440949309440 年。

Python 还可以处理更加巨大的整数，大到超乎想象，如 pow(2,pow(2,20))这个整数。为了感受这个整数有多大，读者可以将运算结果复制到文字处理软件中，看看仅由这个整数构成的文档会有多少页。

2.6.3　多一份备份，多一分保障

人们常说"多一份备份，多一分保障"。其实在一个多环节的作业系统上，如果每个环节都多一份备份，则可靠性的提升可不是一点点。

例如，一个打印店有一台计算机、一台打印机，二者合起来构成一个具有两个环节的打印系统。但设备总有可能出故障。假设计算机和打印机各自有 10%和 20%的概率出现故障，由一台计算机、一台打印机构成的单系统，以及两台同样的计算机和两台同样的打印机构成的双系统在可靠程度上有多大的区别？双系统投入了 2 倍的成本，在降低不可用时间上的表现如何呢？代码 2.25 对这个问题进行了回答。

代码 2.25　多一份备份，多一分保障

```
pc_err_rate = 0.1            #计算机的故障概率
printer_err_rate = 0.2       #打印机的故障概率

#单系统
reliable = (1 - pc_err_rate) * (1 - printer_err_rate)
reliable = round(reliable,2)   #保留 2 位小数
print("一台计算机一台打印机的系统可靠度为：",reliable)
single_sys_err = 1 - reliable  #单系统的故障概率

#双系统
reliable = round((1-pc_err_rate ** 2) * (1-printer_err_rate ** 2),2)
print("两台计算机两台打印机的系统可靠度为:", reliable)
double_sys_err = 1 - reliable  #双系统的故障概率

#对比
times = round(single_sys_err / double_sys_err,1)
print("单系统的不可用时间是双系统不可用时间的",times,"倍")
```

代码使用 reliable 变量保存系统的可靠性，并使用 Python 内置的函数 round() 使其保留 2 位小数。在分别计算得出单系统和双系统的可靠性后，再反向计算两种系统的故障概率，然后进行对比，看看单系统的故障概率是双系统的几倍。

计算结果显示，单系统的可靠度为 0.72，双系统的可靠度为 0.95，单系统的故障概率是双系统的 5.6 倍，因此投入 2 倍的成本来搭建双系统还是值得的。这还只是一个拥有两个环节的系统，对于环节更多的系统，备份的意义将更加凸显。人们常说要有底线思维，将最坏的情形考虑到并为之做好预案，是提升整个系统运作效率的关键之举。

2.6.4 如何换算座位号

假设某公司有 81 个员工，编号为 0～80。某日公司组织员工去看电影，要求大家按顺序入座一个 9×9 的影厅。具体规则为 0 号员工入座 1 排 1 号，1 号员工入座 1 排 2 号，8 号员工入座 1 排 9 号，9 号员工入座 2 排 1 号，以此类推，就座效果如下所示。

```
           1   2   3   4   5   6   7   8   9
第 1 排：  0,  1,  2,  3,  4,  5,  6,  7,  8
第 2 排：  9, 10, 11, 12, 13, 14, 15, 16, 17
第 3 排： 18, 19, 20, 21, 22, 23, 24, 25, 26
                        …
第 9 排： 72, 73, 74, 75, 76, 77, 78, 79, 80
```

下面的代码 2.26 能根据输入的员工编号给出该员工应坐几排几号。可以看到，代码主要使用了整除和取余两种运算完成一维编号到二维座位号的换算过程。

代码 2.26　如何换算座位号

代码 2.26　如何换算座位号

```
employee_number = int(input("请输入员工编号："))

row = employee_number // 9 + 1      #排
col = employee_number % 9 + 1       #号

msg = "请在" + str(row) + "排" + str(col) + "号就座"
print(msg)
```

代码最后构造了一个描述就座位置的字符串交由 print() 函数输出。字符串由 5 个子串连接而成，其中的行号与列号要使用 str() 函数由整型转换为字符串后才能与其他字符串连接。代码 2.26 的运行结果如下。

```
请输入员工编号：75
请在 9 排 4 号就座
```

2.6.5 日出时间是何时

天安门广场的国旗每天都在日出时升起。整齐划一的仪仗队，伴随着清晨第一抹阳光，将五星红旗冉冉升起。此情此景，每一个观看升旗仪式的人都会油然而生自豪之情。这也是为什么很多人会选择去天安门广场看升国旗仪式。

那么如何查询预定日期的日出时间，从而做好行程规划呢？网上查询日出时间的应用有很多，这里只是作为一个案例来演示使用 math 库中的函数估算指定日期的日出时间。估算日出时间的关键在于根据相关的地理知识得到一个估算公式，本案例使用了如下估算公式：

$$24 \times (180 + 时区 \times 15 - 经度 - acos(-tan(-23.4 \times cos(2\pi \times (日期序列数+9) \div 365) \times \frac{n}{180}) \times tan(纬度$$

$$\times \frac{\pi}{180})) \times \frac{180}{\pi}) \div 360$$

公式中的"日期序列数"指的是指定日期在一年中的排序，即一年中的第几天。此外还需要所在地点的经纬度与时区，经纬度使用度数表达。但 math 库中的三角函数使用的是弧度，因此公式中多处用到了圆周率。根据上述公式，使用 math 库中的三角函数即可实现估算日出时间的程序，如代码 2.27 所示。

代码 2.27　估算日出时间

```
import math
import datetime

#输入：决定日出的时间因素
delta = int(input("想查看几日后的日出时间? "))
today = datetime.datetime.now().date()
target_day = today + datetime.timedelta(days=delta)
day_year = int(target_day.strftime('%j'))    #获取日期序列数

#输入：决定日出的地点因素
latitude = 39.9075          #北纬39° 54'27"
longitude = 116.3881        #东经116° 23'17",
time_zone = 8               #时区,东八区
pi = math.pi

#估算日出时间的求解公式
cos_v = math.cos(2*pi * (day_year + 9) / 365)
tan_v = -math.tan(-23.4 * cos_v * pi/180) * math.tan(latitude * pi/180)
acos_v = math.acos(tan_v) * 180/pi
sun_rise_time = 24 * (180 + time_zone * 15 - longitude - acos_v) / 360

#输出：将日出时间由小数变为几点几分的形式
hour = int(sun_rise_time)
minute = int((sun_rise_time - hour) * 60)
msg = str(target_day) + " 的日出时间约为 " + str(hour) + ":" + str(minute)
print(msg)
```

代码按照输入、估算处理、输出 3 个环节进行组织。输入信息包括时间因素、地点因素。地点是天安门广场的经纬度，时间由用户指定。时间的处理使用了 datetime 库，其中的 datetime.datetime.now()函数可以得到当前时间，包括日期和时刻。而 now().date()可得到时间的日期部分，略去时刻信息。如果说 now() 函数得到的是一个时刻，是时间线上的一个点，那么 datetime.timedelta()可以构造一个时间段。当前时间点 today 加上用户指定的时间段即可得到预定日期的时间点 target_day。然后利用 strftime()函数得到该日期是全年的第几天，即日期序列数。

输入信息全部就绪后，即可开始估算过程。因为估算日出时间的公式比较复杂，上述代码将其拆分成几个部分衔接而成。其中，使用了 math 库中的 cos()、tan()、acos()等函数，其含义即中学数学中所学的三角函数、反三角函数的意义，只不过这些函数使用弧度制。

代码的最后部分完成估算结果的输出。因为估算出来的结果是小数，不够直观，如日出时间是

6 点 30 分，则公式求出的结果为 6.5，所以需要对其进行格式的转换，将小数部分的 0.5 转换为 30 分钟。最后构造一个描述最终结果的字符串交由 print() 输出。代码 2.27 的运行结果如下。

```
想查看几日后的日出时间？3
2023-03-24 的日出时间约为 6:13
```

2.7 拓展实践：模拟自动售货机找零

学习编程是一个循序渐进的过程，需要经过大量的实践，不断培养分析问题、解决问题的能力。当遇到一个问题时，到底要如何构思才能写出程序呢？下面以模拟自动售货机找零的例子来体会程序的构思过程。

2.7.1 问题描述

假设一种自动售货机只接收 1 元、5 元、10 元纸币，售卖的货品均为 10 元以下的小零食，且价格没有分，即没有 3.95 元这样的价格，只有 3.9 元这样的价格。在用户输入纸币面额及购买商品价格后，自动售货机会弹出应找零的硬币。

2.7.2 IPO 建构法

程序的结构整体上可分为 3 部分，输入、输出和核心处理环节。程序一般首先要从外界拿到输入的数据，然后对数据进行符合要求的处理，如对于上面的问题而言，程序拿到用户输入的纸币面额及购买商品的金额后，经过某种算法的处理，得到应找零钱对应的硬币数，最后将结果输出。这个过程也被称为 IPO（Input，Process，Output），是一个非常基础的建构程序的方法。

因此分析问题时首先要明确输入，就好比解数学题时首先要明确已知。同一个问题如果给的输入形式不同，后期的程序设计要求也是不同的。例如，自动售货机的问题，虽然输入的只是纸币面额与商品总价，但这些数据是以什么形式提供给程序的呢？是从键盘上输入的还是要求程序能进行文字识别，又或是语音输入等。这个例子仅是模拟自动售货机，因此数据的输入均为从键盘输入，包括商品总价。

再来看输出的方式，实际情形也会有多种选择，如控制台输出、网络输出或直接在内存中交给下一环节的代码。本案例的输出是通过 print() 函数给出应找零钱对应的硬币数量，这样自动售货机即可按照数量弹出硬币了。

最困难的是核心处理环节。在这个环节中要根据拿到的输入，从大框架入手，构思问题的解决方案。即先有大轮廓，再填充细节。在填充细节的过程中，完全可以将某些相对独立的部分做成一个个的模块，如同拼积木一样组成最后的完整程序。这个过程实际上就是要对问题进行拆解，是常用的计算思维过程。

2.7.3 分解问题

问题的输入与输出已经明确了，对于自动售货机问题核心的找零过程来说，重点不是计算出应该找回多少钱，而是计算出应找的零钱相当于几个 1 元、5 角、1 角硬币。

先来看看人工是如何完成找零任务的。例如，顾客给收银员 10 元纸币，要买一听 5.3 元的饮料，收银员显然要找给顾客 4.7 元。收银员可以很容易地判断出 4.7 元由 4 个 1 元硬币、1 个 5 角硬币、2 个 1 角硬币组成。那么收银员是如何做到的呢？仔细分析就会发现，应该将找钱数 4.7 拆解为两部分：整数部分是 1 元硬币的个数，小数部分要和 5 比较，如果不足 5，即 1 角硬币的个数。如果超过 5，则用小数部分的数字减去 5，得到的差是 1 角硬币的个数，当然这时还有 1 个 5 角硬币。

程序在完成这个任务时，也要将应找零钱数分解成两部分。如何用代码取出 4.7 的整数部分和小数部分呢？在本章刚刚涉猎的知识中，整除运算"//"可以得到商的整数部分，模运算"%"可以得到商的余数部分。因此要把 4.7 变成一个除法运算，即将 4.7 变为等价的$(4.7 \times 10) \div 10$ 这样一个表达式，这样问题就归结为求解除法运算的商的整数部分与余数。而表达式中的 4.7×10 的含义就是将钱数单位由元变为角。至此问题就迎刃而解了。首先将钱数（无论是顾客付的钱，还是商品的价格）统统转换成以角为单位，计算得到应找钱数（以角为单位，4.7 元就变成 47 角），然后分别计算应找钱数整除 10 和除以 10 的余数，如 47//10 得到 4，47%10 得到 7。随之而来要思考的是程序如何保存得到的这些结果，也就是要预备好相应的变量来保存 1 元、5 角、1 角硬币各自的数量。在构思程序的过程中，不仅要设计算法流程，也要时刻想到用什么样的容器来存放数据。随着数据形式的复杂，所需容器也要适应这种变化。因此程序的诞生不仅需要明确每一个流程步骤，也要恰当的数据结构来配合。因此才有那句名言：程序=算法+数据结构。

2.7.4 编写程序

按照上面的分析过程，运用本章所学的知识，即可写出模拟自动售货机找零的程序了，如代码 2.28 所示。

代码 2.28 模拟自动售货机找零

```
#获取输入
#输入数据由字符型转换为浮点型
input_money = float(input("本机只接收1元、5元、10元纸币，请插入纸币："))
bill = float(input("选择的商品总价(以元为单位)："))

#完成找零计算
yuan_coins,jiao5_coins,jiao1_coins = 0,0,0        #分别保存3种硬币的个数
change_in_jiao = input_money * 10 - bill * 10      #以角为单位的应找钱数
yuan_coins = change_in_jiao // 10                  #整除得到1元硬币的个数
jiao1_coins = change_in_jiao % 10                  #取余得到1角硬币的个数
if jiao1_coins >= 5:                               #如果1角硬币个数达到5个以上
    jiao5_coins = 1                                #5角硬币个数为1
    jiao1_coins -= 5                               #1角硬币数要减5

#给出输出
print("1元硬币的个数：",int(yuan_coins))
print("5角硬币的个数：",jiao5_coins)
print("1角硬币的个数：",int(jiao1_coins))
```

2.7.5 测试代码

程序完成之后要进行测试，尤其是实际生产环境中的大型程序，测试是软件开发过程中一个极其重要的环节。即使是自动售货机这样一个小的演示案例也要经过测试，输入各种可能的数据情况，检验程序是否能在各种情形下都正常工作。下面是程序在部分情形下的运行效果。

```
本机只接收1元、5元、10元纸币，请插入纸币：10
选择的商品总价(以元为单位)：7.3
1元硬币的个数：2
5角硬币的个数：1
```

```
1角硬币的个数：2

本机只接收1元、5元、10元纸币，请插入纸币：5
选择的商品总价（以元为单位）：3.1
1元硬币的个数：  1
5角硬币的个数：  1
1角硬币的个数：  4
```

但是如果用户提供的纸币面额不符合要求，程序会如何呢？如果购买的商品总价超过提供的纸币面额，程序又会如何呢？这些问题在代码2.28中并没有考虑，随着所学内容越来越多，读者可不断完善这段代码，使其能适应各种情形，提高程序的完善性。

本章小结

本章介绍了Python语言的一些基本规范，重点介绍了变量、数据类型及各种运算符的使用，正式认识了print()和input()函数。另外，本章还介绍了math库的简单应用，以及查看帮助文档的方式。最后在拓展实践环节介绍了构思程序的IPO方法。

思考与练习

1. 已知n=17、m=18，判断并实际验证以下式子的运算结果。

```
n // 10 + n % 10
n % 2 + m % 2
(m + n) // 2
(m + n) / 2.0
int(0.5 * (m + n))
int(round(0.5 * (m + n)))
```

2. 已知一个圆锥的底面半径为3cm、高为10cm，编写代码求其体积。

3. 编程求解一元二次方程的根，方程的系数由用户从键盘输入。

4. 编写代码，接收用户输入的类似36.2这种形式的度数，程序将其转换为36° 12′的形式输出。

5. 编程求解用户从键盘输入的一个4位自然数的各位数字之和并输出。

第3章 流程控制语句

第**3**章

学习目标

- 牢固掌握 if 语句。
- 深入理解循环结构的执行过程。
- 熟练使用 while、for 语句构造循环结构。
- 理解 break、continue 语句的作用与区别。
- 理解 pass 语句的作用。
- 掌握 random 库中常用函数的使用方法。

流程控制语句是构成程序的基本要素，常见的有实现选择结构的 if 语句、实现循环结构的 while 与 for 语句等。本章将详细介绍这些基本语句的使用方法。

3.1 选择结构：if 语句

3.1.1 if 语句的基本形式

在第 2 章结尾的模拟自动售货机找零案例及更早的输出《少年中国说》一段文字案例中（参见代码 2.5 和代码 2.28）已经用到了 if 语句。if 语句体现的是程序流程中的选择结构，程序运行到 if 语句时，要根据 if 语句中条件表达式的真假来选择一条分支执行，不同的分支对应着不同的代码块。下面看一个具体的例子，代码 3.1 从键盘接收一句诗词，然后判断诗句中是否含有指定的关键字，根据判断结果的真假给出不同的反馈。if 语句包含的表达式 keyword in poem 其运算结果只能是 True 或 False。如果表达式的结果为 True，则程序执行 if 后面缩进的代码块；如果表达式的结果为 False，则程序执行 else 后面缩进的代码块。这两个被缩进的代码块就是 if 语句的两个分支，一个由 if 引导，一个由 else 引导，因此在 if 和 else 所在行的行尾都有一个冒号。注意，else 只是引导 if 语句的一个分支，它是 if 语句的一部分，并不是一个独立的语句。

代码 3.1　if 语句基本形式示例

```
poem = input("请输入一句含 "风" 字的诗词: ")
keyword = "风"
if keyword in poem:
    print("您输入的诗句包含",keyword,"字。")
    print("恭喜, 回答正确。")
else:
```

```
        print("很遗憾，回答错误。")
        print("您输入的诗句不包含",keyword,"字。")
```

代码 3.1 的运行结果如下。

请输入一句含"风"字的诗词：夜来风雨声

您输入的诗句包含 风 字。

恭喜，回答正确。

选择结构的分支数量可多可少，要根据实际需要来定。例如，在第 2 章的代码 2.28 中 if 语句就只有一个分支，并没有出现 else 分支。而有的时候，if 语句则需要多于两个的分支，此时，if 语句就会出现由 elif 引领的分支，如代码 3.2 所示的例子。

代码 3.2　多分支的 if 语句

```
print("中国有四大石窟，想了解它们的信息吗? ")
id = input("请输入序号(1~4):")
if id == "1":
    msg = "莫高窟，位于敦煌市东南 25 千米处。" \
          "公元 366 年沙门乐尊行至此处，见鸣沙山上金光万道，" \
          "状有千佛，于是萌发开凿之心。" \
          "从此历经千载不断开凿，遂成佛门圣地。" \
          "莫高窟是集建筑、彩塑、壁画为一体的文化艺术宝库，" \
          "具有珍贵的历史、艺术、科学价值，" \
          "是中华民族的历史瑰宝，人类优秀的文化遗产。"
elif id == "2":
    msg = "麦积山石窟，地处甘肃省天水市东南方 30 千米的" \
          "麦积山乡南侧西秦岭山脉的一座孤峰上，" \
          "因形似麦垛而得名。麦积山石窟的一个显著特点是" \
          "洞窟所处位置极其惊险，大都开凿在悬崖峭壁之上，" \
          "洞窟之间全靠架设在崖面上的凌空栈道通达。" \
          "在中国的著名石窟中，自然景色以麦积山石窟为最佳。"
elif id == "3":
    msg = "云冈石窟位于中国北部山西省大同市以西 16 千米处的武周山南麓。" \
          "石窟依山而凿，东西绵亘约 1 千米，气势恢宏，内容丰富。" \
          "窟中菩萨、力士、飞天形象生动活泼，塔柱上的雕刻精致细腻，" \
          "上承秦汉现实主义艺术的精华，下开隋唐浪漫主义色彩之先河。"
elif id == "4":
    msg = "龙门石窟位于洛阳市东南，分布于伊水两岸的崖壁上，" \
          "南北长达 1 千米。石窟始凿于北魏年间，先后营造 400 多年。" \
          "现存窟龛 2300 多个，雕像 10 万余尊，" \
          "是中国古代雕刻艺术的典范之作。"
else:
    msg = "请输入 1~4 之间的整数。"
print(msg)
```

首先，要明确的是代码 3.2 中的 if 语句仍然是一个语句，只是有 5 个分支。在这 5 个分支中，由 if 或 elif 引导的分支都有一个条件表达式，该表达式为 True 时才执行相应分支的代码块。如果前面所有的分支条件均为 False，则执行 else 分支。因此程序遇到 if 语句时，会依次判断每个分支的条件，找到第一个条件成立的分支，执行该分支下的代码块，则其他分支下的代码就没有机会被执行了，程序会跳到 if 语句后面的位置继续执行 if 语句之后的代码。

其次，输入的序号并没有被转为整型，因此变量 id 中保存的是字符串。if 语句的比较表达式中序号均是字符串类型。如果在 input() 函数外套上 int() 函数，将输入的序号转换为整型，则 if 语句的比较表达式中的序号要为整数，读者可自行尝试修改代码。

再次，由于 if 语句在执行时，一旦找到第一个条件成立的分支，其后的其他分支就不予考虑了，因此在书写多分支的 if 语句时，要注意这一点。例如，下面代码 3.3 中 if 语句的多个分支书写顺序就有问题，导致中间由 elif 引导的 3 个分支永远没有机会被执行。阅读这段代码时要注意其中的粗体部分，那是与代码 3.2 的不同之处。

代码 3.3　if 语句多分支的书写顺序

```
#书写顺序不对，导致中间的 3 个 elif 分支失效
print("中国有四大石窟，想了解它们的信息吗？")
id = int(input("请输入序号(1~4):"))
if id >= 1:
    msg = "莫高窟，位于敦煌市东南 25 千米处。" \
          "公元 366 年沙门乐尊行至此处，见鸣沙山上金光万道，" \
          "状有千佛，于是萌发开凿之心。" \
          "从此历经千载不断开凿，遂成佛门圣地。" \
          "莫高窟是集建筑、彩塑、壁画为一体的文化艺术宝库，" \
          "具有珍贵的历史、艺术、科学价值，" \
          "是中华民族的历史瑰宝，人类优秀的文化遗产。"
elif id >= 2:
    msg = "麦积山石窟，地处甘肃省天水市东南方 30 千米的" \
          "麦积山乡南侧西秦岭山脉的一座孤峰上，" \
          "因形似麦垛而得名。麦积山石窟的一个显著特点是" \
          "洞窟所处位置极其惊险，大都开凿在悬崖峭壁之上，" \
          "洞窟之间全靠架设在崖面上的凌空栈道通达。" \
          "在中国的著名石窟中，自然景色以麦积山石窟为最佳。"
elif id >= 3:
    msg = "云冈石窟位于中国北部山西省大同市以西 16 千米处的武周山南麓。" \
          "石窟依山而凿，东西绵亘约 1 千米，气势恢宏，内容丰富。" \
          "窟中菩萨、力士、飞天形象生动活泼，塔柱上的雕刻精致细腻，" \
          "上承秦汉现实主义艺术的精华，下开隋唐浪漫主义色彩之先河。"
elif id >= 4:
    msg = "龙门石窟位于洛阳市东南，分布于伊水两岸的崖壁上，" \
          "南北长达 1 千米。石窟始凿于北魏年间，先后营造 400 多年。" \
          "现存窟龛 2300 多个，雕像 10 万余尊，" \
          "是中国古代雕刻艺术的典范之作。"
else:
    msg = "请输入 1~4 之间的整数。"
print(msg)
```

对于多分支 if 语句中出现的 elif，其地位与 else 类似，都只是 if 语句中的一个分支，只不过 elif 后面有条件表达式，而 else 后面没有。但无论 else 还是 elif 都不是一个独立的语句，不能单独存在。

为了更好地理解 elif，来看下面两段代码的对比。代码 3.4 和代码 3.5 只有一个细节不同，即代码 3.4 中使用了一个有两个分支的 if 语句，而代码 3.5 中使用了两个独立的 if 语句，虽然从文字上看两段代码只相差两个字母，但两段代码的输出结果是不同的。在测试时，如果输入一句只包含"风"字或只包含"花"字的诗句，则两段代码的运行结果没有区别；但如果输入类似"夜来风雨声，花落知多少。"这样同时包含两个字的诗句，则两段代码的区别就显现出来了。

代码 3.4 理解 elif 分支（对比代码 1）

```
poem = input("请输入一句含"风""花"二字的诗词：")
keyword_1,keyword_2 = "风","花"
grade = 0
if keyword_1 in poem:
    grade += 1
    print("诗句包含",keyword_1,"字")
elif keyword_2 in poem:
    grade += 1
    print("诗句包含",keyword_2,"字")
print("最终得分：",grade)
```

在输入同时包含两个关键字的诗句时，代码的运行结果如下。

```
请输入一句含"风""花"二字的诗词：夜来风雨声，花落知多少。
诗句包含 风 字
最终得分： 1
```

对于代码 3.4 而言，因为它是一个 if 语句，所以当第一个分支成立时，第二个分支是没有机会被执行的。因此当诗句中含有"风"字时，即使还同时含有"花"字，也不会被统计。而代码 3.5 是两个独立的 if 语句，这两个 if 语句就像两个关隘一样顺序串在程序流程上，程序向下执行时一定要将这两道关隘都经过，两个 if 语句的条件都要判断一下。一个 if 语句的代码是否执行只看自身条件是否成立，与另一个 if 语句无关。如果各自的条件均为 True，则两个 if 语句的代码都会被执行。

代码 3.5 理解 elif 分支（对比代码 2）

```
poem = input("请输入一句含"风""花"二字的诗词：")
keyword_1,keyword_2 = "风","花"
grade = 0
if keyword_1 in poem:
    grade += 1
    print("诗句包含",keyword_1,"字")
if keyword_2 in poem:
    grade += 1
    print("诗句包含",keyword_2,"字")
print("最终得分：",grade)
```

在输入同时包含两个关键字的诗句时，代码的运行结果如下。

```
请输入一句含"风""花"二字的诗词：夜来风雨声，花落知多少。
诗句包含 风 字
诗句包含 花 字
最终得分： 2
```

3.1.2 if 语句中的条件表达式

在 if 语句中，无论是由 if 还是 elif 引导的分支，都要有一个判断条件，该条件是一个逻辑表达式，虽然运算结果只能是 True 或 False，但表现形式却可以五花八门。除了在代码 3.2 和代码 3.3 中展示的由比较运算符构成的表达式，以及代码 3.4 和代码 3.5 中由成员运算符构成的表达式，还有很多其他形式。

1．组合条件表达式

组合条件表达式往往由逻辑运算符 and、or 或 not 等参与形成，如代码 3.6 所示。这段代码模拟了一艘巨型货轮进港停泊的决策过程。巨型货轮体积巨大，载货量惊人，航空母舰在它们面前都是"小个子"。一艘 40 万吨级的货轮吃水深度可达到 20 米，加之其庞大的体型，普通的港口根本没有足够深的航道和足够大的码头来让其停靠。在中国漫长的海岸线上有多个港口可以停靠这种巨型货轮，如浙江宁波舟山港。它是世界上吞吐量最大的港口，拥有天然的深水航道和极其现代化的调度系统，可以停靠各种巨型货轮。

现在假设某港口拥有 3 个巨型货轮的泊位，最深航道为 20 米。当一艘巨轮要入港停靠时，基本的决策条件就如代码 3.6 所示。只有当航道深度大于船只吃水线深度并且可用泊位大于 0 两个条件均为 True 时，船只才能入港。

代码 3.6　if 语句的组合条件表达式

```python
ship_waterline = float(input("入港船只的吃水线深度："))
free_berth_for_huge = 3    #可用巨轮泊位
depth_of_channel = 20      #航道水深
if free_berth_for_huge > 0 and depth_of_channel > ship_waterline:
    print("欢迎入港！")
    free_berth_for_huge -= 1
else:
    print("很遗憾，不能入港。")
print("可用巨轮泊位：",free_berth_for_huge)
```

代码的运行结果如下，当前船只的吃水深度为 15 米，空余泊位为 3 个，因此可以入港。该船入港后，可用巨轮泊位减少 1 个。

```
入港船只的吃水线深度：15
欢迎入港！
可用巨轮泊位：2
```

组合条件表达式中如果多个条件之间只需满足其一，则可使用 or 运算符。另外，条件的数量也可多于两个，只是过多的条件组合在一起形成的条件表达式会过于复杂，影响代码的可读性。

2. 级联条件表达式

级联条件表达式形如 3 <= x < 10，这种级联写法在中学数学中极为常见，但不是程序语言的常规写法。很多程序语言面对这种级联条件时，都要拆分为两个条件的组合，如 3 <= x < 10 会被写成 x >= 3 and x < 10 这样的组合条件表达式。但 Python 允许在 if 语句中使用类似中学数学的级联条件，如代码 3.7 所示。

代码 3.7　if 语句的级联条件表达式

```python
population = int(input("你所在城市的人口(单位 万)："))
city_level = ""
if population >= 1000:
    city_level = "超大城市"
elif 1000 > population >= 500:
    city_level = "特大城市"
elif 500 > population >= 100:
    city_level = "大城市"
elif 100 > population >= 50:
    city_level = "中等城市"
else:
    city_level = "小城市"
print("你所在城市为",city_level)
```

3. 其他数据类型转换为逻辑型的条件表达式

在第 2 章介绍数据类型时提到了数据类型之间的转换，如浮点型转换为整型，字符串转换为数值型等。其实还有一种需要特别说明的类型转换，即其他各种类型向逻辑类型的转换。例如，整数或小数如何转换为 True 或 False，字符串如何转换为逻辑类型，甚至后续章节中介绍的列表、字典等如何转换为逻辑值。这些数据类型向逻辑类型的转换经常出现在 if 语句的条件表达式中。

下面的代码 3.8 演示了整型、字符串等类型向逻辑类型的转换。代码中每个 if 语句都有两个分支，如果 if 后的条件表达式为真，则执行 if 下的 print()函数，否则执行 else 下的 print()函数。

代码 3.8　其他数据类型转换为逻辑类型

```
if True:
    print("如果 5>3 是 True，那么 True 当然也是 True")
else:
    print("if 的条件表达式恒为 True，因此本分支没有机会执行")

if 0:
    print("整数 0 相当于 True")
else:
    print("整数 0 相当于 False")

if 2:
    print("非 0 整数相当于 True")
else:
    print("非 0 整数相当于 False")

if "":      #空字符串
    print("空字符串相当于 True")
else:
    print("空字符串相当于 False")

if " ":     #字符串含有一个空格
    print("非空字符串相当于 True")
else:
    print("非空字符串相当于 False")
```

代码的运行结果如下。结果显示，整数 0 被转换为 False，非 0 整数被转换为 True，小数是类似的，0.0 也会被理解成 False。空字符串（即两个引号之间什么也没有的字符串）会被转换为 False，非空字符串（即使只是包含一个空格）会被转换为 True。

```
如果 5>3 是 True，那么 True 当然也是 True
整数 0 相当于 False
非 0 整数相当于 True
空字符串相当于 False
非空字符串相当于 True
```

空列表、空字典、空元组也会被转换为 False。

3.1.3　if 语句的嵌套

有时 if 语句的某个分支代码块中又出现了 if 语句，此时就形成了 if 语句的嵌套。例如，判断巨型货轮能否入港的代码 3.6 其实也可以写成下面代码 3.9 的形式。而且因为判断能否入港的两个条件被分开了，所以各自的 else 分支可以将不能入港的原因反馈得更到位。

代码 3.9　if 语句的嵌套

```python
ship_waterline = float(input("入港船只的吃水线深度: "))
free_berth_for_huge = 3    #可用巨轮泊位
depth_of_channel = 20      #航道水深
if free_berth_for_huge > 0:
    if depth_of_channel > ship_waterline:
        print("欢迎入港! ")
        free_berth_for_huge -= 1
    else:
        print("很遗憾, 因航道水深不够, 不能入港。")
else:
    print("很遗憾, 因没有可用泊位, 暂不能入港。")
print("可用巨轮泊位: ",free_berth_for_huge)
```

代码 3.9　if 语句的嵌套

通过这段代码尤其可以看出 Python 语法中强制缩进的意义。整个代码分 3 个层级，每个层级比上一个层级缩进 4 个空格。每个分支包含哪些代码，一个代码块隶属于哪个层级的哪个分支，都靠缩进展示得清清楚楚。

3.2　循环结构：while 和 for 语句

当程序中有一项工作需要把类似的操作重复很多遍时，就意味着循环结构要登场了。在书写循环结构代码时，首先要明确循环的条件是什么，当条件满足时重复执行循环内的代码，条件不满足时循环结束。其次要明确循环体，即每次循环要做什么工作。最后，要确定有可以改变循环条件的语句，否则循环就成了死循环，永远没有结束的时候。

Python 提供了两个语句来实现循环结构：while 语句和 for 语句，它们各有特色，适合不同的场景。

3.2.1　while 语句

1. 计数控制循环

有一个故事讲述了数学王子高斯小时候就可以快速地计算出从 1 加到 100 的和，很早就显示出非凡的数学天赋。普通人虽然没有如此天赋，但在循环结构的加持下，也可以做同样的事，甚至可以是从 1 加到任意自然数，其操作如代码 3.10 所示。

代码 3.10　while 语句示例：计数控制循环

```python
n = int(input("从1加到多少?  "))
result = 0
n_loop = 1
while n_loop <= n:          #循环条件,注意冒号
    result += n_loop        #完成累加
    n_loop += 1             #影响循环条件的真假
print("从 1 加到",n,"的和是: ",result)
```

代码 3.10　while 语句示例：计数控制循环

代码 3.10 的运行结果如下。

```
从1加到多少? 100
从1加到100的和是: 5050
```

在构思 while 语句的代码时，要明确循环的条件是什么，分清哪些工作是在循环之前要做好

的预备工作，哪些是循环内部要做的工作。下面就按照这个思路来分析代码 3.10 是如何构思完成的。

首先仍然是获取程序的输入，即累加的终止整数，保存在变量 n 中。其次是核心的处理环节，这个环节要把加法操作重复很多遍，因此是一个循环结构。循环条件即为当前累加的整数没有超过终止整数 n。但如何知道当前累加的整数是多少呢？这时就需要在循环开始前预备一个变量，用来跟踪当前正在累加的整数，这就是变量 n_loop，它的初始值应该为 1，随着循环的进行而不断递增，直到终止整数 n。另外，还要准备一个变量 result 保存累加之后的结果，其初始值为 0。到此循环之前的预备工作结束，之后开始构造循环。因为循环条件已经明确，所以 while 所在行即可明确写出，记得行尾要有冒号。循环体内部做什么呢？每次循环都要将当前的整数累加到 result 变量中，即将 n_loop 累加到 result 中。最后不要遗忘 n_loop 加 1，这样下次循环 n_loop 才会是下一个自然数，同时循环条件也才会有为 False 的时候。到此循环体构造完成。代码的最后部分是输出结果，这个 print() 函数没有缩进，不属于 while 语句。

代码 3.10 中的 while 语句在执行前即可明确知道循环的次数，这种循环有时被称为计数控制循环（count-controlled）。还有的循环一定要重复到某个事件发生，预先不知道要循环多少次，这种循环被称为事件控制循环（event-controlled）。这就好比要背诵一篇课文，事先并不知道要背多少遍才能背下来。循环条件是"没背过"，只要条件为真就要一直背，直到背过了这件事发生为止。

2．事件控制循环

代码 3.11 演示了事件控制循环。程序会以互动的方式询问用户心中的旅游目的地，用户可以不断输入自己向往的地点，直到输入"再见"为止。因为程序无法预知用户会在第几次循环中输入"再见"，所以代码中的 while 循环无法预知循环次数，while 语句只是在等待一件事发生，那就是用户输入的目的地信息不是某个地点，而是"再见"。一旦此事发生，循环即结束。

程序开头部分先输出一些提示信息，告知用户如何与程序互动。

程序预备了 3 个变量，其中 list_msg 用来保存最后的目的地清单，number 用来记录每个目的地的顺序编号，而 destination 则是每次输入的目的地。当 destination 是"再见"二字时 while 循环结束。这里的"再见"就是所谓的哨兵值，它不是真正有意义的输入，而是终止信号。程序执行到此预备工作完成，开始正式书写 while 语句部分。注意循环条件的写法，既然事件控制循环是要等到一件事情发生就结束，那么循环条件当然是那件事没有发生，因此循环条件是 destination 不等于"再见"二字。循环体有以下两项工作：①构造目的地清单，这是一个对字符串进行的"累加"操作，每次输入的目的地和已经转换为字符串的序号衔接起来，被"累加"到目的地清单中。这里要清楚"+"运算对于字符串而言是首尾衔接。②记录序号的变量 number 要递增，循环体最后一项任务是再次要求用户输入目的地，只有输入目的地的工作出现在循环体内，程序运行后才会不断地从键盘上接收目的地信息。

代码 3.11　while 语句示例：事件控制循环

```
print("中国那么大，你不想去看看吗？")
print("请输入你心中的目的地，一次一个，输入再见结束。")

list_msg = ""
number = 1
destination = input("请输入目的地:")
while destination != "再见":
    list_msg += str(number) + destination + " "
    number += 1
```

```
destination = input("请输入目的地:")

if list_msg:            #非空字符串转换为 True
    print("目的地: ",list_msg)
else:
    print("心中的目的地为什么不说出来呢")
```

程序的最后部分要输出目的地清单，在输出之前要判断一下 list_msg 是否为空字符串。如果用户与程序的第一次互动就输入"再见"二字，一个目的地都没提供，那么 while 循环一次都没被执行，此时 list_msg 为初始值，即空字符串。最后的输出要根据 list_msg 是否为空分两种情况讨论。当 list_msg 不为空时，相当于 if 的条件表达式为 True，则输出 list_msg 即可；如果 list_msg 为空，则 if 语句进入 else 分支，输出替代的信息。代码 3.11 的运行结果如下。

```
中国那么大，你不想去看看吗?
请输入你心中的目的地，一次一个，输入再见结束。
请输入目的地:再见
心中的目的地为什么不说出来呢
```

3.2.2 for 语句

对于预先可明确次数的循环，很多程序语言提供了另外一种循环结构，即 for 语句。Python 也不例外，而且 Python 中的 for 语句更加接近人类语言，使用起来很方便。

1. 对比 for 语句和 while 语句

下面的代码 3.12 使用 for 语句完成与代码 3.10 一样的工作。为了便于对比这两段代码，特将代码 3.10 列在下面，读者可仔细观察两段代码的异同。

代码 3.12   for 语句示例：完成累加

```
n = int(input("从 1 加到多少?  "))
result = 0
for i in range(1,n+1):
    result += i
print("从 1 加到",n,"的和是: ",result)
```

代码 3.10 while 语句示例：计数控制循环

```
n = int(input("从 1 加到多少?  "))
result = 0
n_loop = 1
while n_loop <= n:            #循环条件
    result += n_loop         #完成累加
    n_loop += 1              #影响循环条件的真假
print("从 1 加到",n,"的和是: ",result)
```

总体来说，代码 3.12 比代码 3.10 要简短一些。代码 3.12 在循环之前只是预备了 n 与 result 两个变量，没有 n_loop，因此循环体中也无须每次对 n_loop 加 1。for 语句的循环体很简单，只有一行代码完成累加。但 for 语句多了一个变量 i 及 range()函数，这应该是理解 for 语句的重点。

2. 解读 for 语句

for 语句常与 range()函数结合使用，因此先从 range()函数说起。它和 print()、input()函数一样，也是 Python 内置的函数。range()函数的功能如其名称暗示的一样，会返回一定范围内的整数，范围由 range()函数的两个参数指定。例如，代码 3.12 中的"range(1,n+1)"，含义是从 1 开始到 n 结束的所有整数，注意不包含 n+1。因此 range()函数返回的是一个整数序列，序列包含左边界，不包含右边界。这一点在代码 3.13 中会观察得更明显。代码 3.13 第一部分的 range(1,11)得到的是从 1 到 10 的整数序列，不包含右边界 11。而且因为 print()函数的 end 参数被设置为";"，所以这 10 个整数在一行输出，彼此以分号分隔，如代码中的注释所示。

代码 3.13　range()函数示例

```
for i in range(1,11):
    print(i,end=";")      #1;2;3;4;5;6;7;8;9;10;
print()

for i in range(11):
    print(i,end=";")      #0;1;2;3;4;5;6;7;8;9;10;
print()

for i in range(1,11,2):
    print(i,end=";")      #1;3;5;7;9;
print()
for i in range(11,0,-2):
    print(i,end=";")      #11;9;7;5;3;1;
```

另外，如果 range()函数括号内只有一个参数，则该参数为右边界，此时左边界为 0，如代码第二部分的 range(11)，左边界为 0，11 为右边界，因此会得到从 0 到 10 共 11 个整数。range()函数还可以有第三个参数，即步长。步长表示整数序列中相邻两项的间隔，默认步长为 1，可省略不写。当步长不为 1 时，就要通过第三个参数指出步长值。例如，代码 3.13 中第三部分的 range(1,11,2)，其含义是左边界为 1，右边界为 11，步长为 2。因此得到的整数序列为"1;3;5;7;9;"，不含 11。步长可以是负整数，只不过步长为负时，左边界要大于右边界。可以形象地理解为在下楼，一步下几个台阶由步长控制。因此代码中的 range(11,0,-2)得到的整数序列从 11 开始递减，如代码中的注释所示。

理解了 range()函数，再回过头看代码 3.12 就容易了。for 语句中有一个循环变量 i，其值要依次取 range()函数得到的序列的每一个整数。因为代码 3.12 中的"range(1,n+1)"得到的是 1 到 n 的整数，所以第一次循环时 i 的值为 1，第二次循环时 i 的值为 2，以此类推，直到 i 取值为 n。

对于 for 语句的循环变量，无须在 for 语句之前提前定义它，只需在 for 关键字后给循环变量起个直观的名称，for 语句会负责初始化循环变量并负责让循环变量走遍序列中的每个值，因此也无须在循环体中改变循环变量的值。这是 for 语句显著区别于 while 语句的地方。至于循环变量的名称也未必是 i，任何符合 Python 标识符规范的名称均可。

3. 使用 for 语句遍历字符串

虽然 for 语句经常与 range()函数配合使用，但不意味着 for 语句只能用来遍历整数序列。事实上，很多序列型的数据都可以使用 for 语句来遍历。例如，字符串是由字符构成的序列，因此可以很方便地使用 for 语句来遍历字符串。

下面的代码 3.14 演示了使用 for 语句输出《山海经》中的一段文字。这段文字极富想象力，充满了奇幻色彩。为了能有更好的观感，在输出 text 字符串中的每一个字符时，会判断该字符是不是句号。如果是句号，则输出该字符后会换行；如果不是句号，则输出该字符后不换行。换行与否由 print()函数的 end 参数控制，该参数的默认值即为换行。

代码 3.14　使用 for 语句遍历字符串

```
text = "有夏州之国。有盖余之国。有神人，八首人面，虎身十尾，名曰天吴。" \
       "大荒之中，有山名曰鞠陵于天、东极、离瞀，日月所出。" \
```

```
                    "有神名曰折丹, 东方曰折, 来风曰俊, 处东极以出入风。"
for letter in text:
    if letter == "。":
        print(letter)
    else:
        print(letter,end="")
```

代码 3.14 的运行结果如下, 每次输出句号后即换行。

有夏州之国。

有盖余之国。

有神人, 八首人面, 虎身十尾, 名曰天吴。

大荒之中, 有山名曰鞠陵于天、东极、离瞀, 日月所出。

有神名曰折丹, 东方曰折, 来风曰俊, 处东极以出入风。

3.2.3　循环结构的嵌套

就像 if 语句可以嵌套一样, 循环结构也可以嵌套。无论是 while 语句还是 for 语句都可以在循环体内再出现循环结构, 从而形成嵌套循环。比较典型的是双重循环, 在双重循环中, 外层循环与内层循环可以都是 while 语句或 for 语句, 也可以是 while 语句与 for 语句混用。下面通过一个制订背单词计划的案例来演示双重循环的使用方法。

学习英语的一个重要任务是背单词, 而背单词最重要的是持之以恒。不积跬步, 无以至千里; 不积小流, 无以成江海。无论目标多么宏大, 只要定好目标, 将目标的达成分解到每天, 一小步、一小步地向目标前进即可。那么如何将背单词的目标分解到每一天呢? 假设一位大学生在入学之初的英语词汇量是 5000, 他想在 3 年内将词汇量提高到 10000。每 7 天需要复习这一周背的单词, 每 30 天需要复习一个月背的单词。复习单词的日子是没有时间背新单词的。每天要背多少新单词才能在 3 年后达成目标呢?

如果用数学的思维来求解这个问题, 大概需要设未知数、列方程。但利用计算机来求解, 可以使用更 "笨拙"、更简单的思路, 如代码 3.15 所示。这段代码初看比较复杂, while 语句、for 语句和 if 语句一应俱全, 还有模运算及组合条件表达式, 可以说是对前面所学的一个汇总。但它所体现的解决问题的思路并不复杂, 其基本思想是先从很少的单词个数试起, 如每天背 2 个新单词, 尝试 3 年后看能否达成目标。如果不能, 则改为每天背 3 个新单词, 再重新尝试 3 年后看能否达成目标, 如果还不行, 则继续增加每天背新单词的个数继续尝试, 直到问题得到解决。

代码 3.15　循环结构的嵌套

```
start,target = 5000,10000                   #起点、目标
period = 3 * 365                            #期限
words_each_day = 2                          #每天背的新单词个数
done = False                               #成功标记
while not done:                            #not done 为 False, 即 done 为 True 时循环结束
    current = start                        #每次外循环开始都要将 current 还原为 start 值
    for today in range(1,period+1):        #内层循环将尝试每一天
        if today % 7 != 0 and today % 30 != 0:  #如果不是复习日
            current += words_each_day      #词汇量增加 words_each_day
    if current >= target:                  #目标达成
        done = True
    else:                                  #目标未达成
        words_each_day += 1                #每日背的新单词个数增加 1 个
```

```
msg = "3年内的单词量由" + str(start) + "提到" + str(target) + "每天需背" \
    + str(words_each_day) + "个单词"
print(msg)
```

理解这段代码的关键在于要把前面的思路分析和双重循环对应上。从思路分析可以看出，这个方案是从每天 2 个单词、3 个单词、4 个单词等一路尝试下来，无论每天背几个新单词，代码都是重复类似的，因此这本身就是一个循环结构。而每次尝试都要从第一天到最后一天，这又是一个重复上千次的循环。因此整个程序是一个双重循环结构，其中外层明显是事件控制循环，而内层是计数控制循环。

另外需要注意的是，外层循环每次重新开始，都要将词汇量重置，回到起始状态。而预备一个标志变量 done 来标记是否成功，也是一种常见的手段。

3.3 循环结构：break 和 continue 语句

与循环结构有关的语句除了 while 和 for 语句，还有 break 和 continue 语句。如果说 for 和 while 语句搭建了循环的框架，那么 break 和 continue 语句则可在中途改变循环执行的路线。

3.3.1 break 语句

正如英文单词本身的含义所暗示的，break 语句将打断其所在的循环结构，程序转而执行跟在循环结构之后的代码。代码 3.16 将刚刚的背单词案例修改为使用 break 语句而不是 done 标记变量来结束外层循环，注意代码中的粗体部分。

代码 3.16　背单词案例（break 语句版）

```
start,target = 5000,10000          #起点、目标
period = 3 * 365                   #期限
words_each_day = 2                 #每天背的新单词个数
while True:                        #仅从条件看这是死循环,需要 break 语句来打断
    current = start               #每次外循环开始都要将 current 还原为 start 值
    for today in range(1,period+1):        #内层循环将尝试每一天
        if today % 7 != 0 and today % 30 != 0:  #如果不是复习日
            current += words_each_day          #词汇量增加 words_each_day
    if current >= target:                  #目标达成
        break
    else:                                  #目标未达成
        words_each_day += 1                #每日背的新单词个数增加 1 个
msg = "3年内的单词量由" + str(start) + "提到" + str(target) + "每天需背" \
    + str(words_each_day) + "个单词"
print(msg)
```

这段代码的 while 循环其条件是固定的，始终为 True。仅从条件来看，这个 while 循环将永远循环下去。为了避免其成为死循环，循环的结束靠内部的 break 语句。当发现 current 变量值不小于 target 变量值时，背单词的目标可以达成。这时 break 语句发挥作用，打断其所在的 while 循环，程序转而执行 while 循环后面的代码，即构造 msg 字符串代码行。

注意，如果 break 语句身处多重循环，则它只能打断其所在的那一层循环。例如，代码 3.17 中，break 语句属于内层循环，因此其打断的是内层循环，外层 for 循环不会被 break 语句打断。外层循环重复 3 遍，但内层循环 range(1,11)虽然是生成 10 个数的序列，但当循环变量 j 的值为 5 时，内层 for 语句就会被强制打断。因此内层循环的 print()函数不会输出 j 大于等于 5 的值，代码实际的运行

结果也证实了这一点。

代码 3.17　break 打断其所在的循环

```
for i in range(3):
    for j in range(1,11):
        if j % 5 == 0:
            break
        print(j,end="; ")
    print()
```

代码 3.17 的运行结果如下。外层循环仍然正常循环 3 遍，因此结果有 3 行。但每一行仅仅到 4，j 大于等于 5 的值是不可能被输出的。

```
1; 2; 3; 4;
1; 2; 3; 4;
1; 2; 3; 4;
```

3.3.2　continue 语句

与 break 语句完全打断所在循环结构的执行不同，continue 语句仅仅打断所在循环的本轮次执行，转而开启所在循环下一轮的执行。如果对刚刚的代码 3.17 稍作改动，将 break 换为 continue，得到代码 3.18，则输出的效果就完全不同。仔细对比这两段代码的运行结果，就可以看出 continue 语句和 break 语句的不同之处。

代码 3.18　continue 打断所在循环的本轮次执行

```
for i in range(3):
    for j in range(1,11):
        if j % 5 == 0:
            continue
        print(j,end="; ")
    print()
```

代码 3.18 的运行结果如下。外层循环仍然循环 3 次，因此结果有 3 行，而每一行只是漏掉了 j 为 5 和 10 这两个值。

```
1; 2; 3; 4; 6; 7; 8; 9;
1; 2; 3; 4; 6; 7; 8; 9;
1; 2; 3; 4; 6; 7; 8; 9;
```

产生这样的运行结果是因为当内层循环的循环变量 j 是 5 时，if 语句条件为 True，continue 语句发挥作用，导致内层循环的本轮次即 j 为 5 这一轮被立即终止，转而开启 j 为 6 的轮次，内层循环的 print() 没有机会输出 j 为 5 的值。j 为 10 时是同样的道理。

3.3.3　循环结构的 else 分支

Python 语言为循环结构也提供了 else 分支，这是很多其他程序语言没有的。因此无论是 while 语句还是 for 语句均可在后面跟一个 else 语句块，往往能实现很巧妙的功能，来看一个例子。

我国历史悠久，地域广阔，有很多名塔，如西安的大雁塔、小雁塔，山西应县的木塔，河北正定的华塔、须弥塔，大理的千寻塔，开封的铁塔，苏州的虎丘塔，杭州的六和塔、雷峰塔等。这些塔的建筑材料多种多样，外观各具特色，每一座塔的背后都有一段故事，具有很高的历史、科技与艺术价值。下面的代码 3.19 试图收集尽可能多的名塔名称，但为了保证信息的纯粹性，一旦发现输入的名称中不含"塔"字，程序将立即终止收集过程。

代码 3.19　循环结构的 else 分支

```
print("本程序收集中国的名塔信息，欢迎提供您所知道的塔名。")
print("一次一塔，输入"完"结束。")
tower = input("塔名: ")
number = 1
tower_list = ""
while tower != "完":
    if "塔" not in tower:
        print("混入非塔建筑，名塔收集过程异常终止！")
        break
    tower_list += str(number) + tower + ";"
    number += 1
    tower = input("塔名: ")
else:
    if tower_list:
        print("名塔收集过程顺利结束，以下是名塔清单: ")
        print(tower_list)
    else:
        print("名塔收集过程顺利结束，但用户没有输入有用信息。")
print("欢迎再次提供名塔信息，再见！")
```

　　仔细研读这段代码，会发现其大致的结构与代码 3.11 输入旅游目的地的案例非常相似，都是通过循环结构不断从键盘获取信息，都设置了哨兵值来结束循环，循环体都要进行字符串的衔接与编号的递增工作。不同的是这段代码的 while 语句拥有 else 分支。

　　下面是用户正常输入塔名并以约定的哨兵值"完"结束的情形下程序的运行结果。

```
本程序收集中国的名塔信息，欢迎提供您所知道的塔名。
一次一塔，输入"完"结束。
塔名: 大雁塔
塔名: 雷峰塔
塔名: 完
名塔收集过程顺利结束，以下是名塔清单:
1大雁塔;2雷峰塔;
欢迎再次提供名塔信息，再见！
```

　　如果用户不小心输入非塔建筑名称，则会出现如下结果。

```
本程序收集中国的名塔信息，欢迎提供您所知道的塔名。
一次一塔，输入"完"结束。
塔名: 虎丘塔
塔名: 岳阳楼
混入非塔建筑，名塔收集过程异常终止！
欢迎再次提供名塔信息，再见！
```

　　与 if 语句中的 else 分支一样，循环结构的 else 分支也不是独立的语句，它从属于循环结构，是while 或 for 语句的一部分。当循环体的循环过程顺利结束时会执行 else 分支的代码，所谓顺利结束即 while 循环的条件为 False，或者 for 循环走遍序列中的每一个值。当循环被 break 打断，异常结束时，else 分支没有机会被执行。例如，当输入的信息不含"塔"字时，触发 break 语句从而打断 while循环，程序跳出包括 else 分支在内的整个循环结构，接着执行循环结构以后的代码，也就是输出再见信息的 print()。如果输入的信息始终都包含"塔"字，直到输入哨兵值"完"，循环体的执行便正常结束，此时会执行 else 分支中的内容。当然，无论如何，最后输出再见信息的 print() 都会被执行，它与循环无关。

3.4 pass 语句

写代码时一般是先搭建好大的结构，一些代码块如果暂时没有构思好则可以在该位置写上 pass，这样可以避免因整个代码结构的不完整而导致无法运行。从这个意义上来说，一处代码块的位置写了 pass 语句和什么都不写，区别还是很大的。

下面的代码 3.20 假设在编写代码 3.19 时刚刚构思好大框架，一些细节还没有实现。可以看到在循环的 else 分支中写有 pass 语句，此时程序虽然不完整，但可以正常运行。如果将 pass 去掉，则代码就无法运行了。

代码 3.20　pass 语句示例

```
print("本程序收集中国的名塔信息，欢迎提供您所知道的塔名。")
print("一次一塔，输入"完"结束。")
tower = input("塔名: ")
tower_list = ""
while tower != "完":
    tower = input("塔名: ")
    #todo
    #检验塔名是否合规
    #构造塔名清单
else:
    #输出塔名清单
    pass
print("欢迎再次提供名塔信息，再见! ")
```

3.5 Python 生态系统之 random 库

本节介绍 random 库。这也是一个 Python 标准库。这个库中有很多有意思的随机函数，利用它们可以让程序模拟很多随机事件。

3.5.1 随机小数

random 库中有两个常用的生成随机小数的函数，一个是 random.random() 函数，能生成 [0.0,1.0) 区间的随机小数；另一个是 random.uniform() 函数，可以生成指定区间内的随机小数。

1．random() 函数

因为只是生成固定区间内的随机小数，所以 random() 函数不需要参数，但括号仍然必不可少。下面的代码 3.21 调用 random 库的 random() 函数 100 次，生成 100 个[0,1)区间的小数，并把每个小数保留 4 位小数后再输出。

代码 3.21　random 库的 random() 函数示例

```
import random
for i in range(1,101):
    num = random.random()  #random 函数生成[0,1)之间的随机小数
    num = round(num,4)
    print(num,end="; ")
```

代码每次运行得到的小数都不同。下面的结果仅作示意，为节约篇幅，没有全部显示。

```
0.7677; 0.2766; 0.6303; 0.7163; 0.7349; 0.4317; 0.1074; 0.4761; 0.7784; 0.8418; 0.8991;
0.9357; 0.5918; 0.5767; 0.3948; 0.7611; 0.0288;
```

2. uniform()函数

uniform()函数需要提供两个参数来指明生成的小数所在的范围，界定范围的两个参数谁大谁小都可以，如代码 3.22 所示。

代码 3.22　random 库的 uniform()函数示例

```
import random
print(random.uniform(5,15))
print(random.uniform(2.3,-5.6))
```

代码每次运行得到的小数也不同，但应该在指定的范围内。

```
9.923732292143841
1.211147171880742
```

3.5.2　随机整数

生成随机整数常用的函数有 randint()和 randrange()。

1. randint()函数

randint()函数的名称是由 random 和 integer 两个单词组合而成的，顾名思义，是生成随机整数，而且需要提供两个参数来指定范围。需要注意的是，randint()函数生成的随机整数是有可能等于左右两个边界的。代码 3.23 演示了这一点。

代码 3.23　random 库的 randint()函数示例

```
import random
for i in range(1,101):
    print(random.randint(1,10),end="; ")
```

这段代码会循环 100 次，每次生成一个 1～10 的整数。注意观察代码运行生成的 100 个随机整数中，既有左边界 1，又有边界 10。篇幅所限，下面的结果有省略。

```
7; 2; 8; 4; 2; 2; 9; 8; 8; 8; 5; 9; 4; 1; 2; 10; 8; 7; 1; 9;
```

2. randrange()函数

randrange()函数的名称是由 random 和 range 组合而成的，这个名称很好地体现了其功能。range()函数的功能在学习 for 语句时已经介绍，它会根据左右边界及步长值生成一个整数序列。有了这个序列，在其中随机挑一个就是 randrange()函数做的事情。因此 randrange()函数也有 3 个参数，其含义与 range()函数类似。下面看代码 3.24 的演示。

代码 3.24　random 库的 randrange()函数示例

```
import random
for i in range(1,11):
    print(random.randrange(1,10,2),end="; ")
```

有了 range()函数的基础，上述代码不难理解。代码循环 10 次，每次调用 randrange()函数生成一个随机整数，这个整数一定是 1、3、5、7、9 中的一个。至于生成的随机整数不会是 10 的原因也与 range()函数一样。

3.5.3　随机抽样

有时需要从全体中随机抽取一个或多个样本进行分析，这时可以使用 choice()和 sample()函数。

1. choice()函数

使用 choice()函数时只需提供一个参数表示全体，函数的返回值是被选中的某一个样本。

假设用 26 个英文字母代表 26 个学生，他们有幸可以向诸子百家中的重量级人物提问，但由谁向谁提问是随机的。代码 3.25 演示了使用 choice()函数模拟这个过程。

代码 3.25 random 库的 choice()函数示例

```
import random
for i in range(3):
    lucky_guy = random.choice("abcdefghijklmnopqrstuvwxyz")
    master = random.choice("老孔墨孟庄荀孙")
    msg = "请" + lucky_guy + "向" + master + "子提问。"
    print(msg)
```

代码循环 3 次，每次从 26 个学生中随机抽取一位学生，从几位大师中也随机抽取一位大师，然后由该幸运儿向选中的大师提问。因为每次抽取面对的全体没有变，所以有可能出现重复的情形，即有可能多次抽取到同一个人。代码 3.25 的运行结果如下。

```
请 y 向孔子提问。
请 d 向庄子提问。
请 c 向墨子提问。
```

2. sample()函数

与 choice()函数不同的是，sample()函数可以抽取多个样本，因此使用 sample()函数要至少提供两个参数。第一个参数是全体，第二个参数指定从全体中抽取几个样本。需要注意的是，其返回值是一个列表，列表中的元素是被抽中的多个样本。列表也是一个序列型的容器，可以保存多个元素。关于列表的知识会在第 5 章中进行介绍。

代码 3.26 与代码 3.25 相比，将其中的一个 choice()函数换成了 sample()函数，实现每次抽取 3 位学生，这 3 位学生放在列表 lucky_guys 中。构造最后的 msg 字符串时，因为这里的 lucky_guys 是列表，所以要用 str()函数转换为字符串后才可以和其他字符串衔接。

代码 3.26 random 库的 sample()函数示例

```
import random
for i in range(3):
    lucky_guys = random.sample("abcdefghijklmnopqrstuvwxyz",3)
    master = random.choice("老孔墨孟庄荀孙")
    msg = "请" + str(lucky_guys) + "向" + master + "子提问。"
    print(msg)
```

代码 3.26 的运行结果如下，结果中出现的方括号来自 sample()函数返回的列表。

```
请['a','w','z']向孔子提问。
请['l','i','c']向墨子提问。
请['w','s','c']向庄子提问。
```

需要注意的是，即使只抽取一个样本，sample()函数返回的也是列表，只不过列表中只有一个元素，这一点和 choice()函数是不同的。

3.5.4 洗牌

如果想模拟生活中的洗牌效果，则可以使用 shuffle()函数，它可以将一个序列就地打乱顺序。例如，在代码 3.27 中，列表 poker 中有 4 张牌，将 poker 列表交给 shuffle()函数后，shuffle()函数会将列表中的元素打乱顺序，因此再输出 poker 时其内的元素就是另外一种顺序了。

代码 3.27　random 库的 shuffle()函数示例

```
import random
poker = ["J","Q","K","A"]                          #列表
returned_anything = random.shuffle(poker)          #shuffle()函数没有返回值
print(poker)                                       #元素顺序已经改变
print(returned_anything)                           #变量值为None
```

代码 3.27 的运行结果如下。

```
['K','J','A','Q']
None
```

shuffle()函数是"就地"改变原列表中的元素顺序，并没有返回值，因此变量 returned_anything
没收到任何值，print(returned_anything)输出的是 None，即空。正常情况下，不要把 shuffle()函数写
在赋值语句的右侧，因为它没有返回值。

3.6　小试牛刀

本章的小试牛刀环节将通过几个案例集中演练选择结构、循环结构的各种语句，展示如何利用
random 库中的函数来模拟随机事件。

3.6.1　计算人体 BMI

体重是反映和衡量一个人健康状况的重要标志之一。过胖和过瘦都不利于健康，也不会给人以
健美感。大量统计数据表明，身高与体重的关系可以作为反映人体健康状态的指标，这就是身体质
量指数（Body Mass Index，BMI）。

BMI 是用体重值（单位是千克）除以身高值（单位是米）的平方得出的数字，根据 BMI 的大小
可以判断一个人的体型是过瘦、正常还是肥胖。表 3.1 所示是我国的 BMI 参考标准，接下来根据这
个标准构造一个程序，从键盘获取身高、体重，然后给出体型结论。

表 3.1　BMI 参考标准

BMI 分类	参考标准	相关疾病发病的危险性
消瘦	BMI < 18.5	低，但其他疾病危险性增加
正常	18.5≤BMI<24	平均水平
超重	24≤BMI<28	增加
肥胖	28≤BMI	增加

代码 3.28 利用 if 语句完成了根据 BMI 值判断体型的流程。为了使观看效果更好，将计算得到
的 BMI 保留了 1 位小数，并在输出结果的同时提示正常范围是多少。

代码 3.28　计算 BMI

```
height = float(input("请输入身高(米)： "))
weight = float(input("请输入体重(千克)： "))
bmi = round(weight / height ** 2,1)        #乘方优先级高于除法
result = ""                                #保存结论的变量
if bmi < 18.5:
    result = "体型消瘦"
elif 18.5 <= bmi < 24:
    result = "体型正常"
```

```
elif 24 <= bmi < 28:
    result = "体型超重"
else:
    result = "体型肥胖"
print("BMI 为",bmi,"(正常范围: 18.5~24)")
print(result)
```

运行这段代码，输入自己的身高和体重看看 BMI 是多少。如果不理想，就从今天开始锻炼吧。

3.6.2 伯努利试验不白努力

中学学习概率的时候老师应该都举过抛掷硬币的例子，历史上还真有不少数学家认真地将硬币抛掷过成千上万次。表 3.2 列出了历史上一些数学家抛掷硬币的数据。类似抛掷硬币这种在同样的条件下重复地、相互独立地进行的随机试验被称为伯努利试验。

表 3.2 历史上几位数学家抛掷硬币的数据

试验者	抛硬币次数	正面朝上的次数	反面朝上的次数
德·摩根	4092	2048	2044
蒲丰	4040	2048	1992
费勒	10000	4979	5021
皮尔逊	24000	12012	11988
罗曼诺夫斯基	80640	39699	40941

伯努利试验具有很重要的历史意义。但显然人工重复伯努利试验是很枯燥的，当年的几位数学家不辞辛苦、不厌其烦地将这个试验重复了成千上万次。在一次次看似偶然的随机事件中蕴含的规律就在这千万次的枯燥重复中显露了真容。科学真理的求证需要千万次的尝试，编程能力的掌握也需要大量的实践练习。下面就用代码来模拟伯努利试验吧。

代码 3.29 使用 Python 编程来替代抛掷千万次硬币的枯燥，通过模拟伯努利试验来演练 random 库的使用。代码利用 random 库中的 random() 函数生成若干次随机小数，如果随机小数大于 0.5，则认为是硬币的正面；如果随机小数小于等于 0.5，则认为是硬币的反面。程序分别记录下正反面出现的次数，最后输出正反面的比例。

代码 3.29 模拟伯努利试验

```python
import random

total_try = 50000                       #抛掷次数
front_face,back_face = 0,0               #正反面次数
for i in range(total_try):
    r_num = random.random()
    if r_num >= 0.5:
        front_face += 1
    else:
        back_face += 1
front_ratio = round(front_face/total_try,4)
back_ratio = round(back_face/total_try,4)
print("正面出现的次数: ",front_face,"所占比例: ",front_ratio)
print("反面出现的次数: ",back_face,"所占比例: ",back_ratio)
```

因为试验是随机的, 所以每次运行代码得到的结果不会完全一样。下面是代码某次的运行结果, 可以看出, 在抛掷 5 万次时, 正反面出现的次数非常接近。

```
正面出现的次数: 25043 所占比例: 0.5009
反面出现的次数: 24957 所占比例: 0.4991
```

可以修改代码中的抛掷次数, 分别尝试抛掷 5 次、500 次、50000 次, 观察硬币正反面出现的比例及接近程度。

3.6.3 模拟布朗运动

分子热运动虽然是一种微观运动, 但在显微镜下通过观察悬浮在水中的花粉微粒可以感受到这种运动。悬浮微粒不停地做无规则运动的现象叫作布朗运动, 因为它是植物学家 R.布朗在 1827 年首先发现的。

让小海龟配合 random 库, 即可实现小海龟在屏幕上无规则地 "乱走", 从而在屏幕上再现布朗运动。代码 3.30 列出了具体细节。

代码 3.30　模拟布朗运动

```
import turtle
import random
t = turtle.Turtle()
t.speed(20)
x,y = 0,0
step_len = 10                #小海龟一步的距离
for i in range(1000):
    head_num = random.random()
    if head_num < 0.25:
        x += step_len        #向右
    elif head_num < 0.5:
        y += step_len        #向上
    elif head_num < 0.75:
        x -= step_len        #向左
    else:
        y -= step_len        #向下
    t.goto(x,y)
t.getscreen().mainloop()
```

代码 3.30　模拟布朗运动

由第 1 章中关于 turtle 库的介绍可知, 小海龟的位置由其坐标决定。如果能随机调整坐标, 然后利用 goto(x,y)方法, 即可让小海龟随机运动了。具体做法如下: 如果增大小海龟的横坐标 x 的值, 则小海龟会向右运动; 如果减小横坐标 x 的值, 则小海龟会向左运动。同理, 如果增大纵坐标 y 的值, 则小海龟会向上运动; 如果减小纵坐标 y 的值, 则小海龟会向下运动。因此每次只要随机决定是改变 x 还是改变 y, 是增大还是减小, 小海龟的每一步自然会忽左忽右、忽上忽下, 就可表现为毫无规则的 "乱走" 了。具体实现时, 程序设置小海龟走 1000 步。每一步有 4 种可能, 随机挑一种。最后一行代码的含义是让绘图窗口一直显示, 直到用户手动关闭这个窗口。代码 3.30 的运行结果应该与图 3.1 类似。

这个模拟美中不足的是小海龟只能在上、下、左、右 4 个方向上移动, 因此模拟出的随机路径也都是横平竖直的。如何让小海龟可以朝任意一个方向前进呢? 其实小海龟是可以设置自己的朝向的, 在绘制京剧脸谱时也使用了这个功能。通过设置小海龟朝向的方法可以改进小海龟模拟布朗运动的效果, 读者可自行尝试。

另外，代码 3.30 中 if 语句的 4 个分支采用了均分[0,1)区间的方案，这样上、下、左、右 4 个方向的可能性是均等的。读者可以尝试将[0,1)区间非均分的情况，观察在非均分时小海龟运动的变化。例如，增大小海龟向右、向上运动的可能性，小海龟向屏幕右上角运动的概率会不会变大呢？

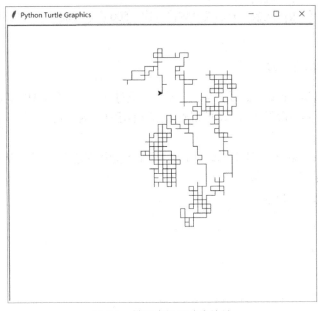

图 3.1   模拟布朗运动的效果

3.6.4   羊与汽车的距离

美国有一个电视游戏节目叫 Let's Make a Deal（我们来做个交易），游戏的玩家面前有 3 扇关闭的门，其中一扇门的后面是汽车，另外两扇门后面则各藏有一只山羊。如果玩家能选中后面有车的那扇门，则可赢得该汽车。当玩家选定某扇门但未开启它时，主持人会开启剩下两扇门中的一扇，露出一只山羊。因为主持人知晓答案，所以不会开错门。山羊显露后，主持人会问玩家要不要将自己的选择换为另一扇仍然关着的门。如果玩家是你，是选择换门还是不换呢？换另一扇门会否增加赢得汽车的概率呢？这个问题被称为三门问题，也称为蒙提·霍尔问题，因为该节目的主持人是蒙提·霍尔（Monty Hall）。

这个问题一经抛出，大家众说纷纭。从普罗大众到统计学家纷纷下场进行评论。到底该不该换门，真相如何呢？其实无须使用高深的数学进行计算，只需让这个游戏发生足够多的次数，看看是坚持不换门得到汽车的概率高，还是坚持换门得到汽车的概率高就可以了。问题是现实世界让游戏发生足够的多次是不现实的，因此使用 random 库模拟吧。

假设玩家坚持不换门，重复这个游戏 10000 次。由于玩家不换门，因此他赢的情形是一开始就选中了有车的门。再让另一个玩家坚持换门，重复这个游戏 10000 次。这个玩家赢的情形是他一开始没有选中有车的门。根据这两点来设计程序。首先要将游戏中现实世界的事物数字化。例如，3个门，不妨用 0、1、2 来代表。因为汽车是随机放在某一个门后的，所以完全可以假设汽车是放在2 号门后，这并不影响实验的模拟。如此就有了代码 3.31 的实现方案，代码中用 randint()函数来模拟玩家的选择。

代码 3.31   模拟三门问题

```
import random
```

```
tries = 10000                #游戏重复次数
car = 2                      #假设汽车放在 2 号门后,这并不影响实验

#坚持不换门
win_times = 0                #赢的次数
for i in range(tries):
    user_choice = random.randint(0,2)    #使用 0、1、2 代表 3 个门
    if car == user_choice:
        win_times += 1
win_rate = round((win_times / tries ) * 100,1)
print("坚持不换门，获得汽车的概率为",win_rate,"%")

#坚持换门
win_times = 0
for i in range(tries) :
    user_choice = random.randint(0,2)
    if car != user_choice:
        win_times += 1
win_rate = round((win_times / tries) * 100,1)
print("坚持更换门，获得汽车的概率为",win_rate,"%")
```

结论到底如何呢？运行程序即可看到答案。接下来的重点反而不是该不该换门了，而是通过这个例子展示的解决问题的方法。即通过大量随机模拟实验来验证某一结论的解题方法，这种方法有一个大名鼎鼎的名称——蒙特卡罗法（Monte Carlo Method）。蒙特卡罗法以概率统计为基础，利用大量随机事件来模拟问题的求解，在很多学科领域都有运用。

3.6.5 《少年中国说》案例进阶版

在第 2 章纵向输出《少年中国说》段落的案例中，最后的效果图左侧有些空，可回看图 2.2。如果在左侧靠下位置绘制一个长城的图案，左侧靠上位置绘制远山的轮廓，整个画面不仅左右平衡，而且图文并茂，效果会更好。最终的效果如图 3.2 所示。下面就来完成这个设想。

首先文字部分的输出完全继承第 2 章案例中的代码，无须改动。读者可在第 2 章代码的基础上补充完成本案例。完整的代码会比较长，为了叙述方便，可将绘图的代码分成 4 个部分，分别是绘制长城部分、绘制长城所在近山的褶皱、绘制近山的装饰苔点、绘制远山轮廓。除长城外，后面 3 个部分都会用到 random 库。

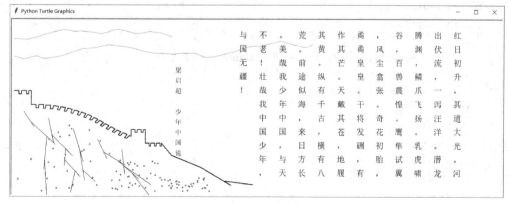

图 3.2 《少年中国说》案例进阶版效果

1.绘制长城图案

长城图案由两个烽火台和城墙组成，在绘制过程中小海龟要不断前进、转向，循环往复。因此可以使用循环结构来绘制长城。代码 3.32 展示了绘制左侧第一个烽火台，以及两个烽火台之间的一段城墙。绘制时，小海龟的角度、前进的距离等都要参考整个绘图窗体的坐标系。窗体的中心为坐标原点，宽 1000 个单位，高 500 个单位。因此窗体最上沿的纵坐标为 250，最下沿的纵坐标为 −250，最左沿的横坐标为 −500，最右沿的横坐标为 500。明确了坐标，代码中的位置坐标就不难理解了。

代码 3.32 绘制长城图案

```python
import turtle
import random            #本案例要用到 random 库

turtle.setup(0.8,0.5,100,100)
turtle.setworldcoordinates(-500,-250,500,250)
t = turtle.Turtle()
t.penup()
#输出《少年中国说》段落的代码,在此省略


#绘制长城
t.goto(-500,50)          #窗体的中心为坐标原点,宽1000,高500
t.setheading(0)          #小海龟朝右,预备绘制长城烽火台
t.pendown()
t.pensize(2)
t.speed(0)
for i in range(2):       #第一个烽火台
    t.forward(10)
    t.right(90)
    t.forward(10)
    t.left(90)
    t.forward(5)
    t.left(90)
    t.forward(10)
    t.right(90)
t.forward(5)
t.right(90)
t.forward(40)                  #第一个烽火台结束
t.setheading(0)
for i in range(15):            #城墙
    if i <= 10:
        t.setheading(360 - 4*i)    #让墙体顺应山势有一个弧度变化
    else:
        t.setheading(300 + 2*i)
    t.forward(10)
    t.right(90)
    t.forward(10)
    t.left(90)
    t.forward(5)
    t.left(90)
    t.forward(10)
```

```
        t.right(90)
    t.forward(5)
    #绘制其他部分的代码,在此省略
    t.hideturtle()                   #所有部分都绘制完成,隐藏小海龟
    turtle.done()
```

绘制长城第二个烽火台和后面城墙的过程是类似的,为了表现出近大远小的透视效果,第二个烽火台可以略小一些。

2. 绘制近山褶皱

从左到右山体上会出现 5 个褶皱,每个褶皱由若干条线段构成。构成褶皱的每条线段的长度、角度都随机产生,因此会用到 random 库。其中,线段的角度是在垂直向下的方向上随机向左右两侧偏转,但因褶皱整体上是由左上朝右下行进的,所以褶皱线段的左右偏转幅度不能相等,向左侧偏转的角度可能较小,向右侧偏转的角度可能较大。代码 3.33 中设置的是在垂直向下即 270° 的基础上,向左最多偏转 10°,而向右最多可偏转 50°。

代码 3.33 绘制近山褶皱

```
#绘制长城的代码,在此省略
t.penup()
t.goto(-480,-10)
t.pendown()
t.pensize(1)
hill = 1                             #褶皱数量
while hill <= 5:                     #长城所在的山体共有 5 个褶皱,每个褶皱由多条线段构成
    head = random.uniform(-10,50)    #每条线段的偏转朝向
    distance = random.randint(40,100)  #每条线段的长度
    t.setheading(270 + head)         #设置褶皱线段的朝向
    t.forward(distance)
    t.backward(distance/3)           #下一条线段和上一条线段的衔接
    if t.ycor() < -200:     #褶皱位置足够靠下,本褶皱绘制完成,开始下一个
        t.penup()
        t.goto(-480 + 50 * hill,-30 * hill)
        t.pendown()
        hill += 1                    #褶皱计数加 1
```

另外,构成同一个褶皱的多条线段彼此之间在衔接时,下一条线段会出现在上一条线段的 2/3 处。因此一条线段绘制完成后,小海龟要后退 1/3 的距离,然后绘制下一条褶皱线段。

如果小海龟的纵坐标已经低于-200,意味着当前褶皱已经靠近窗体下沿,可以开始绘制下一条褶皱了,因此记录褶皱数量的 hill 变量要加 1。当 hill 变量超过 5 后,循环结束,5 条褶皱绘制完成。

3. 绘制近山苔点

为了增加山体效果,特绘制若干个装饰苔点。中国的山水画表现山体,讲究皴擦点染,山体的厚重、褶皱、植被等就在这笔墨的舞动间被表现得淋漓尽致。如果说前面绘制的褶皱是在模拟山水画的"皴",那么绘制苔点就是在模拟山水画的"点"了。

代码 3.34 利用小海龟的 dot()方法绘制 100 个苔点,问题的关键在于确定苔点的位置。为了增加趣味性,苔点应该比较随意,因此使用随机函数来确定苔点的坐标位置。只是在生成苔点的横纵坐标值时,要注意符合山体或长城的走势,从左向右,苔点的纵坐标的变化范围是越来越小的。

代码 3.34　绘制近山苔点

```
#绘制长城、绘制山体褶皱的代码省略
t.pencolor("gray")
for i in range(100):                          #绘制100个苔点
    x = random.randint(-500,-100)
    if x <= -300:                             #根据 x 的值决定 y 的值
        y = random.randint(-240,-50)          #整体上,x 越靠左,y 的取值范围越大
    elif x <= -200:                           #x 越靠右,y 的取值范围越小
        y = random.randint(-240,-150)         #以配合长城的走势
    else:
        y = random.randint(-240,-200)
    t.penup()
    t.goto(x,y)
    t.pendown()
    t.dot()
```

4. 绘制远山轮廓

绘图代码的最后一部分是绘制远山轮廓。为了更好地表现远山层峦叠嶂的感觉,代码将绘制两条远山的轮廓。靠近窗体上沿的远山更远,山体稍短一些,下方的远山山体更长,距离更近一些。每条远山轮廓都由若干条线段构成。

从以上分析可以看出,绘制两条远山轮廓是一个循环次数为 2 的循环结构,绘制任意一条远山的若干条线段又是一个循环结构。因此代码 3.35 的整体结构是一个双重循环,外层循环的循环变量 hill_no 取值为 1 或 2,代表两条远山。远山轮廓的起点横坐标都是-500,即窗体左侧边缘。起点的纵坐标则不同,短的远山纵坐标为 250-1×50,长的远山纵坐标为 250-2×50,即每个远山的纵坐标均是 250-hill_no×50。

内层循环负责绘制构成远山轮廓的若干条线段。因为两个远山轮廓的长度不同,所以内层循环的循环次数应该有变化。当绘制较长的远山时,内层循环的循环次数多一些,绘制的线段多一些,这样山体就可以长一些了。至于构成山体轮廓的线段,其长度、角度值都是随机产生的。具体来说,每条线段的角度均是在水平向右的基础上随机向上、向下偏转 30°,长度值在 10 个单位到 30 个单位之间变动。

代码 3.35　绘制远山轮廓

```
t.pencolor("gray")
for hill_no in range(1,3):                    #hill_no 为远山的编号,共两座远山,越远越短
    hill_start_loc = 250 - hill_no * 50       #远山的起点纵坐标
    hill_len = hill_no * 15                    #hill_len 值越大,远山越长
    t.penup()
    t.goto(-500,hill_start_loc)
    t.pendown()
    for i in range(hill_len):                  #根据 hill_len 值绘制远山
        head = random.uniform(-30,30)         #远山每一折的朝向
        distance = random.randint(10,30)      #远山每一折的长度
        t.setheading(head)
        t.forward(distance)
```

至此,整个绘图代码展示完毕。因为代码中有大量的随机因素,所以每次运行后,除长城外,绘制的图案都多少有些差异。看着同一段代码却可以绘制出多幅细节不同的画面,不也是一件有趣的事吗?

3.7 拓展实践：随机数是如何生成的

3.7.1 计算机中的随机数真的随机吗

从直观上来想，计算机做事情是靠算法的，而算法是一种确定的、可预测的流程。通过确定的算法当然不可能产生真正意义上的随机数。大部分程序语言生成的随机数，其实都只是伪随机数，是由可确定的函数通过一个作为起点的种子产生的。这意味着如果知道了种子，也就是生成随机数算法最初的输入值，那么算法生成的随机数序列是可以预测的。

真正的随机数序列应该是无法预测、无法复现的，也不可能通过比这个随机数序列本身短小的方式来描述出来。从这个角度来看，计算机随机数生成算法生成的都不是真正意义上的随机数，因为它们仅仅通过一个短小的算法公式就可以描述出来。但是从实际使用的角度出发，如果事先并不知道随机数生成算法的细节，就不能预测算法生成的随机数，不能发现其中的变化规律，那么这个算法就是一个足够好的随机数生成算法，它生成的随机数就可以在实际应用中使用。

事实上，如果在算法之外引入其他真正的随机因素是可以生成真正意义上的随机数的。例如，机器运行环境中产生的硬件噪声、时钟、I/O 请求的响应时间、特定硬件中断的时间间隔、键盘敲击速度、鼠标位置变化、磁盘写入速度，甚至周围的电磁波等，都可以用来生成随机数。只不过这种方法的代价比较高，生成随机数的效率也比较慢，往往用来生成其他伪随机数生成算法的种子。例如，本章介绍的 random 库，其随机数生成算法的种子如果没有明确指定，则默认采用当前的系统时间。

3.7.2 实现一个伪随机数生成器

可以根据如下的一个简单公式构造伪随机数生成器。

$$r_t = (a \times r_{t-1}) \bmod m$$

这里的 r 代表生成的随机数序列，上面的公式给出了由序列中的前一个值 r_{t-1} 得到后一个值 r_t 的方法。因此只要有了第一个值，即所谓的种子 seed，根据上面的公式就可以生成后续一系列的伪随机数。公式中的 mod 表示取余，可以用 Python 中的 "%" 运算符实现。

代码 3.36 实现了上面的公式。注意，只要种子 seed 不变，每次运行的结果就是一模一样的。更换了种子，结果就不同了。因此在生成随机数时，算法都会尽可能选取一些随机因素作为种子，如当前系统时间。而如果希望别人在重复自己的随机数实验时，与自己的实验效果一模一样，就可以指定种子，这样只要重复实验的人也指定相同的种子，那么生成的随机数就是一样的。

代码 3.36　实现一个伪随机数生成器

```
seed = 5                    #只要种子不换,生成的随机数就是确定的
m = 2 ** 32 - 1             #决定随机数序列的循环长度
a = 16807
count = 10                  #生成随机数的个数
r = seed
for i in range(count):
    r = (a * r) % m         #生成随机数的公式
    print(r,end=";")
```

代码 3.36 的运行结果如下。读者可分别尝试使用与上述代码中相同或不同的种子，观察生成的随机数序列。只要读者使用代码中的 seed 值，那么生成的应该也是下面这 10 个数。

84035;1412376245;3818277545;2684344220;1436838860;2644587530;3261048050;356924855;30
61694165;4185637055;

如果使用 random 库中的随机函数时也想指定种子，则可以使用 random.seed()函数，如
random.seed(7)就将种子设为 7。种子可以是整数、小数或字符串等。

3.7.3 去掉伪随机数算法的伪装

只要将 3.7.2 小节的随机数生成器公式中的 m 取小一点的值，那么随机数生成算法的伪装就暴露了。因为这个算法生成的随机数其实都是除以 m 的余数，所以可能性是有限的。当 m 值很小时，可能性就很小，因此所谓的随机数很快就会循环重复。代码 3.37 证实了这一点。

代码 3.37 去掉伪随机数算法的伪装

```
seed = 4
m = 10                      #m 值很小
a = 16807
count = 20                  #生成随机数的个数
r = seed
for i in range(count):
    r = (a * r) % m         #生成的随机数均为 10 的余数
    print(r,end=";")
```

代码 3.37 的运行结果如下。

8;6;2;4;8;6;2;4;8;6;2;4;8;6;2;4;8;6;2;4;

由于生成的随机数必须是 m 的余数，而现在 m 的值过小，导致随机数的可能取值也很少，因此很快就重复了。此时任何一个人都可以预测下一个随机数是多少，也就谈不上随机性了。因此随机数序列的循环长度要足够长，长到人们很难从随机数序列中看出规律，更不要说见到随机数序列出现循环重复了。这就要求公式中的 m 要取一个比较大的值。

3.7.4 衡量伪随机数的随机性

既然随机数生成算法生成的都是伪随机数，那么如何评判一个算法生成的伪随机数好不好呢？其实并不难，下面以 random 库中的 random()函数为例介绍几种简单直观的策略。

1. 使用平均数衡量随机数的随机性

使用 random 库中的 random()函数生成大量[0,1)区间的随机小数,如果这些小数的随机性比较好,那么应该均匀分布在[0,1)区间,因此它们的平均值应该约等于 0.5。根据这一分析,可以用代码来检验一下,具体细节如代码 3.38 所示。

代码 3.38 使用平均数衡量 random()函数的随机性

```
import random
total_sum = 0
count = 1000000
for i in range(count):
    r = random.random()
    total_sum += r
average = total_sum / count
print(average)
```

运行代码两次,一次结果为 0.49999768390153493,另一次结果为 0.5003890231655551,都比较接近 0.5。读者的运行结果未必相同,但应该也是很接近 0.5 的。

2．使用小海龟衡量随机数的随机性

使用平均数的想法比较简单，但不够直观。联想到使用小海龟模拟布朗运动的例子，如果可以将随机性的好坏使用小海龟形象地表达出来，那么效果会更好。首先将小海龟的绘图窗口坐标系设为左下角坐标（0,0），右上角坐标（1,1），然后使用 random() 函数生成两个随机小数，分别作为横、纵坐标，并让小海龟在该位置画一个点。如果 random() 函数生成的随机数的随机性足够好，那么小海龟绘制的点应该无序地布满绘图窗口，不会表现出任何规律性。

这个想法可以用代码 3.39 来实现。为了提高绘图速度，可使用 tracer() 函数实现每绘制 1000 个点后再批量更新画面，绘制的效果如图 3.3 所示。

代码 3.39　使用小海龟可视化随机性

```
import random
import turtle
turtle.setworldcoordinates(0,0, 1,1)
turtle.tracer(1000)      #为了提高绘图速度,每绘制1000个点后再更新画面
t = turtle.Turtle()
t.up()
t.speed(0)
for i in range(10000):
    x = random.random()
    y = random.random()
    t.goto(x,y)
    t.dot()              #画一个点
turtle.update()          #确保所有绘制都更新到画面
turtle.done()
```

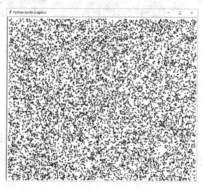

图 3.3　使用小海龟可视化随机性的效果

这段代码使用批处理的手段来提高绘图速度。首先使用 tracer() 函数跟踪内存中有关画面的数据变化，然后一次性地将多个点绘制在屏幕上。这样可显著提升绘图速度。为了防止最后一批点没有更新到屏幕上，在程序结尾处调用 update() 函数，确保所有发生在内存中的数据变化都在屏幕上体现出来了。

3．使用直方图衡量随机数的随机性

如果将随机数的分布区间等距划分为若干份，得到若干个小区间，则随机数落在每个小区间的可能性越均等随机性越好，因此可以使用直方图来展示这一点。

下面的代码 3.40 使用 Python 的数据可视化工具包 matplotlib 做直方图，并将[0,1]区间分成 100 个小区间，每个小区间的立柱代表随机数落在该区间的可能性。

代码 3.40　使用直方图衡量 random()函数的随机性

```
import matplotlib.pyplot as plt
import random
count = 10000
rand_lst = []                    #列表,用来存放生成的随机数
random.seed(5)
for i in range(count):
    r = random.random()
    rand_lst.append(r)           #将刚生成的随机数加到容器中
plt.hist(rand_lst,100)           #使用matplotlib工具包做直方图
plt.show()
```

上述代码将生成的若干个随机小数保存到一个列表中，之后将该列表交由 matplotlib 库的 hist() 函数生成直方图。如果读者的环境中没有安装 matplotlib 工具包，则可以在命令行下使用 pip install matplotlib 命令安装该工具包。由于该工具包的名称较长，为了方便起见，导入时起了别名 plt，这样即可通过 plt.hist()函数生成直方图，效果如图 3.4 所示。

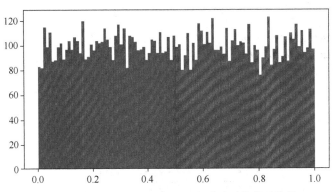

图 3.4　使用直方图衡量 random()函数的随机性的效果

本章小结

本章重点介绍了 if、while、for 等流程控制语句，还介绍了 random 库中几个常用函数的使用。通过多个案例演练了相关语句和函数的使用方法。本章的难点是对循环结构尤其是双重循环的理解。

思考与练习

1. 《庄子·天下》中说到，"一尺之棰，日取其半，万世不竭"。假设一开始"棰"的长度为 1，使用 for 语句输出日取其半 30 天，每天得到的"棰"的长度。

2. 编写代码，完成百分制成绩向 5 档成绩的转换，转换规则如下：0～59 分为 F 档，60～69 分为 D 档，70～79 分为 C 档，80～89 分为 B 档，90～100 分为 A 档。

3. 编写代码，可根据用户输入的年龄给出学习指数。例如，年龄在 45 岁以上的学习指数为 0.3；年龄在 30 岁以上的学习指数为 0.6；年龄在 30 岁以下的学习指数为 0.9。

4. 通过设置小海龟朝向的方法改进小海龟模拟布朗运动的效果。

5. 尝试使用本章拓展实践中提供的随机数生成公式生成[0,1)区间的随机小数。

第4章 字符串

学习目标

- 掌握字符串的定义。
- 掌握转义符号的使用方法。
- 掌握字符串的格式化方法。
- 理解并掌握字符串的切片操作方法。
- 掌握字符串的常用方法。
- 理解网络爬虫的原理。

字符串是常见的一种数据类型，程序中经常会有对字符串进行各种处理的需求，因此 Python 提供了字符串类型，可以对字符串进行各种处理操作。本章将详细介绍字符串的知识，其中部分内容可为第 5 章的学习做好铺垫。

4.1 认识字符串

4.1.1 字符串简介

现实生活中的很多数据都是字符串，如姓名、住址、身份证号、学号等，其中一些虽然完全由阿拉伯数字构成，但不是数值而是字符串。因此编程语言中都会有字符串这一数据类型，有的语言还会进一步区分字符和字符串，但 Python 没有区分字符和字符串，而是将单个字符看成长度为 1 的字符串。Python 使用英文状态下的引号来标记字符串，前几章的代码中已经多次出现字符串的例子。这里要进一步说明的是，标记字符串的引号可以是单引号、双引号、三引号，引号要左右呼应，如代码 4.1 所示。

代码 4.1　定义字符串示例

```
print('古诗十九首·庭中有奇树')
print("【汉】")
print('''庭中有奇树，绿叶发华滋。
攀条折其荣，将以遗所思。''')
print("""馨香盈怀袖，路远莫致之。
此物何足贵，但感别经时。""")
```

上述代码分别使用了单引号、双引号、单三引号、双三引号标记了 4 个字符串。三引号的优点是在字符串中可以直接换行，print()函数会原样输出该字符串，包括换行效果。单引号和双引号不具备这个功能。读者可尝试将第一个print()函数中的字符串直接换行，代码运行会报错。

Python不仅提供各式引号来标记字符串类型，还将所有的字符串看成一类对象。毕竟Python是面向对象编程语言，因此Python中所有的字符串都有一些共同的功能，这些功能就是字符串具有的众多方法，这些内容在4.4节中会进行详细介绍。

4.1.2 转义字符

Python使用引号标记字符串，但引号本身不属于字符串内容。这样，引号自身就是一个特殊的存在，从而产生一个问题，如何表达字符串正文内容中的引号呢？有两种途径来实现这一点：一是使用和待输出的引号不同的引号来标记字符串，二是使用转义字符。

下面的代码4.2分别演示了这两种方法，注意观察其中的各种引号。

代码4.2 转义字符示例

```
print("他说，"我要学好 Python"")
print('他说，"我要学好 Python"')
print("I'm a student.")
print('I\'m a student.')
```

代码4.2的运行结果如下。

```
他说，"我要学好 Python"
他说，"我要学好 Python"
I'm a student.
I'm a student.
```

对于第一个print()函数，字符串中要输出的引号是中文引号，Python不会把它当成字符串标记，中文引号与其他汉字没有区别，因此不用管它。第二个print()函数要输出的字符串中含有英文的双引号，如果不做处理，Python会把它当作字符串标记符号从而引起字符串混乱。第二个print()函数采取的方法是对字符串的标记使用单引号，与要输出的双引号区别开。可想而知，如果要输出英文的单引号，则使用双引号标记字符串即可。这就是第三个print()函数的做法。第四个print()函数则使用了转义字符"\"。这里的"\"被称为转义字符，它可以将跟在其后的字符转变含义。常见的转义字符如表4.1所示。

表4.1 常见的转义字符

转义字符	含义
\\	\
\"	双引号
\n	换行
\t	制表符

通过观察表4.1可以发现，如果跟在"\"后面的是一个特殊含义字符，就将其转换为没有特殊含义的字符，如"\\"表示斜杠本身（这也是第1章京剧脸谱案例中路径分隔符要写成两个斜杠的原因）；如果跟在"\"后面的是某个普通字符，则将其转换为有特殊含义的字符，如"\n"表示换行，这也是print()函数end参数的默认值。

回来再看代码4.2中的最后一个输出，字符串中的"\"意味着什么呢？由于单引号是有特殊含义的字符，它不代表自己，是Python的字符串标记符号。当单引号跟在"\"后面时，会被当作没有特殊含义的符号，也就是单引号自身。

知晓了转义字符的含义后，代码4.1中的古诗也可以用代码4.3的形式输出。这段代码中全部字符串均用单引号标记，古诗的正文字符串中使用了"\n"表示换行，因此最后的运行结果是一联诗占据一行。第二个print()函数输出的字符串中使用了"\t"表示制表符，因此运行结果中"【汉】"会靠右一些。

代码4.3　使用转义字符

```
print('古诗十九首·庭中有奇树')
print('\t【汉】')
print('庭中有奇树，绿叶发华滋。\n攀条折其荣，将以遗所思。')
print('馨香盈怀袖，路远莫致之。\n此物何足贵，但感别经时。')
```

代码4.3的运行结果如下。

```
古诗十九首·庭中有奇树
        【汉】
庭中有奇树，绿叶发华滋。
攀条折其荣，将以遗所思。
馨香盈怀袖，路远莫致之。
此物何足贵，但感别经时。
```

4.1.3　字符串的运算符

加法运算符和乘法运算符也可以用在字符串上。加法运算符对于字符串而言表示多个字符串首尾衔接得到一个更长的字符串，这一点在前3章的代码中已多次出现。乘法运算符对于字符串而言表示重复，这倒也是乘法的本意。2×3的含义是2+2+2。因此一个字符串乘以整数，如乘以3，表示3个该字符串相加，即3个该字符串首尾衔接。代码4.4的第二个print()函数输出的是"多实践！多实践！多实践！"。但乘法运算符不能用在两个字符串之间。

代码4.4　字符串与乘法运算符

```
print("重要的事情说三遍：")
print("多实践！  " * 3)
```

另外，还有成员运算符in和not in可用来判断一个字符串是否在另一个字符串中，这在代码2.16、代码3.1、代码3.4、代码3.5及代码3.19等例子中多次出现。

4.1.4　字符的编码

字符在计算机中是用二进制表示的，当然二进制可以换算为十进制，因此每一个字符都对应着一个十进制数，这个数值即为该字符的编码。Python有两个内置函数可以完成字符串与对应编码之间的转换，分别是chr()函数（可将数值编码转为对应的字符）和ord()函数（可将字符转为对应的数值编码），如代码4.5所示。

代码4.5　字符串与编码之间的转换

```
print(chr(97))          #输出结果为'a'
print(ord("a"))         #输出结果为97
print(chr(98))          #输出结果为'b'
print(ord("b"))         #输出结果为98
print(chr(65))          #输出结果为'A'
print(ord("A"))         #输出结果为65
print(chr(66))          #输出结果为'B'
print(ord("B"))         #输出结果为66
print(ord("汉"))        #输出结果为27721
print(chr(27721))       #输出结果为汉
```

4.2 字符串的格式化

输入与输出是程序的必备环节，无论是输入还是输出，往往都涉及字符串信息。对字符串信息进行某种格式定制，使其外观格式更符合要求、更美观，是一个很现实的需求。Python 的字符串类有专门的方法来完成这项任务，这就是 format() 方法。

4.2.1 字符串的 format() 方法

之所以将 format() 称为方法而不是函数，是按照面向对象编程习惯来称呼的。在 Python 中，所有的字符串都是同一类对象，任何一个具体的字符串都具有这类对象共有的一些特征，这些特征包括属性和方法。前面介绍 turtle 库时提到，使用 Turtle 类生成的每一个具体的小海龟都有前进、后退、左转、右转等能力，这些能力是通过调用小海龟对象相应的 forward()、backward()、left()、right() 等方法来体现的。同一类对象拥有的方法表明了这类对象的能力。字符串这类对象同样拥有一系列的方法，本章 4.4 节会集中介绍其中一些常用的方法，而本节的主角则是能完成字符串格式化定制的 format() 方法。

什么是字符串的格式化呢？通过一个例子即可一目了然。下面的代码 4.6 是对第 3 章代码 3.25 的修改。循环体的前半部分仍然使用 random 库的 choice() 函数抽取学生和大师，但在构造输出字符串时，采用了字符串的 format() 方法。

代码 4.6　使用 format() 方法格式化字符串

```
import random
for i in range(3):
    lucky_guy = random.choice("abcdefghijklmnopqrstuvwxyz")
    master = random.choice("老孔墨孟庄荀孙")
    #第3章的写法
    #msg = "请" + lucky_guy + "向" + master + "子提问。"

    #写法1：为每个待定位置命名
    msg = "请{s}向{m}子提问。".format(s=lucky_guy,m=master)

    #写法2：为每个待定位置编号
    #msg = "请{0}向{1}子提问。".format(lucky_guy,master)

    #写法3：大师向学生提问
    #msg = "请{1}向{0}子提问。".format(lucky_guy,master)
    print(msg)
```

代码将第 3 章的写法转换为注释，然后提供了 3 个新的写法。先来看共同之处，3 个写法均先用引号构造好待输出的字符串，并使用花括号标记出内容待定位置，这些位置会由变量的值来填充。如何指明哪些变量来填充呢？这里就是 format() 方法登场的时机了。通过"点语法"呼唤字符串的 format() 方法，在方法的括号内指明用来填充待定位置的变量即可。

再来看 3 个写法的区别。写法 1 为每一个待定位置明确命名，如第一个待定位置叫"s"，第二个待定位置叫"m"。在 format() 方法的括号内提供变量时，可明确指明哪个变量的值填充哪个位置，这样就会很清楚，不会引起歧义。写法 2 没有为字符串中的待定位置命名，而是简单地用数字进行了编号，注意编号从 0 开始。这里的编号会和 format() 方法括号内的变量一一对应，第一个变量用来填充编号 0 的位置，第二个变量用来填充编号 1 的位置。这种写法要格外注意位置编号与后面变量的对应关系，如写法 3 只是将两个待定位置的编号次序换了一下，但填充效果就变为大师向学生提问了。

使用花括号不仅可以在字符串中标记内容待定的位置，还可以使用一套符号对将来出现在该位置的内容的宽度、对齐方式、小数保留几位等格式进行定制。具体字符串格式符从左至右可使用的符号如下。

引导符：填充符→ < 左对齐、^ 居中对齐、> 右对齐→总宽度→千位分隔符→小数位数→s 字符串、d 十进制整数、f 浮点数。

不是每个花括号标记的待定位置都需要使用这么多项，根据需要选择即可。代码 4.7 演示了格式符的使用细节。

代码4.7 字符串格式符示例

```
title = "中国的古人与圆周率π"
msg = "{:=^20s}".format(title)
print(msg)
msg = "秦之前的古人进行了探索性研究，认为圆周率的值为{: >2d}".format(3)
print(msg)
msg = "东汉张衡在其所写的天文学著作《灵宪》中记录" \
      "圆周率的值为 736/232，约为{:.7f}".format(736/232)
print(msg)
msg = "三国时期王蕃给出圆周率的近似值为 142/45，约为{:.7f}".format(142/45)
print(msg)
print("魏晋时期刘徽计算得出圆周率的值约为 3.141592104")
print("南北朝时期祖冲之计算得出圆周率在 3.1415926 与 3.1415927 之间")
print("祖冲之建议做简单运算时使用 22/7，做复杂运算时使用 355/113")
msg = "这两个值分别约为{0:.7f}和{1:.7f}".format(22/7,355/113)
print(msg)
```

代码 4.7 的运行结果如下。

```
=====中国的古人与圆周率π=====
秦之前的古人进行了探索性研究，认为圆周率的值为 3
东汉张衡在其所写的天文学著作《灵宪》中记录圆周率的值为 736/232，约为 3.1724138
三国时期王蕃给出圆周率的近似值为 142/45，约为 3.1555556
魏晋时期刘徽计算得出圆周率的值约为 3.141592104
南北朝时期祖冲之计算得出圆周率在 3.1415926 与 3.1415927 之间
祖冲之建议做简单运算时使用 22/7，做复杂运算时使用 355/113
这两个值分别约为 3.1428571 和 3.1415929
```

仔细观察运行结果，即不难理解代码花括号内的格式符含义。以输出这段文字标题的格式符 {:=^20s}为例，首先以英文冒号即引导符开始，表示要开始描述格式细节要求了。之后是用来补足到总宽度的字符=，然后是对齐方式^，表示居中对齐。再之后是总宽度 20 个字符，最后是数据类型 s，表示要填充这个花括号位置的数据是字符串。如果填充的内容不足 20 个字符宽度，则要用=补足宽度。如果是右对齐，则补足字符出现在左边；如果是左对齐，则补足字符出现在右边；居中对齐则补足字符在两边。最后的输出结果为"=====中国的古人与圆周率π====="。

再来看代码最后输出祖冲之建议使用的两个分数的近似值的格式符。这个字符串使用两个花括号标记了两个待定位置，因此给两个位置编号为 0 和 1，之后仍然以冒号引导符开始，其后的".7f"表示填充该位置的数据是小数，而且保留 7 位小数。

4.2.2 格式化字符串字面值

格式化字符串的另一种方法是使用格式化字符串字面值。格式化字符串字面值也被简称为f-string，是带有"f"或"F"前缀的字符串字面值。

代码4.8中第二个print()输出的字符串引号前有一个"f"，需要替换到花括号内的变量直接写在了花括号内部，如果有进一步的格式要求，则可以在冒号引导符后指明，使用的符号和format()方法是一致的。这种方式与format()方法一脉相承，但更加简洁。

代码 4.8　使用 f-string 格式化字符串

```
low_precision = 22/7
high_precision = 355/113
print("祖冲之建议做简单运算时使用22/7，做复杂运算时使用355/113")
print(f"这两个值分别约为{low_precision:.7f}和{high_precision:.7f}")
```

4.2.3 Python 2.x 的格式化方法

最后一种字符串格式化的方法来自 Python 2.x 时代，但在 Python 3.x 中仍然可以使用。这种格式化方式也要在字符串中标记出待定位置，但使用的是"%"，这里的"%"和模运算没有关系。代码4.9演示了这种方式。

代码 4.9　Python 2.x 的格式化方法

```
import math
msg = "%s is %.5f" % ("e",math.e)
print(msg)
```

代码中构造好的字符串使用"%"标记了两个待填充位置，其中"%s"表示将来要替换该位置的数据是字符串，而"%.5f"表示将来占据该位置的是浮点数，并且保留 5 位小数。填充待定位置的变量如何指定呢？在字符串后面由"%"引导，如果有多个变量，则要用圆括号括起来。在有多个变量的情况下，变量与待填充位置仍然按位置一一对应。

代码 4.9 的运行结果如下。

```
e is 2.71828
```

4.3　字符串的切片

4.3.1 遍历字符串

字符串是由字符构成的序列，使用 for 语句可对字符串进行遍历。实际上字符串中的每个字符都有一个编号位置，字符串左起第一个字符编号为0，第二个字符编号为1，以此类推。通过编号位置即索引，可以访问字符串中的每一个字符。

代码4.10演示了两种遍历字符串的方法。方法 1 更简洁，循环变量 char 每次循环代表字符串中的一个字符，明确体现了字符串是字符的序列的概念。方法 2 在遍历字符串时虽然较方法 1 显得烦琐一些，但它演示了通过索引位置访问字符的方法。首先用 Python 内置函数 len()计算字符串 msg 的长度，这里的值为 12。因此 for 语句中的 range()函数会生成 0～11 的整数序列，循环变量 i 会依次取值为 0～11。循环体中的 print()函数输出 msg[i]所对应的字符。如果 i 为 0，则对应字符串中的第一个字符；如果 i 为 11，则对应字符串中的第 12 个也就是最后一个字符。

代码 4.10　遍历字符串

```
msg = "少壮不努力，老大徒伤悲！"
#方法1
for char in msg:
    print(char,end="-")
print()

#方法2:
for i in range(len(msg)):
    print(msg[i],end="=")
```

代码 4.10 的运行结果如下。

```
少-壮-不-努-力-，-老-大-徒-伤-悲-！-
少=壮=不=努=力=，=老=大=徒=伤=悲=！=
```

4.3.2　字符串的切片示例

使用一个索引位置可以访问字符串中对应的一个字符，如果使用两个索引位置，一个标记开始位置，一个标记结束位置，则可以访问字符串的一个片段。这就是字符串的切片操作，其本质是复制原字符串的一个片段，片段包含起点字符，但不包含终点字符。这与 range() 函数有点类似，而且切片操作同样支持步长的概念。总结下来，字符串切片的基本语法是 a_str[起点:终点:步长]，代码 4.11 对各种情形做了演示，共计 12 个例子。代码的注释给出了每个例子的输出结果，虽然各例子的结果不一样，但都是原字符串的一个或长或短的片段。片段的起点、终点均在方括号内有交代。

代码 4.11　字符串的切片示例

```
my_str = "少壮不努力，老大徒伤悲！"
print(my_str[0:5])       #1: 少壮不努力
print(my_str[2:5])       #2: 不努力
print(my_str[:5])        #3: 少壮不努力
print(my_str[2:])        #4: 不努力，老大徒伤悲！
print(my_str[2:11])      #5: 不努力，老大徒伤悲
print(my_str[2:-1])      #6: 不努力，老大徒伤悲
print(my_str[2:12])      #7: 不努力，老大徒伤悲！
print(my_str[12:22])     #8: 空，但不报错
print(my_str[2:5:2])     #9: 不力
print(my_str[-6:-3])     #10: 老大徒
print(my_str[-3:-6:-1])  #11: 伤徒大
print(my_str[-3:-6:-2])  #12: 伤大
```

代码 4.11　字符串的切片示例

研读这段代码时要注意，切片包含起点，不包含终点；字符索引编号从 0 开始；原字符串中包括逗号和感叹号。第 1 和第 2 个例子不难理解。第 3 个例子括号内没有写起点，这种情形是从第一个字符开始；第 4 个例子没有写终点位置，此时片段直到字符串的结尾，包含最后一个字符在内。但若是在方括号内明确指明了终点位置，如第 5 和第 6 个例子，此时根据规则片段是不包括最后一个字符的。因此这两个例子得到的片段均没有感叹号，另外第 6 个例子中的 -1 表示倒数第一个字符。在第 7 个例子中明确指明了终点位置，但显然 12 超过了原字符串最后一个字符的索引编号，此时切片操作并不报错，可以正常进行。这样就能理解第 8 个例子为什么得到的切片为空字符串，因为其起点位置都超过了原字符串的最后一个字符。

前面所有的例子步长均为 1，因此无须明确指出。接下来第 9 个例子演示了步长不为 1 时的情

形。这个例子的起点为索引为 2 的字符，即"不"字，终点为索引为 5 的字符即逗号，步长为 2。意思是从左向右"一步两个台阶"，因此"不"字之后，要跳过"努"字，取"力"字，所以最后的片段为"不力"。

第 10 个例子演示的是索引位置为负数的情形。起点、终点为负数表示从字符串的右侧数第几个字符，注意从右侧倒着数时直接从-1 开始，表示倒数第一个字符，没有-0 这种写法，这一点不同于从左侧开始。因此第 10 个例子即为从倒数第 6 个字符至倒数第 3 个字符构成的片段，当然仍然不含倒数第 3 个字符。

如何理解最后两个例子中步长也是负数的含义呢？通俗地讲，步长的正负决定着是上楼还是下楼，步长的绝对值大小决定一步几个台阶。对于横着写的字符串而言，从左向右为上楼，从右向左为下楼。因此步长为正，意味着片段是从左向右取的；步长为负，片段是从右向左取的。第 10 个例子中虽然起点、终点均为负数，但步长为默认值 1，是正数，所以片段要从左向右提取，起点为-6，终点为-3。而第 11 个例子则不同，其步长为-1，所以片段是从右向左提取的，起点为-3，终点为-6。得到的片段为"伤徒大"，字是从右向左排的。第 12 个例子的道理是一样的，只是步长值为-2，因此要从右向左"一步两个台阶"。

4.3.3 字符串是不可修改的

切片这个词容易引起误会，给人的感觉像是将一个字符串切成片段。其实不是的，切片操作是从原字符串中复制一个片段，原字符串是毫发无损的。在前面的代码 4.11 中对原始字符串进行了 12 个切片操作，得到了 12 个原字符串的片段字符串，但原字符串 my_str 并没有发生变化。

事实上，Python 中的字符串是不可修改的。切片操作只是按照起点、终点、步长的要求得到一个新的字符串，因此切片操作会返回一个新字符串。下面的代码 4.12 明确地演示了 Python 中字符串是不可修改的。代码构造了一个字符串后发现第二个字写错了，于是希望通过索引位置直接修改第二个字符，但程序会报告错误信息"TypeError: 'str' object does not support item assignment"，大概意思是字符串对象是不支持元素的修改操作的。

代码 4.12　字符串是不可修改的

```
msg = "少状不努力"
msg[1] = "壮"          #报错
```

不过要注意的是，虽然"少状不努力"这个字符串无法修改，但 msg 变量保存哪个字符串是随时可以修改的。因此可以构造一个新的符合要求的字符串赋值给 msg 变量，而原来错误的字符串就会成为内存垃圾，会在某个时刻被 Python 回收。

4.4　字符串的常用方法

在 4.2 节解释了什么是字符串的方法并重点介绍了完成字符串格式化的 format()方法。字符串的方法很多，本节介绍其他一些常用的方法。关于更多字符串方法的细节可以查看 Python 官方文档。

在学习字符串方法时重点要了解两点，一是方法的输入，即方法需要哪些参数，哪些参数是必需的，哪些是可选的；二是方法的输出，即返回值。

4.4.1 find()方法

判断一个字符串是否在另一字符串中出现，使用成员操作符 in 即可。但如果需要知道子串在字符串中出现的位置，则需要使用字符串的 find()方法，其语法如下。

```
str.find(sub[,start[,end]])
```

其中，sub 表示要找的目标子串，这个参数是必需的。而 start 和 end 可限定查找范围，如果省略不写，则默认查找整个字符串 str，因此这两个参数是可选的。事实上在上述语法中，出现在方括号内的参数均为可选。find()方法的返回值为 sub 在指定片段内第一次出现的位置，如果没有找到则返回-1。

只看描述是不容易理解的，下面看具体的例子。代码 4.13 以王国维先生《人间词话》的一句名言为原始字符串，调用 find()方法找寻"其"字、"呼"字出现的位置，返回值见代码注释。

代码 4.13　字符串的 find()方法

```
my_str = "入乎其内, 故有生气。出乎其外, 故有高致。"
print(my_str.find("其"))          #返回值为2
print(my_str.find("其",4))        #返回值为12
print(my_str.find("呼"))          #返回值为-1
```

代码 4.13　字符串的
find()方法

第一个 find()在整个 my_str 字符串范围内查找"其"字，但 find()只返回第一次出现的位置，因此结果为 2。而第二个 find()方法需要在索引为 4 的字符开始查找目标，故返回的是第二个"其"字的索引位置 12。最后一个查无此字，因此返回-1。

4.4.2　index()方法

字符串的 index()方法与 find()方法很类似，主要的区别在于如果没有找到目标，则 index()方法会抛出错误而不是返回-1，如代码 4.14 所示。

代码 4.14　字符串的 index()方法

```
my_str = "入乎其内, 故有生气。出乎其外, 故有高致。"
print(my_str.index("其"))        #返回值为2
print(my_str.index("其",4))      #返回值为12
print(my_str.index("呼"))        #报错 ValueError: substring not found
```

这段代码与代码 4.13 相比，只是将 find()换成了 index()，寻找"其"字的结果与方法 find()一致，但寻找"呼"字时会报错。

4.4.3　count()方法

如果不是关心目标子串在原字符串中出现的位置，而是关注子串在原字符串中出现的次数，则可使用 count()方法，其语法如下。

```
str.count(sub[,start[,end]])
```

可见 count()方法的语法与 find()方法很类似，各参数的含义也相同。不同的是 count()方法返回目标子串在 start 与 end 参数指定的片段内出现的次数，而且多次出现的位置不能有重叠。

例如，代码 4.15 中，原始字符串是一副对联，其中上联连续出现了 4 个"解"字。如果允许有重叠，则"解解"出现了 3 次，但实际运行结果为 2，这就是不能重叠的含义。

代码 4.15　字符串的 count()方法

```
my_str = "一盏清茶解解解解元之渴 五言绝诗施施施施主之才"
print(my_str.count("解解"))           #运行结果 2,不是 3
```

4.4.4　replace()方法

字处理软件有一个常用的功能称为查找替换，即将文章中的某些字符替换为指定的其他字符。

replace()方法的功能与此类似,只是在对字符串完成查找替换操作后返回新的字符串。其语法如下。

```
str.replace(old,new[,count])
```

由此可见,replace()方法将原字符串 str 中出现的 old 子串替换为 new,得到一个新的字符串返回。如果指定了 count 参数,则 count 可限定替换发生的次数,只有前 count 个 old 子串会被替换。

代码 4.16 有一段中国国家博物馆的简介,但是简介中使用了简称"国博",现在要将"国博"二字替换为"中国国家博物馆",使用 repalce()方法即可。

代码 4.16　字符串的 replace()方法

```
txt = "国博位于天安门广场东侧,其前身可追溯至 1912 年成立的" \
      "国立历史博物馆筹备处,2003 年根据中央决定," \
      "中国历史博物馆和中国革命博物馆合并组建成为国博。" \
      "2007 年国博启动改扩建工程,新馆建筑保留了原有老建筑西、" \
      "北、南建筑立面。新馆总用地面积 7 万平方米,建筑高度 42.5 米," \
      "地上 5 层,地下 2 层,展厅 48 个,建筑面积近 20 万平方米," \
      "是世界上单体建筑面积最大的博物馆。国博现有藏品数量 140 万余件," \
      "涵盖古代文物、近现代文物、图书古籍善本、艺术品等多种门类。"

text = txt.replace("国博","中国国家博物馆")
print(text)
```

4.4.5　split()与 join()方法

字符串的 split()方法可按照指定的分隔符将原字符串拆解为多个字符串,拆解后的多个字符串保存在一个列表中,因此 split()方法的返回值是一个列表。而 join()方法恰恰与 split()方法相反,它可以将多个字符串连接成一个长字符串。

下面的代码 4.17 先利用 split()方法将 msg 字符串以"-"为分隔符拆分为 5 个字符串。这 5 个字符串被放到一个列表中,如代码的注释所示。注意,此时已没有原字符串中"-"字符的身影了,作为分隔符的字符是不会出现在拆分后的结果中的。之后代码又利用 join()方法将列表中的几个字符串用"!"连接成一个长字符串,最后输出的结果即为"我!爱!你!中!国!"。

代码 4.17　字符串的 split()与 join()方法

```
msg = "我-爱-你-中-国!"
str_list = msg.split("-")
print(str_list)              #["我","爱","你","中","国!"]
msg = "!".join(str_list)
print(msg)                   #我!爱!你!中!国!
```

以上讲解了几个很常用的字符串方法,其实方法还有很多,如将英文字符串变成大写的 upper()方法,将英文字符串变成小写的 lower()方法,判断字符串是否以特定字符串开头的 startswith()方法,是否以特定字符串结尾的 endswith()方法,去掉字符串两端的空白的 strip()方法等,众多方法不可能在此全部介绍。但只要抓住每个方法的输入与返回值两个要点,学会阅读官方文档,所有的字符串难点都可迎刃而解。

4.5　Python 生态系统之 xml 库

XML 格式的数据使用非常广泛,如新闻网站关于新闻数据的传递、天气服务中天气数据的描述等。因此解析 XML 数据是一件很常见的工作。本节就来介绍一个可以胜任这项任务的工具包——xml 库。

4.5.1 XML 的概念

XML 是 eXtensible Markup Language 的缩写，意为可扩展标记语言，因此 XML 也是标记语言。这里的 markup 或者说标签是一些特定的记号。中学时老师给学生批改作文会使用一些特定的记号，学生看到这些记号就知道该删去哪些字、在何处添加一些字、哪些字词需要颠倒位置等。这些表达老师修改意图的记号其实就是 markup，只不过它们需要老师用笔画在纸上，而 XML 的 markup 是写在<>中的。

与 HTML 不同，XML 的标签没有预定义，需要使用者自行约定。XML 的目的并不是要展示数据，而是为了更好地传递数据。标签存在的目的是让数据的意义更容易被理解，因此往往都具有自我描述性。

通过一个具体的例子能更好地理解标签对数据的描述价值。下面的代码 4.18 用 XML 语言记录古代诗人信息，包括诗人的姓名、朝代、称号、代表诗作及好友等。写在<>中的是 markup，它们不是数据，是用来标记数据含义的。真正的数据写在<>之外。原始数据有了这些 markup 的描述，数据的含义就会更清晰。需要再次强调的是，XML 并没有一套固定的标记符号，例子中的<data>、<poet>、<friend>等是使用者自己定义的。只要交流数据的双方都认可这些记号，就可以很方便地使用 XML 交换数据。

代码 4.18　XML 示例

```xml
<?xml version="1.0"?>
<data>
    <poet name="李白">
        <dynasty>唐</dynasty>
        <title>诗仙</title>
        <poems>
            <poem>将进酒</poem>
            <poem>望庐山瀑布</poem>
            <poem>早发白帝城</poem>
        </poems>
        <friends>
            <friend name="孟浩然" young_or_old="older"/>
            <friend name="贺知章" young_or_old="older"/>
            <friend name="杜甫" young_or_old="younger"/>
        </friends>
    </poet>
    <poet name="王维">
        <dynasty>唐</dynasty>
        <title>诗佛</title>
        <poems>
            <poem>山居秋暝</poem>
            <poem>相思</poem>
            <poem>送元二使安西</poem>
        </poems>
        <friends>
            <friend name="孟浩然" young_or_old="older"/>
        </friends>
```

```
        </poet>
    </data>
```

下面简单分析一下这段 XML 代码。其中，第一行是 XML 文档的声明，从第 2 行开始数据呈现树状结构，<data>是树根，下分两个枝杈 <poet>。每个<poet>又分若干个枝杈。仔细观察可发现，每个 markup 都有首尾两处，如有<data>开头，就一定有</data>结尾；有<poet>开头，就有</poet>结尾。首尾呼应，数据写在首尾标记之间。也有首尾标记之间没有数据，数据写在标记内部的，如<friend>标签中的 name 等。这种写在<>内部的数据被称为标签的属性（attribute）。因此<friend>标记有两个属性，或者说有两个 attribute，一个是 name，值为诗人朋友的姓名；另一个是 young_or_old，其值含义为朋友是比诗人自己年长还是年幼。因为<friend>和</friend>之间没有数据，所以可以简写为<friend/>，其效果等价于<friend></friend>。

通过这个例子可知，所谓 XML 其实就是通过一套标签以文本形式保存数据。因为 XML 文件是文本文件，所以无须特殊软件即可对其进行处理，而且其体积小巧，传输方便，可在各种系统平台中使用，应用场景极其广泛。

4.5.2 解析 XML 数据

以 XML 格式提供的数据展现出明显的树状结构，解析结构如此明晰的文本数据是有固定模式的，Python 生态系统中自然会有完成相应工作的工具包，而 xml 库是其中之一。这个库包含几个模块，其中 xml.etree.ElementTree 是一个简单而轻量级的 XML 解析器，用来解析 XML 格式的数据非常方便。代码 4.19 以古代诗人的数据为例演示了解析 XML 数据的细节。

代码 4.19　使用 fromstring()函数解析 XML 数据

```python
import xml.etree.ElementTree as ET

xml_str = """<?xml version="1.0"?>
<data>
    <poet name="李白">
        <dynasty>唐</dynasty>
        <title>诗仙</title>
        <poems>
            <poem>将进酒</poem>
            <poem>望庐山瀑布</poem>
            <poem>早发白帝城</poem>
        </poems>
        <friends>
            <friend name="孟浩然" young_or_old="older"/>
            <friend name="贺知章" young_or_old="older"/>
            <friend name="杜甫" young_or_old="younger"/>
        </friends>
    </poet>
    <poet name="王维">
        <dynasty>唐</dynasty>
        <title>诗佛</title>
        <poems>
            <poem>山居秋暝</poem>
            <poem>相思</poem>
            <poem>送元二使安西</poem>
```

```
                </poems>
                <friends>
                    <friend name="孟浩然" young_or_old="older"/>
                </friends>
        </poet>
</data>"""

root = ET.fromstring(xml_str)
for poet in root:
    print(f"标签名：{poet.tag}\t 属性：{poet.attrib}")
    for item in poet:
        print(f"\t 标签名：{item.tag}")
        if item.tag == "friends":
            for friend in item:
                print(f"\t\t 标签名：{friend.tag}\t 属性：{friend.attrib}")
```

在导入 xml.etree.ElementTree 模块时，为了方便给它起了别名 ET，这样后面的代码就可以使用 ET 代表 xml.etree.ElementTree，会方便很多。代码中的 XML 数据以字符串形式保存在 xml_str 变量中，而 fromstring()函数则可以根据字符串解析 XML 数据，并得到树形结构的根，从根出发可以很方便地对 XML 数据的各分支细节进行提取。

这里读者可能有一个疑问，xml_str 是 XML 格式的数据，本身就已经呈现树形结构，那为什么还要使用 fromstring()函数进行解析呢？其实 XML 数据呈现树形结构是人类的感知，在机器看来 xml_str 只是一个由很多字符构成的字符串序列，并没有什么树形结构。因此才需要使用 fromstring() 函数根据 xml_str 字符串构造树形结构并获取根节点，这样就可以按照树形结构的线索访问数据了。可以使用 for 语句遍历变量 root 保存的根节点下的每一个分支，对于每个分支又可以遍历其下的枝权。对每个标签输出它的标签名称 tag 和其属性 attrib。代码 4.19 的运行结果如下。

```
标签名：poet    属性：{'name': '李白'}
    标签名：dynasty
    标签名：title
    标签名：poems
    标签名：friends
        标签名：friend    属性：{'name': '孟浩然','young_or_old': 'older'}
        标签名：friend    属性：{'name': '贺知章','young_or_old': 'older'}
        标签名：friend    属性：{'name': '杜甫','young_or_old': 'younger'}
标签名：poet    属性：{'name': '王维'}
    标签名：dynasty
    标签名：title
    标签名：poems
    标签名：friends
        标签名：friend    属性：{'name': '孟浩然','young_or_old': 'older'}
```

上述例子中的 XML 数据以字符串的形式直接嵌在代码中，但很多时候 XML 数据是以文件的形式提供的，因此需要从外部文件中读取数据并解析，这可以使用 xml 库的 parse()函数来实现。代码 4.20 演示了 parse()函数的使用，注意其与 fromstring()函数的区别。

代码 4.20　使用 parse()函数解析 XML 数据

```
import xml.etree.ElementTree as ET
tree = ET.parse("代码 4.18-xml 示例_古代诗人.xml")        #生成树形结构
root = tree.getroot()                                    #获取树根节点
```

```
for poet in root:
    #获取当前诗人信息
    name = poet.attrib["name"]
    dynasty = poet[0].text          #poet[0]指poet节点下的第1个子节点
    title = poet[1].text            #poet[1]指poet节点下的第2个子节点
    works = "代表作: "
    for poem in poet[2]:
        works += poem.text + " "
    friends = "朋友圈: "
    for friend in poet[3]:
        friends += friend.attrib["name"] + " "
    #输出当前诗人的信息
    print("-" * 40)
    msg = name + "\n" + dynasty + "\n" + title + "\n" + \
            works + "\n" + friends
    print(msg)
```

在这段使用 parse()函数解析 XML 数据的代码中,parse()函数返回的是整个树形结构,因此需要额外调用树形结构的 getroot()方法获取根节点,随后即可开始"顺藤摸瓜"地进行工作。如果当前的节点拥有属性,则可以通过 attrib["属性名"]的方式获取该属性值。如果当前节点下还有多个子节点,这多个子节点构成一个序列,则可以通过序号访问每一个子节点。形式与访问字符串中的每一个字符很类似,序号也是从 0 开始。因此代码中的 poet[0]代表 poet 节点下的第 1 个子节点,即<dynasty>唐</dynasty>。而 poet[0].text 则是提取这个节点的数据,显然是"唐"。而 poet[2]是 poet 节点下的第 3 个子节点,即<poems>节点,这个节点下又有多个<poem>子节点,代码对这些<poem>子节点进行遍历,获取每一个 text 数据,从而得到诗人的代表作数据。最后的朋友圈数据获取方法也是类似的,只不过朋友的姓名是通过属性提供的,因此要通过 attrib["属性名"]的方式获取。代码 4.20 的运行结果如下。

```
----------------------------------------
李白
唐
诗仙
代表作: 将进酒 望庐山瀑布 早发白帝城
朋友圈: 孟浩然 贺知章 杜甫
----------------------------------------
王维
唐
诗佛
代表作: 山居秋暝 相思 送元二使安西
朋友圈: 孟浩然
```

4.6 小试牛刀

本章小试牛刀环节的几个案例演练了字符串的常用方法、字符串格式化、字符串与编码的转换等新学知识,同时回顾了循环结构尤其是双重循环的使用方法。

4.6.1 模拟诗词飞花令

《中国诗词大会》里面有一个飞花令环节,选手要说出尽可能多地包含指定关键字的诗句。本案例使用程序来模拟这一过程。根据第 2 章介绍的 IPO 构造法，分析程序的输入、输出各是什么，再分析处理过程。

首先是输入，包括两部分，一是要指定的关键字，如风、花、雪、月之类的字；二是选手不断输入的诗句。其次是输出，程序会汇总选手给出的诗句数量；最后是核心处理环节，程序需要循环结构，这样才可以不断地接收选手输入的诗句。循环体内要判断诗句是否包含指定关键字，如果包含关键字则汇总数量要加 1，如果不包含则循环结束。具体来说，循环结束有两种情形，一是选手主动结束，此时需要一个哨兵值，只要输入哨兵值，循环结束。另一种情形是选手回答错误，诗句不含指定关键字，循环结束。

既然程序涉及循环，就要考虑循环"三件套"：循环前的预备工作、循环条件、循环体。如此分析即可得到代码 4.21。这段代码采用 break 语句在需要的时机终止循环。循环体内需要判断输入的诗句是不是哨兵值"Q"，如果是哨兵值则循环结束（事实上如果输入的是小写的"q"，循环也会结束）。在输入为正常诗句的情形下，循环体要进一步判断诗句是否含有关键字，如果诗句符合要求，再进一步判断关键字是否在诗句中出现多次。出现多次时要特别鼓励，只出现一次时报告关键字在诗句中的位置即可。实现这些功能时利用了字符串的一系列方法，如 upper()、count()、find()等。另外，代码中大量使用 f-string 形式进行字符串格式化。

代码 4.21　模拟诗词飞花令

```
keyword = input("请指定关键字: ")
count = 0
while True:
    peom = input("请输入诗句（输入 Q 结束）: ")
    if peom.upper() == "Q":
        print(f"选手结束了飞花令，一共说了{count}句含有"{keyword}"字的诗。")
        break
    if keyword in peom:
        count += 1
        occurrence = peom.count(keyword)
        if occurrence > 1:
            print(f"好厉害! 一句诗包含{occurrence}个"{keyword}"字。")
        else:
            idx = peom.find(keyword) + 1
            print(f"诗句的第{idx}个字是"{keyword}"字。")
    else:
        print("诗句不含关键字，飞花令结束。")
        print(f"共说对{count}句含有"{keyword}"的诗。")
        break
```

代码编辑完成后一定要仔细测试，各种情形均要考虑到。下面是其中一种情形下的运行结果。

```
请指定关键字: 风
请输入诗句（输入 Q 结束）: 夜来风雨声，花落知多少。
诗句的第 3 个字是"风"字。
请输入诗句（输入 Q 结束）: 总向高楼吹舞袖，秋风还不及春风。
好厉害! 一句诗包含 2 个"风"字。
请输入诗句（输入 Q 结束）: 俱往矣，数风流人物，还看今朝。
诗句的第 6 个字是"风"字。
请输入诗句（输入 Q 结束）: 山外青山楼外楼
诗句不含关键字，飞花令结束。
共说对 3 句含有"风"字的诗。
```

4.6.2 输出乘法口诀表

乘法口诀表是每个人从小就熟悉的，它对提高中国小学生的计算能力很有助益。这个案例将使用双重循环配合字符串格式化知识完成乘法口诀表的输出。

首先来分析一下输出乘法口诀表为什么会用到双重循环。图 4.1 是乘法口诀表的效果图，仔细观察会发现，口诀表有 9 行，输出每一行的工作逻辑应该是一致的，因此这是一个重复 9 次的循环。而每一行由多列构成，输出这些列也是重复性的工作，因此也需要循环结构。至此可知，整个口诀表的输出需要一个循环 9 次的大的循环结构，而在大循环结构的循环体中输出行的具体列时，又需要一个小循环。但关键问题在于小循环的循环次数是多少，对于乘法口诀表不同的行而言，其列数虽然不同，但均等于行号，即第 1 行有 1 列，第 2 行有 2 列，以此类推。因此如果大循环正在输出乘法口诀表的第 i 行，则这一行有 i 列，小循环的循环次数即为 i 次。

$1\times1=1$

$1\times2=2$ $2\times2=4$

$1\times3=3$ $2\times3=6$ $3\times3=9$

$1\times4=4$ $2\times4=8$ $3\times4=12$ $4\times4=16$

$1\times5=5$ $2\times5=10$ $3\times5=15$ $4\times5=20$ $5\times5=25$

$1\times6=6$ $2\times6=12$ $3\times6=18$ $4\times6=24$ $5\times6=30$ $6\times6=36$

$1\times7=7$ $2\times7=14$ $3\times7=21$ $4\times7=28$ $5\times7=35$ $6\times7=42$ $7\times7=49$

$1\times8=8$ $2\times8=16$ $3\times8=24$ $4\times8=32$ $5\times8=40$ $6\times8=48$ $7\times8=56$ $8\times8=64$

$1\times9=9$ $2\times9=18$ $3\times9=27$ $4\times9=36$ $5\times9=45$ $6\times9=54$ $7\times9=63$ $8\times9=72$ $9\times9=81$

图 4.1 乘法口诀表的效果图

这就是乘法口诀表需要一个双重循环结构来实现代码细节的原因。至于双重循环是用 for 语句还是 while 语句来实现，对这个案例而言都是可以的。因为无论内外循环都是计数控制循环，循环次数都是可以预知的。这样说来，实现方案可以是两个 while 语句嵌套、两个 for 语句嵌套，或者是一个 while 语句、一个 for 语句。代码 4.22 给出了两个 while 语句嵌套的实现方案，读者可以尝试完成其他的写法。

代码 4.22　输出乘法口诀表框架

```
i = 1
while i < 10:          #外层循环,决定正在输出的行
    j = 1
    while j <= i:      #内层循环,决定正在输出的列
        print(f"{i}行{j}列",end='  ')
        j += 1
    print("\n")        #换行
    i += 1
```

这段代码已经完成乘法口诀表大框架的输出，只是乘法口诀表的具体文字细节还有待完善，其运行结果如图 4.2 所示。下面简单分析一下这段代码，先从大结构入手，先见森林，再见树木，不要直接扎到细枝末节中。整个代码看上去明显有两层 while 循环。因为使用的是 while 语句，所以循环变量需要事先预备、初始化。外层的循环变量 i 代表乘法口诀表的当前行，初值为 1，终值为 9，每次外层循环即将结束本轮循环时会加 1，因此外循环的循环体最后一行代码为 i+=1。

```
1行1列
2行1列   2行2列
3行1列   3行2列   3行3列
4行1列   4行2列   4行3列   4行4列
5行1列   5行2列   5行3列   5行4列   5行5列
6行1列   6行2列   6行3列   6行4列   6行5列   6行6列
7行1列   7行2列   7行3列   7行4列   7行5列   7行6列   7行7列
8行1列   8行2列   8行3列   8行4列   8行5列   8行6列   8行7列   8行8列
9行1列   9行2列   9行3列   9行4列   9行5列   9行6列   9行7列   9行8列   9行9列
```

图 4.2   乘法口诀表的框架效果

接下来分析内层循环。内层循环也是 while 语句,因此也要对循环变量进行初始化。这个循环变量为 j,代表正在输出的是当前行的哪一列。其初始值也是 1,而且每次外层循环开始新一轮循环,变量 j 就会重新回到初始值 1。对应着每次开始输出乘法口诀表新的一行都要从第一列开始输出。而内层循环变量 j 的终值不能超过当前 i 的值,这就是内层循环的条件。在内层循环的最后,变量 j 也要在内层循环每一轮结束时加 1,这样内层循环的架子也搭好了。

最后来看代码中的两个 print() 函数,分别位于内外循环。其中,内循环的 print() 函数完成乘法口诀表的文字细节输出,目前还不是最终版,但肯定要运用字符串格式化的知识。至于 print() 函数的 end 参数设为两个空格则是为保证乘法口诀表同一行的若干列在同一行输出,彼此间隔两个空格。当本行的所有列输出完成后需换行输出乘法口诀表的下一行,因此内循环结束后需要使用 print("\n") 来换行。事实上 print() 即可实现换行,而 print("\n") 则输出连续两个换行符,这样乘法口诀表的效果会更美观一些。

掌握了输出乘法口诀表代码的整体结构,剩下的就是让内层循环中的 print() 函数输出的细节更到位。利用本章所学的字符串格式化知识做到这一点并不是难事,只需如代码 4.23 所示改写 print() 函数即可达到目的。

代码 4.23   输出乘法口诀表的最终版

```
i = 1
while i < 10:          #外层循环,决定正在输出的行
    j = 1
    while j <= i:      #内层循环,决定正在输出的列
        print(f"{j}×{i}={i * j:<2}",end='  ')
        j += 1
    print("\n")        #换行
    i += 1
```

因为字符串左引号和右引号之间的内容如无特殊标记是原样输出的,所以不能将变量 i 和 j 直接写在字符串引号内,那样输出的就是"i"和"j"这两个字符,而不是以它们为名的变量保存的行号和列号。所以必须使用字符串格式化知识,通过花括号标记字符串中需要变量填充的位置,这里使用了 f-string 形式。字符串中标记了 3 个待定位置,前两个分别是列号与行号,第三个待定位置输出的是变量 i 与 j 的乘积,并且要左对齐、宽度为 2 个字符。而字符"×"与"="没有花括号包裹,因此原样输出。这样最后的效果就与本案例开始的图 4.1 一样了。

4.6.3   模拟传输校验码

网络传输过程中为了能及时发现简单的传输错误,人们设计了校验码,在待传输的二进制内容

后添加一位校验位，根据精心设计的算法可以识别简单的二进制传输错误。例如，一个代表二进制 0 的物理信号由于信道干扰，发送到接收方后被误认为是二进制 1，这样的小错误通过校验码就可以识别出来。

现在假设在字符串的传输过程中也想做类似的工作。为简单起见，只考虑由 26 个小写英文字母构成的消息。一种简单的思路是将待传输字符串中的每一个英文字母按照字母表顺序变成对应的 0～25 的数字，然后将这些数字相加，因为加和有可能会超过 26，所以再除以 26 取余数，最后将余数按照字母表顺序再变回对应的字母。这个字母就是要传输字符串的校验字母，将其接在原始字符串后一并传输。接收端在收到带校验字符的字符串后，按照规则重新计算校验字母，如果和发送方的校验字母相同，则认为内容传输无误，否则认为传输出错。

代码 4.24 用来模拟发送、校验的过程，其中消息发送方、接收方的代码细节，以及传输信道等环节都没有实现，程序只是一个框架。

代码 4.24　模拟传输校验码的程序框架

```
import random
while True:
    message = input("待发送的英文信息(输入 q 结束)：")
    message = message.lower()
    if message == "q":
        print("模拟结束")
        break

    #发送方
    pass

    #传输信道
    pass

    #接收方
    pass
```

有了程序框架后，细节慢慢填充。先来看发送方的实现细节，如代码 4.25 所示，注意发送方的代码完全位于程序主循环内，因此全部有 4 个空格的缩进。

代码 4.25　模拟传输校验码的发送方部分代码

```
    #发送方
    code_sum = 0
    for char in message:
        char_code = ord(char) - ord("a")
        code_sum += char_code
    check_code = code_sum % 26
    check_char = chr(ord("a") + check_code)
    message = message + check_char
```

这段代码使用 chr() 与 ord() 函数完成字符与对应的数值之间的转换。这里要注意一个事实，字母 "a" 的编码为 97，字母 "b" 的编码为 98，依次类推。所以每个字母的编码和字母 "a" 的编码之差即为该字母在 26 个字母表中的顺序号。字母 "a" 的顺序号为 0，字母 "z" 的顺序号为 25。代码使用 for 语句循环遍历消息中的每一个字母，通过 ord() 函数得到当前字母的编码数值，再减去字母 "a" 的编码数值，得到该字母在字母表中的顺序号。将每个字母的顺序号累加，保存在变量 code_sum 中。

之后除以 26 取余数,这个余数就是校验字母对应的字母表顺序号。校验字母的顺序号再加上字母"a"的编码值 97,才是校验字母的真实编码值。把编码值传给 chr()函数即可得到校验字母。最后将校验字母跟在消息后,拥有校验位的消息就诞生了。

发送方明了后,再来理解接收方的代码就是一件容易的事了。下面的代码 4.26 展示了接收方的实现细节,与发送方一样,同样要注意代码的缩进。接收方接到消息后,首先取出消息的最后一个字母,该字母是发送方给出的校验字母。接收方要按照同样的原理,针对收到的消息再计算一遍校验字母,看是否和发送方的结果一致。因此代码对除最后一个字母外的其他字母(即消息本身)进行遍历,计算得出校验字母。对比发送方、接收方各自计算的校验字母后,判断消息传输过程中是否出错。

代码 4.26　模拟传输校验码的接收方部分代码

```
#接收方
code_sum = 0
check_char_send = message[-1]
for char in message[:-1]:
    char_code = ord(char) - ord("a")
    code_sum += char_code
check_code = code_sum % 26
check_char = chr(ord("a") + check_code)
if check_char == check_char_send:
    print("传输正确")
    print(f"发送方发来的消息是: {message[:-1]}")
else:
    print("传输有误")
    print(f"收到的错误消息是: {message[:-1]}")
```

最后是实现传输信道部分的模拟代码 4.27。网络传输环节的错误概率由 random 库模拟,为了效果显著,网络错误率假设为 30%,这个错误率当然是比较夸张的。

代码 4.27　模拟传输校验码的传输信道部分代码

```
#传输信道
error_rate = 0.3    #信道错误概率
if random.random() < error_rate:
    alpha = "abcdefghijklmnopqrstuvwxyz"
    error_char = random.choice(alpha)              #替换出错位置的字符
    error_loc = random.randint(0,len(message))     #消息出错位置
    message = message[:error_loc] + error_char + message[error_loc+1:]
```

假设错误率为 30%,random()函数得到的随机小数如果小于 0.3,即意味着信道出错,因此要将message 变量中保存的待发消息人为换掉一个字母,模拟出错状态。更换消息中的哪个字母是随机的,error_loc 是消息中被随机挑中的要换掉的位置,error_char 是从 26 个字母中随机挑选的换入字母。最后通过字符串的切片操作完成替换。

程序的运行结果如下。另外还有一个细节,如果用来换入的字母和被换的字母是同一个字母,则此时相当于没有出错。但这种可能性较小,程序暂时忽略这种情形。

```
待发送的英文信息(输入 q 结束): howareyou
传输正确
发送方发来的消息是: howareyou
待发送的英文信息(输入 q 结束): nicetomeetyou
```

传输正确

发送方发来的消息是: nicetomeetyou

待发送的英文信息(输入 q 结束): hello

传输正确

发送方发来的消息是: hello

待发送的英文信息(输入 q 结束): nicetomeetyou

传输有误

收到的错误消息是: nicetomeetyru

待发送的英文信息(输入 q 结束): q

模拟结束

4.6.4　名画知识问答

在中国几千年璀璨的文化中有一个分支异常光彩照人，那就是中国的书画艺术。千年以降，名家辈出，他们创造的杰作穿透千百年岁月，仍然有震撼人心灵的力量。由于历史的原因，这些杰作分散在世界各地的博物馆。关于它们的朝代、作者、馆藏地等信息完全可以使用 XML 进行汇总。如果能汇总得到千百件艺术杰作的信息，基于这些信息可以开发很多应用，如名画知识问答。

首先展示接下来要用到的有关名画的 XML 数据，如代码 4.28 所示。每件艺术品有 4 项信息，名称、朝代、作者、馆藏地，其中名称通过节点属性提供。

代码 4.28　中国古代名画.xml 文件内容

```
<?xml version="1.0"?>
<artworks>
    <work title="千里江山图">
        <dynasty>北宋</dynasty>
        <artist>王希孟</artist>
        <museum>北京故宫博物院</museum>
    </work>
    <work title="虢国夫人游春图">
        <dynasty>唐</dynasty>
        <artist>张萱</artist>
        <museum>辽宁省博物馆</museum>
    </work>
    <work title="溪山行旅图">
        <dynasty>北宋</dynasty>
        <artist>范宽</artist>
        <museum>台北故宫博物院</museum>
    </work>
</artworks>
```

接下来的代码 4.29 使用"中国古代名画"的 XML 数据，实现简单的名画朝代及作者的问答。代码使用 parse() 函数读取并解析 XML 数据文件，得到一个树形结构，之后获取树形结构的根节点。有了根节点即可"顺藤摸瓜"地访问每一幅艺术品的信息。这些信息作为标准答案与作答者提供的答案进行比对。作答者提供的朝代与作者信息使用中文逗号分隔，代码中使用字符串的 split() 方法按逗号对此进行拆分，得到朝代与作者两个字符串。这两个字符串被保存在列表 answer_lst 中，因此 answer_lst[0]代表朝代，answer_lst[1]代表作者。将正确答案与用户从键盘输入的回答进行比对并记录得分。

代码 4.29　名画知识问答

```
import xml.etree.ElementTree as ET
tree = ET.parse("代码4.28-中国古代名画.xml")        #生成树形结构
root = tree.getroot()                              #获取树根节点
print("名画知识问答开始, 请回答以下名画的朝代、作者。")
print("朝代和作者以逗号分隔。")
score_total,score_one_artwork = 0,0               #记录总得分,本题得分
for work in root:
    score_one_artwork = 0                          #每新开一题,本题得分重置
    title = work.attrib["title"]                   #当前艺术品的名称
    dynasty = work[0].text                         #当前艺术品的朝代
    artist = work[1].text                          #当前艺术品的作者
    museum = work[2].text                          #当前艺术品的存地
    answer = input(f"《{title}》的朝代、作者: ")
    answer_lst = answer.split(", ")                #答案按逗号拆分为两个字符串
    if dynasty in answer_lst[0]:                   #列表的第1个元素为朝代
        score_total += 1
        score_one_artwork += 1
    if answer_lst[1] == artist:                    #列表的第2个元素为作者
        score_total += 1
        score_one_artwork += 1
    if score_one_artwork == 2:                     #朝代、作者均答对
        print(f"回答正确! 这件杰作保存在{museum}, 想不想去一睹真颜? ")
    else:
        print(f"回答有误, 这件杰作是{dynasty}{artist}的代表作, 保存在{museum}。")
print("答对朝代得1分, 答对作者得1分。")
print(f"您的最终得分为{score_total}分")
```

代码 4.29 的运行结果如下, 在互动中,《虢国夫人游春图》的作者回答错误, 因此最终得分为 5 分。

```
名画知识问答开始, 请回答以下名画的朝代、作者。
朝代和作者以逗号分隔。
《千里江山图》的朝代、作者: 北宋, 王希孟
回答正确! 这件杰作保存在北京故宫博物院, 想不想去一睹真颜?
《虢国夫人游春图》的朝代、作者: 唐, 周昉
回答有误, 这件杰作是唐张萱的代表作, 保存在辽宁省博物馆。
《溪山行旅图》的朝代、作者: 北宋, 范宽
回答正确! 这件杰作保存在台北故宫博物院, 想不想去一睹真颜?
答对朝代得1分, 答对作者得1分。
您的最终得分为5分
```

4.7　拓展实践：综合运用字符串的方法

　　字符串是很常见的数据类型, 生产、生活中的很多活动都需要处理字符串。例如, 学习英语就免不了和大量的英语单词打交道, 英语单词是天然的字符串。科学研究中要处理很多实验数据, 这些数据往往也包含大量的字符串。接下来通过综合运用字符串的多个方法开发一个猜单词的小游戏。

4.7.1　猜单词小游戏

这个案例假设预先准备了一系列的单词，程序运行后随机选取一个单词，但将单词的所有字母都用"?"代替后呈现给玩家。玩家需要猜测单词可能包含的字母，如果玩家输入的字母是单词的构成字母，则该字母会显露真容，该位置的"?"消失，但其他位置的"?"还在，直到玩家将所有位置的字母都猜中，或者玩家用光了所有的尝试机会。

下面是猜单词游戏的运行结果。

```
每次猜一个字母，退出请输入 quit
待猜的单词：?????
剩余机会：7
已经猜过的字母：

输入所猜字母：p
单词没有所猜字母，还有 6 次机会
待猜的单词：?????
剩余机会：6
已经猜过的字母：p

输入所猜字母：a
单词包含所猜字母！
待猜的单词：??a??
剩余机会：6
已经猜过的字母：p a

输入所猜字母：b
单词没有所猜字母，还有 5 次机会
待猜的单词：??a??
剩余机会：5
已经猜过的字母：p a b

输入所猜字母：c
单词包含所猜字母！
待猜的单词：c?a??
剩余机会：5
已经猜过的字母：p a b c

输入所猜字母：h
单词包含所猜字母！
待猜的单词：cha??
剩余机会：5
已经猜过的字母：p a b c h

输入所猜字母：ir
单词包含所猜字母！
太棒了，你猜出了这个单词！
答案就是 chair
```

4.7.2 游戏的分析与初步实现

由 4.7.1 小节的游戏运行结果来逐步分析程序的实现。程序预备的一系列单词可保存在一个列表中。虽然列表要在第 5 章才会介绍，但这里只是简单使用其保存一系列数据，就像第 1 章绘制彩色螺旋的例子中使用列表保存 3 种颜色一样。而且使用列表保存这些单词也方便使用 random 库的 choice()函数实现随机抽取一个单词，这在第 3 章介绍 random 库时也有相关的例子。

从运行结果可知，还需要记录玩家的剩余机会及玩家已经猜过的字母，当玩家重复猜某个字母时给出提示，当玩家所猜的字母无效时要扣掉一次机会。这些比较容易实现，而另外非常关键的是如何在玩家猜中单词字母后，将该字母出现位置的 "?" 去掉。可以考虑使用一个字符串来跟踪玩家正在猜的过程，该字符串初始状态全部为 "?"，长度与要猜的单词一样。当玩家命中某位置的字母后，利用字符串的切片操作，将该位置的 "?" 换为正确的字母即可。当然这里还会有一些细节问题，如猜中的字母如果在单词中出现多次该如何处理，这些细节可以在程序拥有了基本雏形后再去不断细化。毕竟罗马不是一天建成的。

分析到此，读者可以尝试先编写一个能够实现基本功能的版本。下面的代码 4.30 可以实现猜单词基本的互动过程，但没有考虑一个字母出现多遍的情形，因此某些情况下会无法正常工作。

代码 4.30   猜单词游戏雏形版

```python
import random

words = ['tree','basket','chair','paper','python']
word_to_guess = random.choice(words)      #要猜的单词
guessed = ""                              #猜过的字母
lives = 7                                 #剩余机会
game_over = False
word_guessing = '?' * len(word_to_guess)  #以?代替待猜单词的字母


print("每次猜一个字母，退出请输入quit")
while not game_over:
    #输出游戏互动信息
    print(f'待猜的单词：{word_guessing}')
    print(f'剩余机会：{lives}')
    print(f'已经猜过的字母：{guessed}')
    print()                               #空行

    letter_input = input('输入所猜字母：').lower()

    if letter_input == 'quit':
        print('再见！')
        game_over = True
    elif letter_input in guessed:
        print('这个字母已经猜过了，换一个吧。')
    elif letter_input in word_to_guess:
        print('单词包含所猜字母！')
        start = word_to_guess.find(letter_input)      #将猜中的字母显露出来
        end = start + 1
        word_guessing = word_guessing[:start] + letter_input + word_guessing[end:]
```

```
            guessed += (letter_input + " ")              #更新已猜过的字母清单
        else:
            lives -= 1
            print(f'单词没有所猜字母，还有{lives}次机会')
            guessed += (letter_input + " ")

        if lives <= 0:
            print('没有机会了，太遗憾了！')
            game_over = True
        elif word_to_guess == word_guessing:
            print('太棒了，你猜出了这个单词！')
            print(f'答案就是 {word_to_guess}')
            game_over = True
```

　　代码开始部分做好一些必要的预备工作，其中 word_to_guess 变量保存要猜的单词的"真身"，而 word_guessing 变量记录玩家的猜解过程，其初始状态是完全由"？"构成的字符串，其初始值的构造使用了字符串与整数的乘法运算。随着玩家猜中单词的字母越来越多，word_guessing 变量会一点点向 word_to_guess 靠拢，当二者的值相等时就是玩家猜出单词的时刻。

　　游戏代码的主体是一个 while 循环，当玩家猜出单词或所有机会用完时，game_over 为 True，此时循环结束。循环内部一开始先输出游戏的互动信息，这些信息是玩家上一轮猜单词的成果，也是尝试本轮猜单词的基础。接下来使用 input()接收玩家本轮所猜的字母，为了能在玩家输入大写字母时程序也能正常工作，这里使用了字符串的 lower()方法将玩家输入的字母变为小写。然后是程序的主要逻辑部分。这里使用 if 语句对玩家输入的字母的各种可能进行处理。其中关键的有两个分支，一是玩家所猜字母 letter_input 确实是单词所含字母，二是玩家所猜字母不在单词中。这两种情形所做的工作较多。如果玩家所猜字母正确，则代码使用字符串的 find()方法获得该字母在单词中的位置，然后利用字符串切片的方式更新 word_guessing 保存的字符串，将猜中的字母换到其所在位置。如果玩家猜的字母不正确，则损失一次机会，要更新 lives 变量。另外，这两种情形都要将玩家所猜的字母追加到已经猜过的清单中，即要更新 guessed 变量。循环的最后是对游戏结论的判断，要么所有机会用光，要么猜出了答案。

　　下面是这个初步版本的运行结果。可以看出，当游戏选中的单词没有重复字母时，这个版本的工作还是很好的。

```
每次猜一个字母，退出请输入 quit
待猜的单词：?????
剩余机会：7
已经猜过的字母：

输入所猜字母：b
单词没有所猜字母，还有 6 次机会
待猜的单词：?????
剩余机会：6
已经猜过的字母：b

输入所猜字母：c
单词包含所猜字母！
待猜的单词：c????
剩余机会：6
```

```
已经猜过的字母：b c


输入所猜字母：h
单词包含所猜字母！
待猜的单词：ch???
剩余机会：6
已经猜过的字母：b c h


输入所猜字母：a
单词包含所猜字母！
待猜的单词：cha??
剩余机会：6
已经猜过的字母：b c h a


输入所猜字母：i
单词包含所猜字母！
待猜的单词：chai?
剩余机会：6
已经猜过的字母：b c h a i


输入所猜字母：r
单词包含所猜字母！
太棒了，你猜出了这个单词！
答案就是 chair
```

但如果选中的单词有重复的字母，则程序就会陷入一种尴尬境地。在下面演示的情形中，程序抽中了"paper"这个单词，其中的字母"p"出现了两遍。但由于代码使用 find()方法查找字母出现的位置，这意味着只有"p"第一次出现的位置会显露字母"p"。而当玩家再次输入字母"p"时，却被告知该字母已经猜过了。于是玩家在明知答案的情况下无法获得成功，只能输入 quit 结束程序。

```
每次猜一个字母，退出请输入 quit
待猜的单词：?????
剩余机会：7
已经猜过的字母：


输入所猜字母：p
单词包含所猜字母！
待猜的单词：p????
剩余机会：7
已经猜过的字母：p


输入所猜字母：a
单词包含所猜字母！
待猜的单词：pa???
剩余机会：7
已经猜过的字母：p a


输入所猜字母：e
单词包含所猜字母！
```

待猜的单词：pa?e?
剩余机会：7
已经猜过的字母：p a e

输入所猜字母：p
这个字母已经猜过了，换一个吧。
待猜的单词：pa?e?
剩余机会：7
已经猜过的字母：p a e

输入所猜字母：r
单词包含所猜字母！
待猜的单词：pa?er
剩余机会：7
已经猜过的字母：p a e r

输入所猜字母：p
这个字母已经猜过了，换一个吧。
待猜的单词：pa?er
剩余机会：7
已经猜过的字母：p a e r

输入所猜字母：quit
再见！

4.7.3　游戏代码的完善

要想在单词有重复字母时也能正常工作，程序需要将去掉 "?" 的代码重复多遍，将重复字母所有出现位置的 "?" 都换成字母本身。因此代码 4.31 利用字符串的 count() 方法获取重复字母出现的次数，之后将显露字母的代码重复相应的次数即可。这段代码与代码 4.30 不同的地方已经用粗体显示。

代码 4.31　猜单词游戏完善版

```
import random

words = ['tree','basket','chair','paper','python']
word_to_guess = random.choice(words)           #待猜单词
guessed = ""                                    #猜过的字母
lives = 7                                        #剩余机会
game_over = False
word_guessing = '?' * len(word_to_guess)       #以?代替待猜单词的字母

print("每次猜一个字母，退出请输入 quit")
while not game_over:
    #输出游戏互动信息
    print(f'待猜的单词：{word_guessing}')
    print(f'剩余机会：{lives}')
    print(f'已经猜过的字母：{guessed}')
    print()                                     #空行
```

```
        letter_input = input('输入所猜字母: ').lower()

        if letter_input == 'quit':
            print('再见! ')
            game_over = True
        elif letter_input in guessed:
            print('这个字母已经猜过了，换一个吧。')
        elif letter_input in word_to_guess:
            print('单词包含所猜字母!')
            count = word_to_guess.count(letter_input)     #所猜字母出现的次数
            start = 0
            for _ in range(count):     #找到猜中字母的每个出现位置,全显露出来
                start = word_to_guess.find(letter_input,start)
                end = start + len(letter_input)
                word_guessing = word_guessing[:start] + letter_input + word_guessing[end:]
                start += 1
            guessed += (letter_input + " ")                    #更新已猜过的字母清单
        else:
            lives -= 1
            print(f'单词没有所猜字母, 还有{lives}次机会')
            guessed += (letter_input + " ")

        if lives <= 0:
            print('没有机会了, 太遗憾了! ')
            game_over = True
        elif word_to_guess == word_guessing:
            print('太棒了, 你猜出了这个单词! ')
            print(f'答案就是 {word_to_guess}')
            game_over = True
```

　　仔细观察代码中的粗体部分，在使用 count()方法获知目标字母出现的次数后，程序构造了一个 for 循环来完成相应次数的问号变字母工作，因为 for 循环的循环变量在这里并没有实际用处，所以没有命名，只使用 "_" 代替即可。在 for 循环内部使用 find()方法时启用了该方法的第 2 个参数，这意味着每次在单词中搜索目标字母第一次出现位置时，未必一定从头开始，而是从 start 变量指定的位置开始搜索。start 变量一开始是 0，但后面就变为上一次出现位置再加 1，这样就能将目标字母出现的所有位置都找到，全部完成替换工作。

　　事实上代码 4.31 的版本还考虑到另一个细节，虽然程序希望玩家每次输入一个字母，但有时玩家可能会输入多个字母，因此粗体部分在根据变量 start 计算变量 end 的值时，没有简单地加 1，而是加上玩家输入字母的长度。

　　从下方演示的结果可以看出，当玩家猜字母 "p" 时，单词中两处出现 "p" 的地方都显露了真容，而最后当玩家已经确认单词是什么，急不可待地一次输入两个字母 "er" 时，程序也可以正常工作。

每次猜一个字母, 退出请输入 quit
待猜的单词: ?????
剩余机会: 7
已经猜过的字母:

```
输入所猜字母：p
单词包含所猜字母！
待猜的单词：p?p??
剩余机会：7
已经猜过的字母：p

输入所猜字母：a
单词包含所猜字母！
待猜的单词：pap??
剩余机会：7
已经猜过的字母：p a

输入所猜字母：er
单词包含所猜字母！
太棒了，你猜出了这个单词！
答案就是 paper
```

本章小结

本章正式介绍了字符串的概念，重点讲解了字符串格式化方法。在 Python 生态系统环节介绍了如何使用 xml 库解析 XML 格式的数据。

思考与练习

1. 假设存在一个字符串 my_str，表达式 my_str[: :-1]的含义是什么？

2. 将输出乘法口诀表的代码由 while 双重循环改为 for 双重循环，或者一个 while 语句套一个 for 语句。

3. 本章猜单词小游戏完善版本的代码使用了字符串的 count()方法，可以不使用 count()方法实现同样的功能吗？

4. 编写程序，每次循环询问用户是否需要验证码，如果用户输入 q 或 Q，则循环结束，程序输出"再见"；否则，程序生成 6 位随机的验证码并输出。

5. 编写程序，从键盘接收一个手机号，检查手机号是否长度为 11，如果不是，则提示输入有误；如果长度没有问题，则将手机号的中间 4 位隐藏后输出。例如，输入 13812345678，输出 138****5678。

第5章 列表、元组与字典

学习目标

- 理解并掌握列表的使用方法。
- 理解元组与列表的区别。
- 理解并掌握字典的使用方法。
- 了解 jieba 分词库的使用方法。

Python 不仅提供了整型、浮点型等基本的数据类型，还提供了更复杂、功能强大的组合数据类型，如列表、元组、字典等。当程序要处理一系列彼此关联非常密切的数据时，这些数据类型会给程序的编写带来极大的方便。本章就来认识一下列表、元组与字典。

5.1 列表

5.1.1 认识列表

第 3 章在介绍 random 库中的 sample()函数时提到，sample()将抽取的多个元素放置在一个列表中返回。第 4 章介绍字符串的 split()方法时提到，其分拆得到的多个字符串也被放置在一个列表中。可见列表非常适合存放一系列有关联的数据。例如，中国有很多名山大川，它们不仅拥有优美的景致，还有悠久的历史文化。如果希望汇总一批名山的数据，列表是一个很好的选择。

代码 5.1 使用方括号定义了一个列表，其中有 5 个元素，元素间使用逗号分隔。从代码注释的描述可知，列表中的元素可通过索引编号访问，这一点与字符串很类似。列表开头第一个元素的编号为 0，如果编号为负值，则表示从后向前数时元素的序号。除了可以通过索引编号输出其中的元素，也可以输出整个列表，注意输出整个列表时结果带有方括号。

代码 5.1 认识列表

```
mountains = ["泰山","华山","黄山","峨眉山","武当山"]
print(mountains[0])        #泰山
print(mountains[1])        #华山
print(mountains[-1])       #武当山
print(mountains)           #['泰山','华山','黄山','峨眉山','武当山']
```

通俗地讲，列表有点类似调料盒。可以将列表想象成一个拥有多个位置的容器，每个位置均可保存数据。列表中的数据可以是不同类型的，字符串、整型、浮点型等数据可同时存在于一个列表中。例如，如果希望收集有关名山的更多数据而不仅仅只有名称，则可以像代码 5.2 这样做，其中的数值代表山峰的海拔高度。

代码 5.2　列表可保存不同类型的数据

```
mountains = ["泰山","玉皇顶",1532.7,
             "华山","南峰",2154.9,
             "黄山","莲花峰",1864.8,
             "峨眉山","万佛顶",3099.0,
             "武当山","天柱峰",1612.1]
print(mountains[0:3])      #泰山信息
print(mountains[3:6])      #华山信息
print(mountains[-3:])      #武当山信息
```

代码 5.2 的运行结果如下，均为原列表的片段，对应着不同的名山。

```
['泰山','玉皇顶',1532.7]
['华山','南峰',2154.9]
['武当山','天柱峰',1612.1]
```

由代码 5.2 可知，列表是一种比较灵活的数据结构，可将不同类型但有关联的数据聚合在一起。而且，列表也支持切片操作，规则和字符串是一致的。其实，列表的元素还可以是另一个列表，这时就形成了列表嵌套的局面，下面看代码 5.3 的演示。

代码 5.3　列表的嵌套

```
tai_shan = ["泰山","玉皇顶",1532.7]
hua_shan = ["华山","南峰",2154.9]
huang_shan = ["黄山","莲花峰",1864.8]
e_mei_shan = ["峨眉山","万佛顶",3099.0]
wu_dang_shan = ["武当山","天柱峰",1612.1]
mountains = [tai_shan,hua_shan,huang_shan,e_mei_shan,wu_dang_shan]
print(mountains[0])      #泰山信息
print(mountains[3])      #峨眉山信息
print(mountains[-1])     #武当山信息
msg = mountains[3][0] + "最高峰为" + mountains[3][1] + ",海拔" + \
      str(mountains[3][2]) + "米。"
print(msg)
```

代码 5.3 的运行结果如下。

```
['泰山','玉皇顶',1532.7]
['峨眉山','万佛顶',3099.0]
['武当山','天柱峰',1612.1]
峨眉山最高峰为万佛顶，海拔3099.0米。
```

这段代码先定义了几个小列表，分别保存各名山的数据。之后在定义 mountains 列表时，其元素是这些小列表，如此即形成列表的嵌套。这种写法较之代码 5.2 的优势在于，单独访问某一座名山的数据时更容易、更清晰。

由于存在列表的嵌套，如果要通过 mountains 列表访问某一座山的分项数据，如最高峰、海拔等，则会出现类似 mountains[3][2]的写法。其中，mountains[3]获取列表 mountains 的第 4 个元素，而这个元素本身又是列表，因此 mountains[3][2]表示第 4 个元素即列表 e_mei_shan 的第 3 个元素。

5.1.2 遍历列表

列表不仅像字符串一样可以使用索引序号、切片操作访问元素，也可以使用循环语句遍历其中的各元素。

使用 for 循环遍历列表，如代码 5.4 所示，可以看出与遍历字符串很类似。

代码 5.4　使用 for 语句遍历列表

```
tai_shan = ["泰山","玉皇顶",1532.7]
hua_shan = ["华山","南峰",2154.9]
huang_shan = ["黄山","莲花峰",1864.8]
e_mei_shan = ["峨眉山","万佛顶",3099.0]
wu_dang_shan = ["武当山","天柱峰",1612.1]
mountains = [tai_shan,hua_shan,huang_shan,e_mei_shan,wu_dang_shan]
for m in mountains:
    msg = m[0] + m[1] + "的海拔为" + str(m[2]) + "米。"
    print(msg)
```

在循环过程中，mountains 列表的每个元素值会依次被复制到循环变量 m 中。因此 m 也是一个列表，m[0]、m[1]、m[2]分别表示山名、最高峰和海拔。代码 5.4 的运行结果如下。

```
泰山玉皇顶的海拔为1532.7米。
华山南峰的海拔为2154.9米。
黄山莲花峰的海拔为1864.8米。
峨眉山万佛顶的海拔为3099.0米。
武当山天柱峰的海拔为1612.1米。
```

对于嵌套的列表，可以使用单层循环遍历，也可以使用双重循环遍历，下面代码 5.5 演示了使用双重循环遍历 mountains 列表。

代码 5.5　使用双重循环遍历嵌套列表

```
tai_shan = ["泰山","玉皇顶",1532.7]
hua_shan = ["华山","南峰",2154.9]
huang_shan = ["黄山","莲花峰",1864.8]
e_mei_shan = ["峨眉山","万佛顶",3099.0]
wu_dang_shan = ["武当山","天柱峰",1612.1]
mountains = [tai_shan,hua_shan,huang_shan,e_mei_shan,wu_dang_shan]
for m in mountains:
    for item in m:
        print(item,end="")
    print("米。")
```

使用 for 语句遍历列表很方便，但不排除有时需要使用 while 语句来遍历列表。当使用 while 语句遍历列表时，需要知道列表的长度，因此先使用 Python 内置的 len()函数来测量列表的长度，如代码 5.6 所示。

代码 5.6　使用 while 语句遍历列表

```
tai_shan = ["泰山","玉皇顶",1532.7]
hua_shan = ["华山","南峰",2154.9]
huang_shan = ["黄山","莲花峰",1864.8]
e_mei_shan = ["峨眉山","万佛顶",3099.0]
wu_dang_shan = ["武当山","天柱峰",1612.1]
```

```
mountains = [tai_shan,hua_shan,huang_shan,e_mei_shan,wu_dang_shan]
length = len(mountains)
i = 0
while i < length:          #不可以写成<=
    m = mountains[i]
    msg = m[0] + m[1] + "海拔" + str(m[2]) + "米。"
    print(msg)
    i += 1
```

函数 len()可用来测量一个序列的长度，如字符串、列表、元组、字典等。另外需要注意的是，代码中 while 循环的条件不可以写成 "<="，因为列表最后一项的索引序号比列表的长度小 1。

5.1.3　列表的运算符

第 4 章介绍的运算符 "+" 和 "*" 可以用于字符串，同为序列的列表，也可以使用这两个运算符，且含义和字符串有异曲同工之妙。下面看代码 5.7 的演示。

代码 5.7　加法与乘法运算符用于列表

```
south_mountains = ["武夷山","仓山","黄山","峨眉山","武当山"]
north_mountains = ["泰山","华山","恒山","长白山","天山"]
mountains = south_mountains + north_mountains
rivers = ["黄河","长江"] * 2
print(len(mountains))          #长度为10
print(len(rivers))             #长度为4
```

加法运算符可以将两个列表连接成一个更长的列表，注意是形成一个新的更长的列表，参与加法运算的原始两个列表没有发生变化。而列表与整数之间的乘法运算则是将这个列表重复整数遍，得到一个新的更长的列表。

同样与字符串类似的是，判断一个元素是否在列表中时，可以使用成员运算符 in 或 not in，如代码 5.8 所示。

代码 5.8　判断元素是否在列表中

```
buddhism_mountains = ["五台山","峨眉山","普陀山","九华山"]
mountain = input("输入一座名山：")
if mountain not in buddhism_mountains:
    print(f"{mountain}不属于佛教四大名山。")
else:
    print(f"{mountain}是佛教四大名山之一。")
```

代码 5.8 的运行结果如下。

```
输入一座名山：天山
天山不属于佛教四大名山。
```

5.2　列表元素的操作

作为 Python 中常用的组合型容器，列表拥有很多操纵元素的方法。这些方法可以添加、修改、删除列表中的元素，也可以对列表中的元素进行排序和求取最大值、最小值等。

5.2.1　元素最值

前面介绍过可以使用内置函数 len()测量列表的长度，其实还可以使用内置函数 min()和 max()求得列表中多个元素的最小值和最大值，如代码 5.9 所示。

代码 5.9　求取列表元素的最值

```
height = [1532.7,2154.9,1864.8,3099.0,1612.1]
print(min(height))        #1532.7
print(max(height))        #3099.0
```

代码中的列表保存了几座名山的海拔高度，因此可以使用 min() 和 max() 方便地得到列表中的最小海拔和最大海拔。

5.2.2　增加元素

有多种方法可以向列表中添加新的元素，这里介绍以下 3 种。

1．append() 方法

列表的 append() 方法可以向列表尾部追加一个元素。中国的名山大川还有很多，如果希望将更多的名山追加到列表中，一次一座，如代码 5.10 所示。

代码 5.10　向列表添加元素 append() 方法

```
mountains = []      #空列表
m = input("你知道祖国的哪些名山(退出: Q)? ")
while m.upper() != "Q":
    mountains.append(m)
    m = input("你知道祖国的哪些名山(退出: Q)? ")
count = len(mountains)
print(f"你说出了{count}座祖国的名山, 它们是")
for m in mountains:
    print(m,end=", ")
```

代码 5.10　向列表
添加元素 append()
方法

这段代码首先通过一个空的方括号定义了一个不含任何元素的空列表，之后通过循环从键盘上接收一个个的山名。这里的哨兵值为英文字母 Q，输入 Q 循环结束（大小写均可）。代码后半段统计列表的长度，并遍历输出列表中的各山名。代码 5.10 的运行结果如下。

```
你知道祖国的哪些名山(退出: Q)? 泰山
你知道祖国的哪些名山(退出: Q)? 黄山
你知道祖国的哪些名山(退出: Q)? 长白山
你知道祖国的哪些名山(退出: Q)? q
你说出了3座祖国的名山, 它们是
泰山, 黄山, 长白山,
```

2．insert() 方法

append() 方法只能将元素添加到列表的尾部，如果需要将新的元素添加到列表中间的某个位置，则可以使用 insert() 方法，如代码 5.11 所示。

代码 5.11　向列表添加元素 insert() 方法

```
mountains = ["泰山","华山","黄山","峨眉山","武当山"]
mountains.insert(2,"嵩山")
print(mountains)  #['泰山','华山','嵩山','黄山','峨眉山','武当山']
```

除了需要添加的新元素，insert() 方法还需要指明新元素插入的位置，因此 insert() 方法需要两个参数，第一个参数为插入的位置，第二个元素为新的元素。添加新元素后，该位置及后面的原有元素均会后移一个位置，列表长度增加 1。

3．extend() 方法

如果希望一次性向列表添加多个元素，则可以使用 extend() 方法。它可将一个列表的所有元素一次性添加到另外一个列表中，如代码 5.12 所示。

代码 5.12　向列表添加元素 extend()方法

```
south_mountains = ["武夷山","仓山","黄山","峨眉山","武当山"]
north_mountains = ["泰山","华山","恒山","长白山","天山"]
mountains = []
mountains.extend(south_mountains)
mountains.extend(north_mountains)
print(len(mountains))              #10
```

代码中的 mountains 列表一开始是空列表，在连续调用两次 extend()方法将另外两个列表中的元素复制到本身后，长度变为 10。extend()方法没有返回值，也不会改变提供元素的两个列表。

5.2.3　修改元素

列表中的元素是可以修改的，使用索引序号指明要修改的元素即可，注意索引不要越界。代码 5.13 将列表中的前两个元素修改为省份加名山，但在修改九华山时报错，原因是弄错了元素的索引，导致索引越界。

代码 5.13　修改列表的元素

```
buddhism_mountains = ["五台山","峨眉山","普陀山","九华山"]
buddhism_mountains[0] = "山西五台山"
buddhism_mountains[1] = "四川峨眉山"
#buddhism_mountains[4] = "安徽九华山"   #报错,索引越界
print(buddhism_mountains)
```

在修改列表元素时，也可以使用切片式写法一次修改多个元素，被换的元素和用来替换的元素个数可以不同。如代码 5.14 将原始列表中的四大佛教名山替换为五岳，列表的长度也因此增加 1。

代码 5.14　修改列表的片段

```
mountains = ["太行山","五台山","峨眉山","普陀山","九华山","祁连山"]
print(len(mountains))      #6
mountains[1:5] = ["泰山","华山","衡山","恒山","嵩山"]
print(len(mountains))      #7
print(mountains)
#列表变为 ['太行山','泰山','华山','衡山','恒山','嵩山','祁连山']
```

5.2.4　删除元素

删除列表中已有元素的方法有多种，这些方法有的需要指明要删除的元素本身，有的需要指明要删除元素的索引序号，有的会将删除的元素返回，还有的没有返回值。

1．del()函数

del()函数根据指定的索引序号删除相应的元素，没有返回值。注意，del()函数不是列表拥有的方法，因此在书写形式上与后面的 pop()等方法不同，这一点从代码 5.15 可明显地看出来。

代码 5.15　使用 del()函数删除列表元素

```
mountains = ["梵净山","五台山","武当山","峨眉山",
             "龙虎山","青城山","终南山","普陀山",
             "九华山","鸡足山"]
del(mountains[2])        #删除 "武当山",武当山之后的元素索引有变化
del(mountains[3:6])      #删除 "龙虎山","青城山","终南山"
```

```
print(mountains)
#列表变为 ['梵净山','五台山','峨眉山','普陀山','九华山','鸡足山']
```

代码开始的列表中，佛教名山中混有武当山、龙虎山、青城山、终南山4个道教名山。代码首先删除索引序号为2的武当山，原列表中从峨眉山开始，其后的元素序号均发生变化。龙虎山、青城山、终南山等道教名山的索引序号不再是4、5、6，而应是3、4、5，因此在使用del()函数删除这几座道教名山时，切片起止位置应写为[3:6]，结尾位置索引6不包含在内。列表最后的效果如代码中的注释所示，只剩佛教名山了。

2．pop()方法

与del()函数不同，pop()是列表的方法，因此在书写时要按照面向对象的"点"格式来书写，即列表名.方法名。与del()函数相同的是，pop()方法也根据元素的序号位置删除相应的元素，但pop()方法会返回被删除的元素，如代码5.16所示。

代码5.16　使用pop()方法删除列表元素

```
mountains = ["梵净山","五台山","武当山","峨眉山",
             "龙虎山","青城山","终南山","普陀山",
             "九华山","鸡足山"]
taoism_mountains = []      #保存被删除的道教名山
ix = [2,3,3,3]
for i in ix:
    m = mountains.pop(i)
    taoism_mountains.append(m)

print(mountains)
#['梵净山','五台山','峨眉山','普陀山','九华山','鸡足山']

print(taoism_mountains)   #['武当山','龙虎山','青城山','终南山']
```

这段代码同样要将名山列表中的道教名山删除，只留下佛教名山，但因为使用了pop()方法，所以每次pop()方法会将删除的山名返回并保存到变量m中。代码预备了一个空的道教名山列表，被删除的山名都被追加到这个列表中。

3．remove()方法

删除列表中元素的第三种方法是使用列表的remove()方法，这个方法不是根据索引序号来删除元素，而是需要指明要删除的元素本身。另外，remove()方法不返回被删除的元素。代码5.17清楚地演示了这一点。

代码5.17　使用remove()方法删除列表元素

```
mountains = ["梵净山","五台山","武当山","峨眉山",
             "龙虎山","青城山","终南山","普陀山",
             "九华山","鸡足山"]
taoism_mountains = ['武当山','龙虎山','青城山','终南山']
for m in taoism_mountains:
    mountains.remove(m)
print(mountains)
#['梵净山','五台山','峨眉山','普陀山','九华山','鸡足山']
```

以上介绍的删除列表元素的3种方法各具特点，适用于不同的情景。表5.1对del()函数、pop()方法、remove()方法进行了对比。

表 5.1　3种删除列表元素方法的对比

删除列表元素的方法	根据索引序号	根据元素本身	返回被删除元素
del()函数	√		
pop()方法	√		√
remove()方法		√	

4. clear()方法

如果需要将列表中所有的元素都删除，即将列表清空，则可以使用列表的 clear()方法。代码 5.18 需要互动者输入多条河流主干流经的省、自治区、直辖市。程序使用双重循环，外层循环遍历每一条河流，内层循环不断询问当前河流主干流经的省、自治区、直辖市，直到输入的是哨兵值"Q"或"q"。得到的省、自治区、直辖市被追加到 provinces 列表中，代码最后在输出当前河流主干流经的省、自治区、直辖市后，外层循环进入下一条河流，因此循环体一开始要将 provinces 列表清空，为记录新的河流主干流经的省、自治区、直辖市做好准备。

代码 5.18　使用 clear()方法清空列表元素

```python
rivers = ["长江","黄河"]
provinces = []
print("说出以下河流主干流经的省、自治区、直辖市，一次一个，输入Q结束。")
for r in rivers:
    provinces.clear()
    p = input(f"{r}: ")
    while p.upper() != "Q":
        provinces.append(p)
        p = input(f"{r}: ")
    print(f"{r}主干流经: {provinces}")
```

代码 5.18 的运行结果如下。

```
说出以下河流主干流经的省、自治区、直辖市，一次一个，输入Q结束。
长江：青海
长江：西藏
长江：四川
长江：云南
长江：重庆
长江：湖北
长江：湖南
长江：江西
长江：安徽
长江：江苏
长江：上海
长江：Q
长江主干流经：['青海','西藏','四川','云南','重庆','湖北','湖南','江西','安徽','江苏','上海']
黄河：青海
黄河：四川
黄河：甘肃
黄河：宁夏
黄河：内蒙古
黄河：陕西
黄河：山西
```

黄河: 河南
黄河: 山东
黄河: Q
黄河主干流经: ['青海','四川','甘肃','宁夏','内蒙古','陕西','山西','河南','山东']

5.2.5 元素排序

前面介绍了可以对列表元素求最值，其实如果将列表中的元素排好序，最值就很容易获得了。对列表中的元素排序时，可以使用列表的 sort() 方法，如代码 5.19 所示。

代码 5.19 使用 sort() 方法对列表元素排序

```
height = [1532.7,2154.9,1864.8,3099.0,1612.1]

height.sort()            #升序
print("升序: ",height)

height.sort(reverse=True) #降序
print("降序: ",height)
```

代码 5.19 的运行结果如下。

```
升序: [1532.7,1612.1,1864.8,2154.9,3099.0]
降序: [3099.0,2154.9,1864.8,1612.1,1532.7]
```

sort() 方法会直接在原列表上进行排序操作。如果希望进行降序排序，则可以启用 sort() 方法的 reverse 参数，该参数为 True 时意味着降序排序。

另外，列表还有一个 reverse() 方法，其含义是将列表中元素的当前顺序颠倒过来，因此它既不是进行升序排序，也不是进行降序排序，而是原始顺序的逆序排列，如代码 5.20 所示。

代码 5.20 列表的 reverse() 方法

```
height = [1532.7,2154.9,1864.8,3099.0,1612.1]
print("原序: ",height)
height.reverse()
print("逆序: ",height)
```

代码 5.20 的运行结果如下。

```
原序: [1532.7,2154.9,1864.8,3099.0,1612.1]
逆序: [1612.1,3099.0,1864.8,2154.9,1532.7]
```

特别要将列表的 reverse() 方法和 sort() 方法的 reverse 参数区分开，二者没有必然的联系。

5.3 元组

5.3.1 认识元组

元组是 Python 中另一个常用的组合数据类型，其很多用法与列表类似。元组的创建使用圆括号或 tuple() 函数，如代码 5.21 所示。

代码 5.21 认识元组

```
mountains = ("武当山","龙虎山","青城山","终南山",
             "五台山","峨眉山","普陀山","九华山")
print("道教名山: ",mountains[:4])
print("佛教名山: ",mountains[4:])
```

```
mountains[0] = "三清山"    #报错
#TypeError: 'tuple' object does not support item assignment
```

代码使用圆括号定义了一个元组来保存一些山名。从代码可见元组的切片语法规则和列表完全相同。但代码的最后一行却会报错，这是因为元组中的元素是无法修改的。这一点是元组区别于列表的一个显著特征，可以简单地认为元组是"只读的列表"，因此元组的访问速度要优于列表。

5.3.2 遍历元组

元组既然也保存有一系列的数据，当然可以使用 for 语句进行遍历，过程与列表一般无二，如代码 5.22 所示。

代码 5.22 遍历元组

```
rivers = ("长江","黄河")          #元组
river_provinces = []

print("说出以下河流主干流经的省、自治区、直辖市，一次一个，输入 Q 结束。")
for r in rivers:                    #遍历元组
    temp = []
    p = input(f"{r}: ")
    while p.upper() != "Q":
        temp.append(p)
        p = input(f"{r}: ")
    river_provinces.append(temp)

for i in range(len(rivers)):    #遍历元组的另一种形式
    print(f"{rivers[i]}流经：{river_provinces[i]}")
```

这段代码重温了长江、黄河主干流经的省、自治区、直辖市的例子。考虑到河流是事先给定的，无须改变，因此使用元组保存。流经省、自治区、直辖市使用列表保存，而且是嵌套列表。river_provinces 列表中有两个元素，每个元素又是一个列表，分别保存长江与黄河主干流经的省、自治区、直辖市。在收集流经的省、自治区、直辖市时使用了临时列表 temp，收集完长江主干流经的省、自治区、直辖市后，该列表被追加到 river_provinces 列表中，成为 river_provinces 列表的第一个元素。而后外层循环开始第二轮循环，此时会有一个新的 temp 空列表诞生，收集的黄河主干流经的省、自治区、直辖市保存在这个新的 temp 列表中，最后被追加到 river_provinces 列表中成为它的第二个元素。

代码的最后使用 for 语句输出结果。因为要对应输出 rivers 元组和 river_provinces 列表中的元素，所以需要知道当前正在输出的元素索引序号，因此代码采用了另外一种遍历方式。代码的运行结果与之前的例子是类似的，这里不再赘述。

5.4 字典

5.4.1 认识字典

字典也是一种组合数据类型，但其与列表、元组最大的不同在于，字典中的每一个元素都由两部分构成，中间用冒号分隔，称为一个键值对。为了更好地理解键值对的概念，可以设想这样一个问题：如何同时保存一系列名山的山名和海拔高度。如果使用列表或元组，大概类似代码 5.23 中的

方式 1 或方式 2。这两种方式都有使用上的不便，如用户想要输入山名来查询相应的海拔高度，方式 1 和方式 2 实现起来都不方便，此时字典的效用就凸显出来了。代码的第 3 种方式使用了字典来保存山名和对应的高度。使用花括号"{}"定义字典，字典中的每一个元素都由山名和高度两部分构成，中间用冒号分隔，冒号左侧部分被称为键（Key），冒号右侧部分被称为值（Value）。一个元素即为一个键值对，代码中的字典共有 3 个元素，长度为 3。

代码 5.23　认识字典

```
#保存山名、高度,方式1
mountains_height = ["泰山",1532.7,"华山",2154.9,"黄山",1864.8]

#保存山名、高度,方式2
mountains = ["泰山","华山","黄山"]
height = [1532.7,2154.9,1864.8]

#保存山名、高度,方式3
mountains_height_dic = {"泰山":1532.7,"华山":2154.9,"黄山":1864.8}
m_name = input("泰山、华山、黄山选一个: ")
print(mountains_height_dic[m_name])
```

代码 5.23　认识
字典

代码中的方式 3 无论用户输入的是 3 座山中的哪一个，最后的 print() 都可以根据山名直接得到对应的高度。这是使用字典的优点，字典可以根据键来访问相应的值。因此字典特别适合保存有映射关系的数据，如这里的山名与相应的高度就具有映射关系。

通过对比代码 5.23 方式 2 中保存高度的列表和方式 3 中的字典可以看出，方式 2 的列表 height 保存了 3 个高度值，但没有对应的山名信息（山名在另外一个列表中），访问列表 height 中的高度值时需要使用索引序号。而从方式 3 的字典则能明确看出高度值与山名的对应关系，访问高度值时使用对应的键也就是山名即可。因此字典的键可以看作是对列表的索引序号进行了扩展，让索引序号有了明确的称谓。字典既然通过键来访问元素值，键即为元素的标识，一个字典中不允许有重复的键，但值可以重复。例如，上面的字典中，山名不可重复，但如果两座山的高度相同是没问题的。

明白了字典的含义，就不难理解这种数据类型为什么叫"字典"了。生活中的字典恰恰就是保存了一系列的有映射关系的数据，其中"字"为键，每个字对应的解释条目为值。一本字典无论多厚，都是由很多键值对构成的。人们在查阅字典时是根据字来访问相应的解释条目的，即根据键来访问相应的值。

5.4.2　字典的常见操作

与列表类似，字典也有很多常用的操作，掌握这些操作是使用字典必备的技能。

1. 通过键访问值

字典是通过键来访问相应的值的，但如果提供了一个字典中不存在的键，则代码会报 KeyError 的错误。例如，在上面的代码 5.23 中，如果用户输入的山名在字典中不存在，那么最后的 print() 就会出问题。因此为了避免程序出错，可以使用 in 操作符来判断一下，确保该键存在，如代码 5.24 所示。

代码 5.24　通过键访问值

```
mountains_height = {"泰山":1532.7,"华山":2154.9,"黄山":1864.8}
m_name = input("想知道哪座山的海拔? ")
if m_name in mountains_height:
    print(mountains_height[m_name])
```

```
else:
    print(f"对不起，程序未收录{m_name}的海拔高度")
```

这样无论用户查询的山名是否在字典中，程序都可以给出合理的回应，就不会崩溃了。只是如果每次读取字典中某个键的值时都需要用 if 语句进行判断，这样有些烦琐，字典提供了 get()方法来解决这个问题。通过 get()方法读取一个键的值，如果要访问的键在字典中存在，则一切正常；如果该键不存在，则程序不会报错崩溃，而是返回事先指定的值。下面看代码 5.25 的示范。

代码 5.25 字典的 get()方法

```
mountains_height = {"泰山":1532.7,"华山":2154.9,"黄山":1864.8}
m_name = input("想知道哪座山的海拔? ")
msg = "对不起，程序未收录{}的海拔高度".format(m_name)
result = mountains_height.get(m_name,msg)
print(result)
```

这段代码最关键的一句是使用 get()方法来访问 m_name 这座山的高度值，如果 m_name 在 mountains_height 字典中存在，则正常返回 m_name 对应的值。如果输入的 m_name 不在字典当中，则 get()方法会返回第二个参数指定的预设值，即 msg 这个消息。这样程序无论在哪种情形下都不会崩溃，同时代码又比较简洁。

2. 字典的遍历

与列表、元组类似，字典中的元素同样可以使用 for 语句进行遍历。但因为字典的元素是键值对，所以遍历的花样多一些。

第一种：遍历字典中的所有键，如代码 5.26 所示。

代码 5.26 遍历字典中的所有键

```
bridges = {"梁桥":"湖北武汉长江大桥",
           "拱桥":"河北赵州桥",
           "斜拉桥":"上海南浦大桥",
           "悬索桥":"江苏五峰山长江大桥"}
for key in bridges.keys():
    print(key,bridges[key])
```

代码 5.26 的运行结果如下。

```
梁桥 湖北武汉长江大桥
拱桥 河北赵州桥
斜拉桥 上海南浦大桥
悬索桥 江苏五峰山长江大桥
```

从古至今，桥对人们的出行意义重大，甚至很多战役中桥梁成为影响战局的关键。桥梁发展到今天，形式多样。在中国广袤的土地上分布着上百万座桥梁，它们有的历经千年，处处透着文化的气息；有的英姿挺拔，处处闪着科技的光芒。越来越多高技术含量的大桥以它们的高度、跨度和长度改变着祖国的容颜，它们使天堑变为通途，使海岛连接了大陆。它们的存在促进了经济的发展，它们的存在也体现了经济的发展。而这段代码就构造了一个有关桥梁的字典，其中桥梁的类型作为字典的键，具体的桥梁作为字典的值。代码通过字典的 keys()方法得到所有的键，然后使用 for 语句遍历所有键构成的序列。

遍历所有键是最常用的一种遍历字典的方法。因为键是字典中元素的标识，所以上面的代码 5.26 可以省去 keys()，直接在 for 语句中写字典名即可，如代码 5.27 所示。

代码 5.27 遍历字典中的所有键的简略写法

```
bridges = {"梁桥":"湖北武汉长江大桥",
```

```
                "拱桥":"河北赵州桥",
                "斜拉桥":"上海南浦大桥",
                "悬索桥":"江苏五峰山长江大桥"}
    for key in bridges:
        print(f"{key:{chr(12288)}>3}: {bridges[key]}")
```

为了使代码的运行结果更美观，使用字符串格式化对输出文字进行对齐。其中，键的部分宽度为 3 个字符，不足的填补全角空格，右对齐。代码中的 chr(12288)即为全角空格。代码 5.27 的运行结果如下，对比上一段代码整齐了很多。

```
梁桥：湖北武汉长江大桥
拱桥：河北赵州桥
斜拉桥：上海南浦大桥
悬索桥：江苏五峰山长江大桥
```

第二种：遍历字典中所有的值，如代码 5.28 所示。

代码 5.28　遍历字典中所有的值

```
bridges = {"梁桥":"湖北武汉长江大桥",
                "拱桥":"河北赵州桥",
                "斜拉桥":"上海南浦大桥",
                "悬索桥":"江苏五峰山长江大桥"}
for bridge in bridges.values():
    print(bridge)
```

代码使用字典的 values()方法获取所有的值，然后进行遍历，输出结果只有字典的值，也就是具体的桥梁代表。

```
湖北武汉长江大桥
河北赵州桥
上海南浦大桥
江苏五峰山长江大桥
```

第三种：遍历所有的键值对，如代码 5.29 所示。

代码 5.29　遍历字典的所有键值对

```
bridges = {"梁桥":"湖北武汉长江大桥",
                "拱桥":"河北赵州桥",
                "斜拉桥":"上海南浦大桥",
                "悬索桥":"江苏五峰山长江大桥"}
for item in bridges.items():
    print(item)
```

这段代码使用字典的 items()方法得到所有的键值对，每个键值对就是一个元素，包含两部分。从下面的运行结果可看出，键值对以元组的形式输出。

```
('梁桥','湖北武汉长江大桥')
('拱桥','河北赵州桥')
('斜拉桥','上海南浦大桥')
('悬索桥','江苏五峰山长江大桥')
```

上述代码中的每个元素都以一个元组的形式返回，如果不喜欢这种形式，则可以在 for 语句循环变量的位置书写两个变量名，一个为每个元素的键预备，另一个为每个元素的值预备。如代码 5.30 所示，这样就可以有不一样的运行结果。需要说明的是，for 语句中的两个循环变量不一定命名为 key 和 value，只要有描述意义就可以。

代码 5.30　遍历字典的所有键值对（另一种写法）

```
bridges = {"梁桥":"湖北武汉长江大桥",
            "拱桥":"河北赵州桥",
            "斜拉桥":"上海南浦大桥",
            "悬索桥":"江苏五峰山长江大桥"}
for key,value in bridges.items():
    print(key,value)
```

代码 5.30 的运行结果如下，已经没有元组的圆括号了。如果希望对齐或其他更灵活的展现形式，则可以使用字符串格式化知识来实现。

```
梁桥 湖北武汉长江大桥
拱桥 河北赵州桥
斜拉桥 上海南浦大桥
悬索桥 江苏五峰山长江大桥
```

3．修改已有元素

与列表类似，字典中的数据是可以修改的。列表中的元素可以通过元素的索引序号来直接修改。同样地，修改字典中的元素值时可以通过键来实现。别忘了，字典的键即对列表的索引序号的扩展。下面的代码 5.31 将字典中的"梁桥"对应的具体桥梁案例改成了江苏丹昆特大桥，它起自丹阳，途经常州、无锡、苏州，终于昆山，全长超过 164 千米。

代码 5.31　修改字典已有的元素值

```
bridges = {"梁桥":"湖北武汉长江大桥",
            "拱桥":"河北赵州桥",
            "斜拉桥":"上海南浦大桥",
            "悬索桥":"江苏五峰山长江大桥"}
bridges["梁桥"] = "江苏丹昆特大桥"
print(bridges["梁桥"])          #输出江苏丹昆特大桥
```

4．添加新元素

向字典中添加元素的方法非常简单，只需通过赋值语句直接将新元素的值赋给新元素的键即可。例如，有一种刚构桥，虽然外观和梁桥很像，但结构又有不同，一些桥梁专家将其单独列为一类。代码 5.32 想要在桥梁字典中添加刚构桥类型，一开始字典中只有 4 个元素，通过赋值语句添加了一个"刚构桥"的桥梁案例，字典的长度变为 5。

代码 5.32　向字典添加新元素

```
bridges = {"梁桥":"湖北武汉长江大桥",
            "拱桥":"河北赵州桥",
            "斜拉桥":"上海南浦大桥",
            "悬索桥":"江苏五峰山长江大桥"}
print(len(bridges))                 #字典长度为 4
bridges["刚构桥"] = "贵州赫章特大桥"
print(len(bridges))                 #字典长度为 5
```

5．删除已有元素

删除字典中已有元素的方法有多种，与列表很类似，对比着记忆效果会更好。

首先，使用字典的 pop()方法来删除已有元素。列表的 pop()方法根据索引序号来删除元素，字典的 pop()方法根据键来删除元素。其次，也可以使用 del()函数来删除已有元素。代码 5.33 开始时的桥梁字典长度为 5，使用 pop()方法删除刚构桥后，字典的长度变为 4，再使用 del()函数删除拱桥后，字典的长度为 3。另外，与列表一致的是，pop()方法有返回值，而 del()函数没有返回值。

代码 5.33　删除字典中的已有元素

```
bridges = {"梁桥":"湖北武汉长江大桥",
           "刚构桥":"贵州赫章特大桥",
           "拱桥":"河北赵州桥",
           "斜拉桥":"上海南浦大桥",
           "悬索桥":"江苏五峰山长江大桥"}
poped_bridge = bridges.pop("刚构桥")
print(poped_bridge)        #贵州赫章特大桥
print(len(bridges))        #长度为 4

del(bridges["拱桥"])
print(len(bridges))        #长度为 3
```

还有一种删除已有元素的方法是清空字典，与列表类似，同样使用 clear()方法来清空字典。下面看代码 5.34 的演示。

代码 5.34　清空字典中的元素

```
bridges = {"梁桥":"湖北武汉长江大桥",
           "刚构桥":"贵州赫章特大桥",
           "拱桥":"河北赵州桥",
           "斜拉桥":"上海南浦大桥",
           "悬索桥":"江苏五峰山长江大桥"}
bridges.clear()
print(len(bridges))        #长度为 0
```

调用了字典的 clear()方法之后，bridges 中现在有 0 个元素。

5.5　Python 生态系统之 jieba 库

在自然语言处理的过程中，一个基本的步骤是将长篇大论的文章分解成一个个的词汇。英文在这方面比较方便，因为英文书写要求单词与单词之间有空格，所以按照空格使用字符串的 split()方法就能基本完成英文的分词工作。

汉语要复杂得多。组成文章的汉字是挨着写的，同样的一句话，断句不同就会有不一样的意思。因此不要说让计算机自主地理解一句话，即使是让一个不懂汉语的人来对中文文章进行分词断句都是困难的。那么如何解决中文的分词问题呢？

本章介绍的 jieba 库就是完成中文分词工作的能手。当然，如果要详细了解这个库的细节，可以前往 GitHub 查看技术文档，这里只对 jieba 库进行简单的介绍。

5.5.1　jieba 库的安装

jieba 库是第三方库，因此安装 Python 环境时是没有这个库的，需要额外单独安装。如果使用的是 PyCharm 编程工具，那么启动 PyCharm 后在其界面下方图 5.1 所示的位置选择【Python Packages】面板，然后在图中左上角的搜索框中输入 jieba，就可以在下方的列表中看到 jieba 库了，选择 jieba 库后单击图中右上角的【Install package】按钮即可开始安装，显示成功信息之后就可以如标准库一样导入使用了。

如果使用的不是 PyCharm，则可以在 Windows "开始" 菜单的 "运行" 对话框中输入 cmd，然后按 Enter 键，在打开的命令行窗口中输入 pip install jieba，同样可以安装 jieba 库。

图 5.1　安装 jieba 库

5.5.2　分词的基本操作

马可·波罗在他闻名于世的游记中描述了中国的很多城市，这些城市即使是对来自西方美丽城市威尼斯的马可·波罗而言也好比天堂般的存在，游记让欧洲人对东方世界产生了强烈向往，甚至对新航路的开辟都产生了重大影响。游记的第 2 卷着重描述了元朝时期的中国，下面就来对这部游记的第 2 卷进行词频分析，看看马可·波罗都写了什么。要进行词频分析，首先要将游记的文本进行分词操作。

本案例中《马可·波罗游记》的文本以一个 TXT 文本文件提供，因此首先要将文本中的内容读入内存，这可以使用 Python 的内置函数 open() 来完成。有关 open() 函数的内容将在第 7 章中进行介绍。读入文本文件后会得到一个长长的字符串，接下来的分词就是基于这个字符串完成的。代码 5.35 演示了整个流程。

代码 5.35　使用 jieba 库进行中文分词

```python
import jieba
txt_file = open("file\\马可·波罗游记第2卷.txt",encoding="utf-8")
marco_txt = txt_file.read()
print(marco_txt[:20])          #查看原文的前20个字
words = jieba.lcut(marco_txt)  #分词
print(words[:10])              #查看分词结果的前10个词
```

代码 5.35 的运行结果如下，第一行为原文的前 20 个字，第二行显示分词结果的前 10 个词。方括号意味着分词得到的是一个列表。

第二卷忽必烈大汗和他的宫廷西南行程中各省
['第二卷', '忽必烈', '大汗', '和', '他', '的', '宫廷', '西南', '行程', '中']

简单分析上面的代码。使用 open() 函数读入文件时要提供文件名，这里假设游记对应的 TXT 文件位于 file 文件夹下，该文件夹与代码 5.35 的代码文件在同一目录位置。open() 函数会返回一个文件对象，调用该对象的 read() 方法可将文本文件的内容读出，保存在变量 marco_txt 中。为了直观看到效果，程序在这里输出游记的前 20 个字。接下来是核心的分词工作。分词操作使用 jieba 库中的 lcut() 函数来完成。函数名中的 l 表示 list，分词完成后返回的是一个列表，其中保存着分好的一个个词汇。代码最后输出前 10 个词，从结果可以看出，jieba 库分词的结果还是很好的。

5.5.3　词频统计

有了分词结果，接下来就可以做很多统计工作了，如词频统计，查看游记第 2 卷中哪些词的出现频率比较高。如何完成这个工作呢？还是按照 IPO 建构法来进行分析。

输入：jieba 库分词后的列表。

输出：某某词，多少次；某某词，多少次；这明显是映射效果，可以使用字典。

处理：如何将输入的列表变为一个字典输出呢？列表中的词可以重复，而字典应该是一个词作为一个键，该词在列表中重复的遍数作为对应的值。所以应该遍历列表，碰到一个词就去字典中给这个词对应的次数加 1。

代码 5.36 实现了这个过程，这段代码和前面的代码 5.35 是接着的，其中的 words 变量就是分词得到的列表。

代码 5.36　根据分词结果进行词频统计

```
word_freq = {}              #保存词频的字典
for word in words:
    if len(word) == 1:      #忽略一个字的词
        continue
    else:
        word_freq[word] = word_freq.get(word,0) + 1
#按词频降序排好
word_freq_lst = list(word_freq.items())
word_freq_lst.sort(key=lambda x: x[1],reverse=True)
#输出前10个高频词
for i in range(10):
    print(f"{word_freq_lst[i][0]} : {word_freq_lst[i][1]}")
```

按照 IPO 分析，代码首先对 words 列表进行遍历，略过其中的单字词，只统计两个字及以上的词汇。代码使用了字典的 get() 方法巧妙地解决了第一次遇见某个词，但该词在字典中还未出现的情形。得到词频字典后为了更好地输出，代码将字典的所有键值对按照值的大小降序排列，最后输出前 10 个频度最高的词，结果如下。

```
他们: 344
一个: 245
大汗: 218
这里: 152
这个: 128
许多: 121
这些: 117
居民: 116
这种: 114
自己: 100
```

从结果可以看出，有很多价值不大的词出现在前面，如排在第一位的"他们"、排在第二位的"一个"等。可以将这些价值不大的词从词频字典中去掉，这其实就是停用词（Stop Words）处理。代码 5.37 在上述代码的基础上添加了去掉停用词的代码，见代码中的粗体部分。

代码 5.37　去掉停用词后的词频统计

```
word_freq = {}              #保存词频的字典
for word in words:
    if len(word) == 1:      #忽略一个字的词
        continue
    else:
        word_freq[word] = word_freq.get(word,0) + 1
```

```
#停用词表
stop_words = ("他们","一个","这里","这个","许多","这些","这种","其他","所以","可以","因为",
"这样","自己","没有","所有","我们","如果","还有","并且","同样","一种","于是","一切","经过","必须")
for stop_w in stop_words:
    del(word_freq[stop_w])    #删去停用词
#按词频降序排好
word_freq_lst = list(word_freq.items())
word_freq_lst.sort(key=lambda x: x[1],reverse=True)
#输出前 10 个高频词
for i in range(10):
    print(f"{word_freq_lst[i][0]} : {word_freq_lst[i][1]}")
```

去掉停用词后输出的词频结果如下。排名前三的是"大汗""居民""城市",而表示程度的副词"十分"排在第四位。

```
大汗: 218
居民: 116
城市: 99
十分: 94
地方: 91
军队: 66
各种: 61
美丽: 49
一样: 47
任何: 46
```

5.6 小试牛刀

本章介绍了几个高级的组合数据类型,有了它们,程序的编写将如虎添翼。很多靠单个数值变量、字符串等不易解决的问题会变得迎刃而解。下面通过几个案例来小试牛刀一下。

5.6.1 随机分配办公室

假设有 3 个办公室、8 位老师,要将老师们随机分配到办公室中,暂时不考虑办公室人数是否平衡,应该如何实现呢?

问题中的 3 个办公室、8 位老师都是一系列相互关联的数据,因此使用列表实现会比较方便。其中,每个办公室内又会有老师,因此 3 个办公室应该是一个嵌套列表,列表中的 3 个元素表示 3 个办公室,每个元素又是一个列表,用来保存分配到该办公室的老师姓名。具体实现细节如代码 5.38 所示。

代码 5.38　随机分配办公室

```
import random
#定义一个列表保存 3 个办公室,每个办公室又是一个列表
offices=[[],[],[]]
#定义一个列表存储 8 位老师的名字
names=['A','B','C','D','E','F','G','H']
for name in names:
    room_id = random.randint(0,2)    #每位老师在 3 个办公室中随机挑选一个
    offices[room_id].append(name)
```

代码 5.38　随机分配办公室

```
#输出结果
for i in range(len(offices)):
    print(f"分在办公室{i+1}的老师为",end=' ')
    room = offices[i]
    for name in room:
        print(name,end=' ')
    print(f"共{len(room)}人。")
```

代码使用函数随机生成整数 0、1、2 代表 3 个办公室。之所以选择 0、1、2 而不是 1、2、3，是因为这样可以和 offices 列表中代表 3 个办公室的子列表索引序号对应上。代码 5.38 的运行结果如下。

```
分在办公室 1 的老师为 C H 共 2 人。
分在办公室 2 的老师为 A E 共 2 人。
分在办公室 3 的老师为 B D F G 共 4 人。
```

上面的程序没有考虑每个办公室的人数的平衡，有可能一个办公室的人较多，而其他办公室的人很少。读者可以尝试完善这段代码，使各办公室的人数尽可能均衡。

5.6.2 模拟婚介

假设某婚介机构用代码 5.39 中 members 所示的复合数据结构来保存会员信息，每个会员的信息是一个字典，编号、姓名、年龄、爱好为字典的键。其中，爱好有多个，因此对应的值是一个列表。所有的会员信息放在一起又是一个大的列表——members。已知会员编号即 id 为奇数的是男生，会员编号为偶数的是女生。现在某会员输入想要查询的性别（奇数代表男生，偶数代表女生）和年龄要求，程序可以在会员数据中寻找符合要求的会员，并将其个人信息输出。

代码 5.39 模拟婚介

```
members=[
    {'id':1,'name':'张海洋','age':38,'hobby':['养鱼','书法']},
    {'id':2,'name':'李梅','age':21,'hobby':['写诗','收藏']},
    {'id':3,'name':'高松柏','age':25,'hobby':['写诗','美食']},
    {'id':4,'name':'刘兰如','age':31,'hobby':['写诗','旅游']},
    {'id':5,'name':'白山','age':27,'hobby':['写诗','旅游']},
    {'id':6,'name':'杨墨','age':26,'hobby':['舞蹈','音乐']},
    ]
sex_input = int(input("请输入性别，奇数为男生，偶数为女生："))
age_input = int(input("请输入年龄上限："))
count = 0
print("编号\t姓名\t年龄\t爱好")
for person in members:
    if (person["id"]+sex_input) % 2 == 0:      #性别符合
        if person["age"] <= age_input:         #年龄符合
            id = person["id"]                  #提取该会员的各项信息
            name = person["name"]
            age = person["age"]
            hobby = person["hobby"][0] + "、" + person["hobby"][1]
            print("-" * 50)
            print(f"{id}\t{name}\t{age}\t{hobby}")       #显示信息
            count += 1                                    #计数加 1
print(f"为您找到{count}位符合条件的会员。")
```

代码 5.39 的运行结果如下，输入奇数，年龄不超过 30，返回符合要求的 2 个会员。

```
请输入性别，奇数为男生，偶数为女生：1
请输入年龄上限：30
编号        姓名        年龄        爱好
-----------------------------------------------------
3          高松柏      25          写诗、美食
-----------------------------------------------------
5          白山        27          写诗、旅游
为您找到 2 位符合条件的会员。
```

了解这段代码的关键是，要分析清楚 members 复合数据结构是如何组织的，可以思考以下问题。

（1）如何输出第三个人的年龄？

（2）如何输出第三个人的第二项爱好？

members 是一个列表，因此第三个人即 members[2]。每个人的数据是一个字典，要想访问年龄，只需通过 age 键即可。因此问题（1）的答案是 print(members[2]["age"])，而问题（2）的答案为 print(members[2]["hobby"][1])。

厘清复合数据结构的层次关系，再来看上述代码就不难理解了。对于 members 列表中的每一个会员，首先看其 id 是不是符合性别要求。这里使用了一个小技巧，那就是只有同奇偶的两个整数之和仍为偶数，一个奇数与一个偶数之和一定为奇数。性别符合要求后再来看年龄，两个条件均符合的会员，其信息才会被输出。

5.6.3　模拟抽奖

假设某商场搞购物抽奖活动，设置有一等奖 1 名，二等奖 2 名，三等奖 4 名，纪念奖若干。抽奖规则如下：消费满 300 元可以抽 1 张奖券；满 500 元可以抽 2 张奖券；满 1000 元可以抽 3 张奖券。先来先得，抽完为止。

编写一段程序模拟有 10 位顾客排队抽奖的过程，要求给出每位顾客抽奖的结果，如果顾客中了一等奖，要特别祝贺。如果奖券池中的奖券数量不足该顾客应抽的数量，则应给出抱歉说明。

首先要解决使用什么数据结构来实现奖券池的问题。有一系列奖券，某张奖券被抽走后就要从奖券池中去除，因此使用列表比较方便，列表有多种删除元素的方法。至于顾客从奖券池中抽取的环节则可以使用第 3 章介绍的 random 库中的 sample() 函数来实现。另外，每位顾客抽取前要判断奖券池中剩余的奖券是否还够，每位顾客抽取完毕后要将其抽中的奖券从池中删除。最终的实现细节如代码 5.40 所示。

代码 5.40　模拟抽奖

```python
import random
lottery=['一等奖',
         '二等奖','二等奖',
         '三等奖','三等奖','三等奖','三等奖',
         '纪念奖','纪念奖','纪念奖','纪念奖','纪念奖','纪念奖']
for i in range(1,11):                        #10 位抽奖顾客
    lottery_num = len(lottery)               #每位顾客抽奖前的奖券数量
    if lottery_num == 0:
        print("抽奖已结束，欢迎下次参与。")
        break
    money = float(input(f"顾客{i}的消费金额："))
    try_num = 0                              #当前顾客可抽奖的次数
```

```
        if money < 300:
            print("不好意思，满300元才有抽奖资格。\n")
            continue
        elif 300 <= money < 500:
            try_num = 1
        elif 500 <= money < 1000:
            try_num = 2
        else:
            try_num = 3
        if lottery_num < try_num:                      #剩余奖券够不够
            print(f"您可抽{try_num}张奖券，但只剩{lottery_num}张，很抱歉。")
            try_num = lottery_num
        lottery_got = random.sample(lottery,try_num)   #抽奖
        big = False                                    #是否一等奖的标志
        print(f"您抽了{try_num}张奖券，分别是：",end="")
        for lot in lottery_got:
            print(lot,end="; ")
            lottery.remove(lot)                        #移除奖券
            if lot == '一等奖':
                big = True
        if big:
            print("您中了一等奖! 运气太好了! ",end="")
        print("\n")
```

程序运行后，输入各种消费金额，模拟各种场景，结果如下。

顾客1的消费金额：260
不好意思，满300元才有抽奖资格。

顾客2的消费金额：350
您抽了1张奖券，分别是：三等奖；

顾客3的消费金额：560
您抽了2张奖券，分别是：二等奖；纪念奖；

顾客4的消费金额：824
您抽了2张奖券，分别是：三等奖；纪念奖；

顾客5的消费金额：1430
您抽了3张奖券，分别是：纪念奖；纪念奖；一等奖；您中了一等奖! 运气太好了!

顾客6的消费金额：1200
您抽了3张奖券，分别是：三等奖；二等奖；纪念奖；

顾客7的消费金额：2430
您可抽3张奖券，但只剩2张，很抱歉。
您抽了2张奖券，分别是：三等奖；纪念奖；

抽奖已结束，欢迎下次参与。

5.6.4 谁是天际社交达人

2022 年 11 月 30 日,随着神舟十五号 3 名航天员顺利进驻中国空间站,两个航天员乘组共 6 名航天员首次实现"太空会师",中国空间站进入长期有人驻守阶段。从 1992 年我国决定正式实施载人航天工程到 2022 年中国空间站 T 形构造完成,三十载春秋,足够一名大学生成长为大学生的父母。在这漫长的岁月中,中国航天人脚踏实地,说到做到,一步一个脚印地将载人航天事业发展壮大,成为世人瞩目的亮点。神舟飞船从无人到有人,从一人到三人。在这个过程中,一大批优秀的航天员脱颖而出。他们中有人和不同的队友多次组队完成载人航天任务。表 5.2 列出了截至 2022 年年底的历次神舟载人飞船的乘组名单。

表 5.2 神舟载人飞船乘组名单

飞船	乘组名单
神舟五号	杨利伟
神舟六号	费俊龙、聂海胜
神舟七号	翟志刚、刘伯明、景海鹏
神舟九号	景海鹏、刘旺、刘洋
神舟十号	聂海胜、张晓光、王亚平
神舟十一号	景海鹏、陈冬
神舟十二号	聂海胜、刘伯明、汤洪波
神舟十三号	翟志刚、王亚平、叶光富
神舟十四号	陈冬、刘洋、蔡旭哲
神舟十五号	费俊龙、邓清明、张陆

如果将航天员用节点表示,同组航天员之间的关系为节点之间的线段,那么表 5.2 所体现的同组关系可以用图 5.2 来表示。

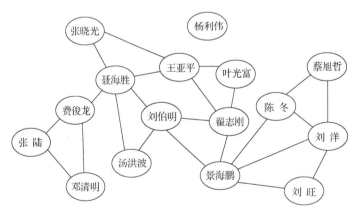

图 5.2 航天员同组关系图

其实更广泛的人与人之间的社交关系、铁路网络中站点之间的关系等均可使用类似的图来描述。图是计算机科学中非常常见的一种数据结构,图中节点之间的连接可以是无向的也可以是有向的,还可以被赋予不同的权重。这个例子中节点间的连接表示同组关系,而甲与乙同组和乙与甲同组是一回事,因此连接应该是无向的。

如果将同组的航天员之间看成一种高达天际的社交关系，那么可以基于这个图统计哪位航天员是天际社交达人，即一同飞天的队友最多。要解决这个问题，首先面临的是图如何在代码中实现。其实字典就是实现图的一个很好的方式。如代码5.41所示，字典的键为航天员的名字，对应的值为一个列表，保存该航天员历次飞天时同组的队友姓名。因此图中的节点变为字典的键，每个节点的连接变为字典的值。要想知道哪位航天员飞天的同组队友最多，只需遍历这个字典，找到对应列表长度最大的航天员即可。

代码5.41 谁是天际社交达人

```python
social_graph = {"杨利伟": [],
                "费俊龙": ["聂海胜","邓清明","张陆"],
                "聂海胜": ["费俊龙","张晓光","王亚平","刘伯明","汤洪波"],
                "翟志刚": ["刘伯明","景海鹏","王亚平","叶光富"],
                "刘伯明": ["翟志刚","景海鹏","聂海胜","汤洪波"],
                "景海鹏": ["翟志刚","刘伯明","刘旺","刘洋","陈冬"],
                "刘旺": ["景海鹏","刘洋"],
                "刘洋": ["景海鹏","刘旺","陈冬","蔡旭哲"],
                "张晓光": ["聂海胜","王亚平"],
                "王亚平": ["聂海胜","张晓光","翟志刚","叶光富"],
                "陈冬": ["景海鹏","刘洋","蔡旭哲"],
                "汤洪波": ["聂海胜","刘伯明"],
                "叶光富": ["翟志刚","王亚平"],
                "蔡旭哲": ["陈冬","刘洋"],
                "邓清明": ["费俊龙","张陆"],
                "张陆": ["费俊龙","邓清明"]}

most_social_persons = []          #保存同组队友最多的航天员,可能会有多位并列
most_social_links = 0             #记录最多连接数量
for person,links in social_graph.items():
    current_links = len(links)                      #links 是一个列表
    if current_links > most_social_links:           #当前节点连接数超过之前所有节点
        most_social_links = current_links
        most_social_persons.clear()                 #之前的候选节点都无效,被清空
        most_social_persons.append(person)          #当前节点暂为连接数最多的节点
    elif current_links == most_social_links:         #节点连接数的最大值出现并列
        most_social_persons.append(person)

print("同组队友最多的航天员是: ",end="")
for p in most_social_persons:
    print(p,end=" ")
print(f"\n各自拥有{most_social_links}名同组队友。")
```

代码首先预备了两个变量，其中 most_social_persons 变量用来保存同组队友数最多的航天员，因为可能会有多个航天员并列，所以该变量是一个列表。另外一个是记录最大连接数即同组队友的最大数量的变量 most_social_links。而后代码调用字典的 items() 方法得到所有的键值对，对每一个键值对测量其值也就是列表的长度，如果该长度大于当前记录的最大值，则当前航天员的同组队友数量超过了之前的所有航天员，因此要将列表 most_social_persons 清空，将这名航天员记录到 most_social_persons 列表中。如果当前键值对应的列表长度等于 most_social_links，则意味着出现并

列情形，多名航天员都拥有当前最大连接数量。此时之前添加到 most_social_persons 列表中的航天员无须清空，只需将当前的航天员添加到列表即可。代码 5.41 的运行结果如下。

同组队友最多的航天员是：聂海胜 景海鹏
各自拥有 5 名同组队友。

5.7 拓展实践：让机器理解文章的相似性

5.7.1 文本的精确比对

判断两段文本是否一模一样，是计算机很擅长的，只需判断这两段文本是否相等即可。当然，英语有大小写之分，汉字也有繁简体之别。如果两篇英文文章内容相同只是大小写不一样，在人看来应该是一样的。计算机处理只有大小写之别的英文文本也不难，字符串有 upper() 和 lower() 方法，可以进行大小写转换。只需将两段文本均转换为小写或转换为大写再比较即可，如代码 5.42 所示。

代码 5.42 文本的精确比对

```
doc_1 = "Do I have a twin brother?"
doc_2 = "do I have a TWIN brother?"
if doc_1.lower() == doc_2.lower():
    print("这两篇文章文字内容一样")
else:
    print("这两篇文章文字内容不一样")
```

汉语的繁简体处理要麻烦一些，但也有成熟的繁简体转换工具，可将两段中文文本都转换为简体再进行比较。

但是如果两段文本的区别不只限于大小写、繁简体，在文字内容上也不完全一致，该如何衡量两段文本的相似性呢？

5.7.2 相似性与散点图

要衡量文章 A 和文章 B 的相似程度，判断两篇文章是风马牛不相及，还是说的同一个话题，甚至是完全雷同，对于计算机来说并不是一件容易做到的事。如果有 3 篇文章，文章 A 是和文章 B 更相似，还是和文章 C 更相似呢？这些问题计算机之所以不好回答，是因为计算机面对的第一个难题是什么是相似。

"相似"这个词我们觉得很好理解，但实际上是一个很模糊的词。数学上两个三角形相似有确定的规则，有明确的定理去判断。但两篇文章的相似有什么标准呢？如何认定？计算机只会计算，人类的一切工作要想让计算机来完成，第一步就要将问题可计算化。因此接下来的问题是如何将衡量两篇文章相似性的问题可计算化。在人们构思出的多种方法中，有一个方法简单易行，效果也不错，那就是使用散点图来衡量文章之间的相似性。

在衡量两个量之间的关系时，散点图是一个行之有效的方法。在散点图中，横轴代表一个量 x，纵轴代表另外一个量 y。在 x 和 y 相对应的位置（x,y）处画一个点，众多的点就可以体现出 x 与 y 整体上是什么样的关系。

在衡量两篇文章的相似性的情景中，两段文本就是两个量。可以用横轴代表文章 A，纵轴代表文章 B。需要细致思考一下横轴、纵轴的刻度是什么，文章的相似肯定和两篇文章的用字有关，因此可以将两篇文章的用字摆在刻度上。假设文章 A 有 200 个字，那么横轴就有 200 个刻度，第一个刻度代表文章 A 开篇的第一个字，第二个刻度代表文章 A 的第二个字，以此类推；同样的，如果文章 B 有 260 个字，那么纵轴就有 260 个刻度。然后就是关键之处了。如果横轴上的刻度 x 和纵轴上的刻度 y 是同一个字，则就在 (x,y) 这个位置画一个点。将文章 A 的每一个字和文章 B 的每一个字都比对一遍，在坐标系中绘出所有这样的点，就得到了这两篇文章的相同用字的散点图。这个散点图就是计算机看待两篇文章相似性的一个视角。

5.7.3 散点图的实现

1. 只比较相同位置的字

首先从比较简单的情况做起，只考虑两篇文章的相同位置上的字是否相同。这样做也有利于把问题从两篇文章精确匹配逐步过渡到两篇文章略有差别。

（1）第一种情形：两篇文章一字不差。

如果两篇文章一模一样，一字不差。那么它们就会在每一个位置上都有相同的字，而且各自的总字数也一致。因此不难想象，这样的两篇文章的相似性散点图应该是坐标系内的一条对角线，如图 5.3 所示。

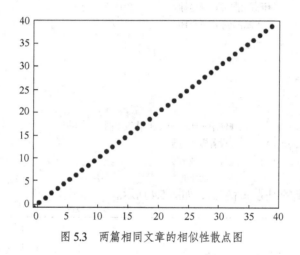

图 5.3　两篇相同文章的相似性散点图

《诗经》是我国古典诗词的源头，有很多古朴、纯美的诗篇，《鹿鸣》就是其中非常有名的一篇。代码 5.43 以这首古诗的片段作为素材，演示了完全相同的两篇文章的相似性散点图。

代码 5.43　只比较相同位置的字：完全相同的两篇文章

```
import matplotlib.pyplot as plt

doc_a = "呦呦鹿鸣，食野之苹。我有嘉宾，鼓瑟吹笙。吹笙鼓簧，承筐是将。人之好我，示我周行。"
doc_b = doc_a

x = []                          #记录相同字的横坐标
y = []                          #记录相同字的纵坐标
for ix in range(len(doc_a)):
    if doc_a[ix] == doc_b[ix]:
        x.append(ix)
        y.append(ix)

plt.scatter(x,y)                #使用matplotlib作散点图
```

```
plt.xlim(0,len(doc_a))    #设置横轴刻度
plt.ylim(0,len(doc_b))    #设置纵轴刻度
plt.show()
```

代码预备两个列表分别保存要绘制的点的横纵坐标。从两篇文章的第一个字开始，逐字比较，凡是用字相同的位置都记录下来，最后使用绘图库绘制散点图。代码 5.43 的运行结果就如图 5.3 所示。

（2）第二种情形：两篇文章毫无关系。

如果两篇文章完全不相干，不要说相同位置上出现相同的字，就是通篇有相同用词的概率都很低，所以往往一个点都画不出来，如下面的代码 5.44 所示。

代码 5.44　只比较相同位置的字：两篇无关的文章

```
import matplotlib.pyplot as plt

doc_a = "呦呦鹿鸣，食野之苹。我有嘉宾，鼓瑟吹笙。吹笙鼓簧，承筐是将。人之好我，示我周行。"
doc_b = "《三体》是刘慈欣创作的系列长篇科幻小说，小说凭借宏大的构思，超乎寻常的想象力赢得了全世界的喜爱。"

x=[]                      #记录相同字的横坐标
y=[]                      #记录相同字的纵坐标
for ix in range(len(doc_a)):
    if doc_a[ix] == doc_b[ix]:
        x.append(ix)
        y.append(ix)

plt.scatter(x,y)          #使用matplotlib作散点图
plt.xlim(0,len(doc_a))    #设置横轴刻度
plt.ylim(0,len(doc_b))    #设置纵轴刻度
plt.show()                #显示所作的图
```

这段代码绘制出来的图是一片空白，如图 5.4 所示。

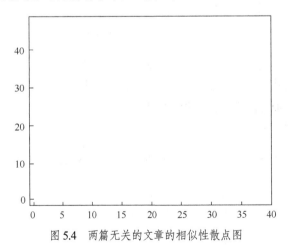

图 5.4　两篇无关的文章的相似性散点图

（3）第三种情形：两篇文章少部分位置有差异。

如果两篇文章在个别位置用字有差异，则对角线形散点图会有"缺口"，这些缺口对应的刻度就是两篇文章中用字不相同的地方。下面代码 5.45 中的两段文字从内容上可以说是一致的，但在具体用词上个别地方有差异。代码 5.45 的运行结果如图 5.5 所示。

代码 5.45　只比较相同位置的字：两篇略有差异的文章

```
import matplotlib.pyplot as plt

doc_a = """我思故我在，意思是我唯一可以确定的事就是我自己思想的存在，因为我在思考在怀疑的时候，肯定有
一个执行"思考"的"思考者"，这个作为主体的"我"是不容怀疑的。"""
doc_b = """我思故我在，说的是我唯一可以确定的事就是我自己思想的存在，当我在思考、在怀疑的时候，肯定有
一个执行"思考"的"思考者"，这个作为主体的"我"是不容怀疑的。"""

x=[]                       #记录相同字的横坐标
y=[]                       #记录相同字的纵坐标
for ix in range(len(doc_a)):
    if doc_a[ix] == doc_b[ix]:
        x.append(ix)
        y.append(ix)

plt.scatter(x,y)           #使用matplotlib作散点图
plt.xlim(0,len(doc_a))     #设置横轴刻度
plt.ylim(0,len(doc_b))     #设置纵轴刻度
plt.show()                 #显示所作的图
```

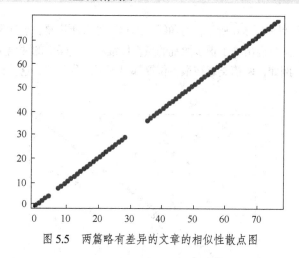

图 5.5　两篇略有差异的文章的相似性散点图

　　两篇内容含义完全一致的文章，相似性散点图却出现很多"断档"之处。由此可见，只比较相同位置上用字是否相同是不够的。人类的语言很灵活，不同措辞可以表达相同的意思，字数也完全可以不一样，为了更好地衡量文章之间的相似性，需要比较更大范围内的用字是否相同。

2．比较所有的字

　　这种方案拿出了机器的"笨劲"，把文章 A 的每一个字和文章 B 的每一个字进行比较。也就是说，当横轴刻度位于文章 A 的第一个字时，要把文章 B 的所有字都比对一遍，凡是和文章 A 的第一个字相同的都要画一个点，这样一来，横轴第一个刻度所在的这一列上有可能会出现多个点。然后横轴移到文章 A 的第二个字处，再次和文章 B 的所有文字进行比较。以此类推，很明显，这是一个双重循环。

　　代码具体实现时，使用了双 for 循环。外层的 for 循环每循环一次，文章 A 移动一个字。而当外层循环停在某个字时，内层循环都要从文章 B 的第一个字循环到最后一个字。在这个例子中，两篇文章的字数未必一样，如代码 5.46 所示。

代码 5.46　两篇文章的所有字都比较

```python
import matplotlib.pyplot as plt

doc_a = """我思故我在，意思是我唯一可以确定的事就是我自己思想的存在，因为我在思考在怀疑的时候，肯定有
一个执行"思考"的"思考者"，这个作为主体的"我"是不容置疑的。"""
doc_b = """我思故我在，说的是我唯一可以确定的事就是我自己思想的存在，当我在思考、在怀疑的时候，肯定有
一个执行"思考"的"思考者"，这个作为主体的"我"是不容怀疑的。"""

x = []
y = []
for ix_a in range(len(doc_a)):
    for ix_b in range(len(doc_b)):
        if doc_a[ix_a] == doc_b[ix_b]:
            x.append(ix_a)
            y.append(ix_b)

plt.scatter(x,y)
plt.xlim(0,len(doc_a))
plt.ylim(0,len(doc_b))
plt.show()
```

代码 5.46 的运行结果如图 5.6 所示，对角线"断档"处有所恢复，说明不辞辛苦地比对所有的字还是有用的。但与此同时也出现了很多散乱的点，仔细看看代码中的两篇文章的原文，不难明白为什么会出现这些点。例如，两篇文章在很多位置都出现了"我"字，这些位置对应的坐标处一定会出现点。

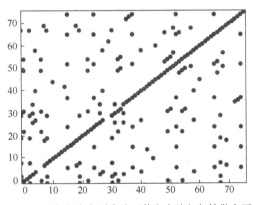

图 5.6　比较所有字形成的两篇文章的相似性散点图

图中散乱的点说明，将所有的字都比对的做法在带来好处的同时也带来了一些问题。下面的代码 5.47 更能说明问题。很明显，代码中的文章 B 其实都不是一篇有意义的文章，只是重复出现了文章 A 中的几个字。但绘制出的散点图还是出现了很多代表相似性的点，有些点很密集，以至连成了线。

代码 5.47　比较所有字带来的弊端

```python
import matplotlib.pyplot as plt

doc_a = """我思故我在，意思是我唯一可以确定的事就是我自己思想的存在，因为我在思考在怀疑的时候，肯定有
一个执行"思考"的"思考者"，这个作为主体的"我"是不容置疑的。"""
```

```
doc_b = """我我我我我我我在，事在在在在在在思想怀疑我我我我我思思思思思思思思思我我我我我
我我我我我我我。"""

x = []
y = []
for ix_a in range(len(doc_a)):
    for ix_b in range(len(doc_b)):
        if doc_a[ix_a] == doc_b[ix_b]:
            x.append(ix_a)
            y.append(ix_b)

plt.scatter(x,y)
plt.xlim(0,len(doc_a))
plt.ylim(0,len(doc_b))
plt.show()
```

代码 5.47 的运行结果如图 5.7 所示，两篇没有关联的文章其相似性散点图会出现很多点，会给人两篇文章相似性较高的错觉。

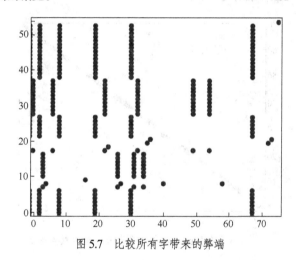

图 5.7 比较所有字带来的弊端

3. 使用 n-gram 模型

如何去掉图 5.6 中散乱的点呢？一种容易想到的手段就是在对比两篇文章之前，先把各自的一些常用、但其实没太大大价值的字去掉，如代码 5.46 中的 "我" 字。汉语中还有很多这样的字，如 "了" "啊" "哎" 等，英语中则如 "this" "is" "to" 等。但仅仅去掉这些字词还是不够的，前面的做法很大的不足是只比较单个的字（英文是单个的单词）是否相同。单个字相同的说服力还是有限的，如果连续几个字都相同，那么对文章相似性的判断会更给力，这就是 n-gram 模型，也就是说在 n-gram 模型中会考查连续的 n 个字是否相同。至于 n 到底是多少，由设计算法的人来决定。代码 5.48 尝试了 n 为 3 的 n-gram 的模型，最后的相似性散点图中大量的干扰点都被去掉了。

代码 5.48 使用 n-gram 模型判断相似性

```
import matplotlib.pyplot as plt

doc_a = """我思故我在，意思是我唯一可以确定的事就是我自己思想的存在，因为我在思考在怀疑的时候，肯定有
一个执行 "思考" 的 "思考者"，这个作为主体的 "我" 是不容怀疑的。"""
doc_b = """我思故我在，说的是我唯一可以确定的事就是我自己思想的存在，当我在思考、在怀疑的时候，肯定有
```

一个执行"思考"的"思考者"，这个作为主体的"我"是不容怀疑的。"""

```
n_gram = 3
x = []
y = []
for ix_a in range(len(doc_a)):
    for ix_b in range(len(doc_b)):
        if doc_a[ix_a:ix_a+n_gram] == doc_b[ix_b:ix_b+n_gram]:
            x.append(ix_a)
            y.append(ix_b)

plt.scatter(x,y)
plt.xlim(0,len(doc_a))
plt.ylim(0,len(doc_b))
plt.show()
```

代码 5.48 的运行结果如图 5.8 所示，这段代码的两篇示例文章和代码 5.46 是相同的，但散点图却大不一样，可以和图 5.6 仔细对比一下。

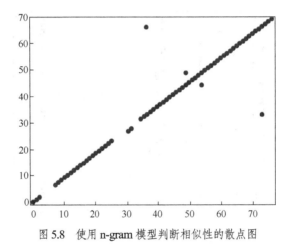

图 5.8　使用 n-gram 模型判断相似性的散点图

将 n-gram 模型用在代码 5.47 中毫无意义的文章 B 上，文章 B 就会"原形毕露"，散点图可以表明它和文章 A 没有什么相似性，如代码 5.49 所示。

代码 5.49　使用 n-gram 模型判断无关联文章的相似性

```
import matplotlib.pyplot as plt

doc_a = """我思故我在，意思是我唯一可以确定的事就是我自己思想的存在，因为我在思考在怀疑的时候，肯定有一个执行"思考"的"思考者"，这个作为主体的"我"是不容怀疑的。"""
doc_b = """我我我我我我我在，事在在在在在在在思想怀疑我我我我我思思思思思思思思我我我的思思思思思思思思思我我我我我我我我我我我。"""

n_gram = 3
x = []
y = []
for ix_a in range(len(doc_a)):
    for ix_b in range(len(doc_b)):
```

```
            if doc_a[ix_a:ix_a+n_gram] == doc_b[ix_b:ix_b+n_gram]:
                x.append(ix_a)
                y.append(ix_b)

plt.scatter(x,y)
plt.xlim(0,len(doc_a))
plt.ylim(0,len(doc_b))
plt.show()
```

代码 5.49 的运行效果如图 5.9 所示，文章 B 无法再靠无意义地重复文章 A 中的字来提高相似性了。

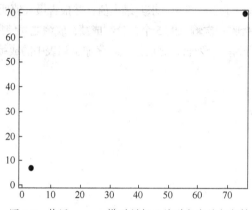

图 5.9　使用 n-gram 模型判断无关联文章的相似性

5.7.4　自然语言处理与人工智能

判断两篇文章的相似性其实是一个自然语言处理的问题。让计算机理解人类语言还有很多工作要做，这个研究领域被称为自然语言处理。Python 在这个领域有一个有名的工具包——NLTK（Nature Language Tool Kit）。自然语言处理是目前以机器学习、深度学习为代表的人工智能技术的一个主要的应用领域。

自然语言处理技术的目标是让人以自然语言和计算机沟通，如智能音箱；可以进行自然语言的翻译，可以给视频配字幕，甚至进行同声传译；可以让计算机以人类的语言写作，如撰写新闻稿等。如果将自然语言处理和计算机视觉结合起来，还会有很多好玩的东西。例如，让计算机为大量的照片自动生成文字描述，或者给计算机一段文字描述，让机器根据描述生成一张符合文字意境的图片等。

从判断文章相似性的例子可以感受到，计算机做一件"智能"的事和人类以为做这件事需要的"智能"是两回事。机器通过散点图可以判断文章的相似性，但它使用的方法和人类判断两篇文章相似性的过程大相径庭。人们可能会说，机器完全不懂两篇文章在说什么，甚至都不知道"相似"的真正含义。它只是根据一个枯燥的计算方法得出一个或若干个指标，然后根据指标做出判断。机器没有情感，没有意识，但能解决问题。

本章小结

本章重点讲解了列表与字典等组合数据类型，介绍了如何遍历它们，以及其内部元素的增、删、改、查等常用操作，并通过实际案例演练了这些知识的运用。在 Python 生态系统环节介绍了著名的中文分词库 jieba。

思考与练习

1. 完善小试牛刀中分配办公室的案例，使人数分配得尽可能均匀。

2. 假设一个元组中保存有若干人的身高，编写程序统计每个身高值出现的次数。

3. 假设有 5 位比赛选手，名字为 A、B、C、D、E，名字保存在一个列表中。编写程序，利用 random 库模拟抓阄过程，随机决定 5 位选手的出场次序。

4. 假设有列表 numbers = [1,3,−7,9,4]，求其最大值，并报告最大值所在的位置。

5. 编写程序，从键盘接收一次输入的 5 个百分制成绩，成绩之间使用英文逗号分隔。然后将收到的成绩字符串按逗号拆分为一个列表，之后按照降序输出列表中的成绩。

第6章 函数

学习目标

- 理解函数的概念与意义。
- 掌握函数的定义与调用过程。
- 理解函数的参数与返回值。
- 理解变量的作用域。
- 理解递归思想。
- 了解 time 库的使用方法。

在前面已经介绍了很多 Python 内置的函数，如 print()、input()、len()等。这些函数在需要时即可随时调用，为程序的编写带来很大的便利。但内置的函数毕竟数量有限，而且主要面向通用问题。在解决具体的实际问题时，程序员能不能编制自己的函数，从而进一步利用函数的优势提升程序的质量呢？答案当然是肯定的，本章就来介绍如何定义及使用函数。

6.1 函数的定义和调用

6.1.1 函数的定义

在第 1 章介绍 turtle 库时，代码 1.8 绘制了一个彩色的螺旋。现将代码 1.8 附在下方。当时这段代码中的一些细节没有正式介绍，现在回过头来重读这段代码，对其中的所有细节，尤其是列表与模运算的运用，应该都会比较清楚了。

代码 1.8　绘制彩色螺旋

```python
import turtle
t = turtle.Turtle()
t.speed(0)                        #速度设为最快
colors = ["red","yellow","green"] #这是一个颜色盒
for x in range(20,100):           #循环
    t.pencolor(colors[x % 3])     #在 3 个颜色中挑一个
    t.circle(x)                   #以 x 为半径画个圆
    t.left(10)                    #左转 10°
t.getscreen().exitonclick()
```

第 1 章提到，左转不同的度数代码会得到不同的图案。既然如此，可以将绘制图案的一般逻辑

提取出来，编写为一段代码，但不限定左转度数，而是等到后期具体绘制时再指定度数，根据指定的度数不同，同一段代码可以绘制出不同的图案。这段代表绘制逻辑的代码就是一个函数，如代码6.1所示。

代码6.1 函数的定义

```
import turtle

#定义函数
def draw_circles(t,degree):        #括号内为参数：t为小海龟，degree为左转度数
    colors = ["red","yellow","green"]
    for x in range(20,100):
        t.pencolor(colors[x % 3])    #在3个颜色中挑一个
        t.circle(x)
        t.left(degree)              #左转相应的度数


artist = turtle.Turtle()
artist.speed(0)
#通过函数名调用函数
draw_circles(t=artist,degree=120)
#draw_circles(artist,130)          #简略写法
artist.getscreen().exitonclick()
```

代码6.1　函数的
定义

上述代码中使用 def 关键字定义了一个函数，名称为 draw_circles(t,degree)，括号内的两个变量是函数的参数。参数为函数工作提供了必要的数据，如这里的函数 draw_circles() 要想工作的话，就必须提供一个绘图的小海龟，以及绘制过程中左转的度数两个信息。有了这两个信息，函数内部的代码就可以完成绘制工作了。那么什么时候为函数提供这些参数的值呢？答案是调用的时候。代码6.1在创建了一个具体的小海龟后，通过函数名调用 draw_circles() 函数，并为两个参数提供了值。在参数传值时可以明确指明参数与值的对应关系，也可以如代码中注释所示的简略写法一样，通过位置来表明参数与值的对应关系。

下面总结一下函数的使用流程。在 Python 中，函数要先定义后调用。函数的定义使用 def 关键字来完成，def 之后是函数名，后续调用函数时就通过这个名称来完成。函数名之后是括号，其内可以有参数，但参数不是必需的，不是所有的函数都需要参数，如 random() 函数。def 所在行的行尾要有冒号，之后是缩进的函数体，也就是实现函数功能的具体代码。因此一个函数在定义时必须写明函数名、括号（即使没有参数，括号也要有）、函数体。如果需要参数，要在括号内指明，有的函数还会有返回值。调用函数比较简单，通过函数名即可，如果函数有参数，则按要求传递参数的值。

6.1.2　函数的意义

有的读者会觉得，直接修改代码 1.8 中的左转度数同样可以达到绘制不同图案的目标，为什么要定义一个函数，再在调用时传递不同的度数呢？因此学习函数的另外一个重要问题是要理解编程中为什么要引入函数，函数有什么意义、价值。一言以蔽之，函数可以实现代码复用，让程序结构更清晰，实现模块化。

为了更好地理解函数的价值，可以回顾一下第 3 章小试牛刀中的《少年中国说》案例。该案例中有绘制长城的代码，仔细观察会发现，无论是烽火台还是城墙，都有一系列的垛口要绘制。而绘制垛口的代码逻辑是完全一致的，只是为了表现近大远小的透视效果，垛口的尺寸有所区别。既然如此，可以将绘制垛口的代码提取出来，定义为一个函数，然后在需要绘制垛口的地方多次调用即

可，如代码6.2所示。

代码6.2　函数的意义

```python
import turtle

turtle.setup(0.8,0.5,100,100)
turtle.setworldcoordinates(-500,-250,500,250)
t = turtle.Turtle()
t.speed(0)
t.pensize(2)
t.penup()
t.goto(-500,50)
t.setheading(0)
t.pendown()

def draw_walls(size):          #绘制垛口的函数
    t.forward(size)            #size越大,垛口越宽
    t.right(90)
    t.forward(size)
    t.left(90)
    t.forward(size/2)
    t.left(90)
    t.forward(size)
    t.right(90)

for i in range(2):             #第一个烽火台
    draw_walls(10)             #调用绘制垛口的函数,size为10
t.forward(5)
t.right(90)
t.forward(40)                  #第一个烽火台结束

t.setheading(0)
for i in range(15):            #绘制城墙
    if i <= 10:
        t.setheading(360 - 4*i)
    else:
        t.setheading(300 + 2*i)
    draw_walls(10)             #调用绘制垛口的函数,size为10
t.forward(5)
t.setheading(90)              #第二个烽火台
t.forward(20)
t.setheading(0)
for i in range(2):
    draw_walls(8)             #调用绘制垛口的函数,size为8
t.forward(5)
t.right(90)
t.forward(40)

t.hideturtle()
```

代码 6.2 的运行结果与第 3 章中的并没有区别，但程序会简短一些。程序将绘制一个小垛口需要的小海龟前进、转向等一系列动作定义为一个函数 draw_walls(size)，其中的参数 size 表示垛口的宽度。这样无论是绘制两个烽火台，还是中间的一段城墙，都需要绘制一系列的垛口，只需根据尺寸大小调用这个函数即可。

像绘制垛口这样的相对独立的任务，而且有多次重复使用的需求，特别适合将其定义为一个函数，然后重复调用即可。因为完成这个工作的代码只在函数内写了一遍，其他地方都是调用这个函数，将来代码需要升级修改时也会比较方便。

对于更加复杂的程序，如果将程序拆解为若干个功能，每个功能由一个或多个函数来完成，这样整个程序就变得模块化了。将来某个功能的业务逻辑发生了变化，只需修改对应的函数即可。而且只要函数名和参数没有变化，修改函数内部代码是不影响函数的调用的。这就像银行自动柜员机外部界面没有变化，只是更新了内部点钞模块，这对自动柜员机的使用没有影响，无须通知使用柜员机的人。

6.1.3 函数的调用

Python 中的函数一定是先定义后调用，不能调用一个不存在的函数。因此在代码执行的时间线上，定义函数的代码要发生在调用该函数的代码之前。下面的代码 6.3 就弄反了函数定义与调用的时间线先后关系，因此会报错。

代码 6.3　函数要先定义后调用

```python
import turtle
import math

turtle.setworldcoordinates(-1,-1,1,1)
t = turtle.Turtle()
t.speed(0)
print("代码根据输入的自然数 n 绘制花瓣")
print("如果 n 为奇数则绘制 n 个花瓣，如果 n 为偶数则绘制 2n 个花瓣")
n_petal = int(input("请输入自然数 n: "))
#对函数的调用发生在函数定义之前,会报错
draw_flower(n_petal)          #NameError: name 'draw_flower' is not defined

def draw_flower(n):
    delta = 2 * math.pi / 500
    for i in range(501):
        theta = i * delta
        r = math.sin(n * theta)
        x = r * math.cos(theta)
        y = r * math.sin(theta)
        t.penup()
        t.goto(x,y)
        t.pendown()
        t.dot()
```

上述代码在调用 draw_flower() 函数时报错，提示错误原因是 draw_flower() 没有定义。之所以发生这种错误，是因为 Python 是解释型语言，因此在调用 draw_flower() 函数的代码时，Python 解释器完全不知晓定义该函数代码的存在。只要调整函数定义与调用的顺序，变为代码 6.4 所示的形式就

没有问题了。

代码6.4　绘制一定数量的花瓣

```
import turtle
import math

turtle.setworldcoordinates(-1,-1,1,1)
t = turtle.Turtle()
t.speed(0)

def draw_flower(n):                      #定义函数在前
    delta = 2 * math.pi / 500            #[0,2π]分成500份
    for i in range(501):
        theta = i * delta                #theta从0递增到2π
        r = math.sin(n * theta)          #用来绘制花瓣的函数
        x = r * math.cos(theta)          #将极坐标换算为直角坐标
        y = r * math.sin(theta)
        t.penup()
        t.goto(x,y)                      #定位到直角坐标位置
        t.pendown()
        t.dot()                          #画一个点

print("代码根据输入的自然数n绘制花瓣")
print("如果n为奇数则绘制n个花瓣，如果n为偶数则绘制2n个花瓣")
#调用1：参数值保存在变量中
n_petal = int(input("请输入自然数n："))
draw_flower(n_petal)                      #调用函数在后

#调用2：参数值直接用常数给出
#draw_flower(5)
```

输入自然数6后，代码绘制的花瓣效果如图6.1所示。

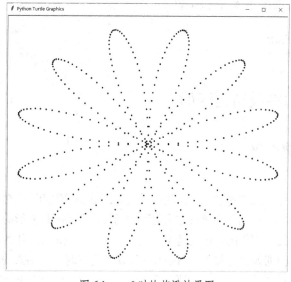

图6.1　n=6时的花瓣效果图

对于有参数的函数，调用时要注意参数与传递的值的对应。如果没有明确指明哪个值是为哪个参数预备的，那么顺序是很重要的，参数值会按照顺序传递给对应的参数。另外，传递给参数的值可以是另外一个变量，如代码 6.4 中的第一种调用形式；也可以是一个直接写出的常数值，如代码 6.4 中的第二种调用形式。如果是将变量的值传递给函数的参数，二者的名称是否相同并不重要，如上述代码将变量 n_petal 的值传递给函数参数 n，二者的名称就不相同。

6.1.4 函数的帮助信息

Python 内置的 help()函数可以查看其他函数的帮助信息，如想了解 print()函数的详细信息，则可以使用 help(print)来查看其帮助信息。help()函数之所以能将 print()函数的帮助信息显示出来，前提当然是 print()函数确实有帮助信息。那如何给出函数的帮助信息呢？很简单，只需在函数体的开始位置给出描述函数功能的字符串即可，如代码 6.5 所示。

代码 6.5 自定义函数的帮助信息

```
def tri_area(long,height):
    """函数功能：已知底和高，计算三角形的面积。
        long:     三角形的底
        height：  三角形的高
    """
    area = 0.5 * long * height
    print("所求三角形的面积: ",area)


help(tri_area)     #使用 help 查看函数说明
tri_area(2,3)      #调用函数求三角形的面积
```

一般函数的帮助信息字符串使用三引号给出，这是因为三引号允许字符串换行，可以保留字符串中的空白，这样会比较美观。有了这个帮助信息，即可使用内置的 help()函数来查看自定义的函数帮助了，代码 6.5 的运行结果如下。

```
Help on function tri_area in module __main__:

tri_area(long,height)
    函数功能：已知底和高，计算三角形的面积。
    long:      三角形的底
    height:    三角形的高
所求三角形的面积: 3.0
```

6.2 函数的参数与返回值

6.2.1 深入理解参数

1．参数的意义

函数的本质其实就是完成相对独立功能的一段代码，很多时候调用者在使用这段代码时需要提供一些必要的信息。例如，调用一个求长方形面积的函数，需要将长方形的长和宽传递给该面积函数，否则该面积函数是无法工作的。也就是说，这些信息是函数正常工作的前提，在执行函数体内的代码时，这些前提信息必须是已知的。可是在书写函数定义时，对函数的调用还没有发生，自然也没有调用者传递这些前提信息给函数。那怎么办呢？这就是函数参数的存在价值。参数是函数预

备的变量容器，将来调用函数时，参数用来接收调用者传递进来的必要信息。而在书写函数定义阶段，虽然调用还没有发生，这些参数变量还没有具体的值，但可当作参数的值都已具备，在这种情形下函数该如何工作，函数体内的代码就如何书写即可。

为了便于理解，可以把函数想象成一个封好了的盒子，如银行的自动柜员机。参数是函数的输入，相当于柜员机的插卡口、触摸屏等。调用函数时传递的必要信息好比使用柜员机时提供的银行卡、密码等。有了这些必要信息后柜员机内部就可以开始工作了，但工作细节对于柜员机外的使用者来说是不可见的。同样的，函数通过参数拿到必要的信息后，函数体就可以工作了。外部调用者对函数体的细节也可以完全不知情，尤其对于较大型的程序，不同模块的函数由不同的程序员完成，函数的调用者只知函数名与参数、不知函数体细节的情形是很正常的。

2. 有默认值的参数

如果函数的某些参数在大多数情形下都会取某个值，不妨在定义函数时将其指定为参数的默认值。例如，Python 内置的函数 print()有一个 end 参数用来控制输出信息完成后使用什么字符结尾，这个参数就将换行符设为默认值。如果输出信息后希望换行，那么在调用 print()函数时就不必每次都给 end 参数传值，这样会方便很多。

程序中自定义的函数也可以给参数设置默认值，方法如代码 6.6 所示，在定义函数时直接为参数指定的值就是其默认值。这段代码重构了第 3 章中背单词的案例（参见代码 3.15）。代码将计算每天单词数的工作定义成一个函数，完成计算所需的先决信息成为函数的参数，如起词汇量、目标词汇量、实现目标的期限等，其中期限的默认值为 3 年。这意味着调用这个函数时，必须为前两个参数传递值，而第三个参数期限传值与否均可。如果传入了值则函数体内的代码会使用传入的值，否则使用默认值。注意观察代码最后对函数的两次不同的调用及其运行结果。

代码 6.6　设置参数的默认值

```python
def how_many_words_per_day(start,target,years=3):
    #start:   起点
    #target:  目标
    #years:   期限，默认值为 3 年
    period = years * 365
    words_each_day = 2                  #每天背新单词的个数
    done = False                        #成功标记
    while not done:                     #done 为 True 时循环结束
        current = start                 #将 current 还原为 start 值
        for today in range(1,period+1):             #内层循环将尝试每一天
            if today % 7 != 0 and today % 30 != 0:  #不是复习日,背新词
                current += words_each_day
        if current >= target:           #目标达成
            done = True
        else:                           #目标未达成
            words_each_day += 1          #每日新单词的个数增加 1 个
    msg = str(years) + "年内单词量由" + str(start) + "提到" \
          + str(target) + ", 每天需背" + str(words_each_day) + "个新单词"
    print(msg)
#使用不同的参数值调用函数
how_many_words_per_day(3000,10000)
how_many_words_per_day(5000,20000,2)
```

调用函数后的运行结果如下。

3 年内单词量由 3000 提到 10000，每天需背 8 个新单词

2 年内单词量由 5000 提到 20000，每天需背 25 个新单词

特别强调，如果参数没有默认值，则调用函数时一定要为该参数传递值，否则会报错。另外要注意，Python 不允许无默认值的参数出现在有默认值参数之后，如若在代码 6.6 中为参数 start 设置了默认值，则后面所有的参数均要有默认值。

3．可接收多个值的参数

Python 有一个内置的 sum()函数可以对多个数值进行求和，但如果加数多于两个，一般要将加数置于列表或元组中。否则，如果直接将 3 个以上的数值交给 sum()函数求和，那么 sum()函数反而会报错，如代码 6.7 所示。

代码 6.7　Python 内置的 sum()函数

```
print(sum([1,4,5,2]))    #结果为 12
print(sum((1,4,5),2))    #结果为 12

print(sum(1,4,5,2)    #直接将 4 个加数传给 sum 函数,报错
```

下面来定义一个自己的求和函数，使其可以直接接收多个数值进行求和，不必非要写在序列容器中。这个函数的内部代码比较简单，就是多个数值进行累加的问题。不好解决的是这个求和函数应该有几个参数。如果定义其只有 2 个参数，则无法求 3 个或更多加数的和，如果定义它有 4 个参数，则无法求 5 个以上的数之和。如此一来，好像定义该函数有多少个参数都不能很好地解决多个数值求和问题。这时就需要一种特殊的参数了。不妨给这个求和函数命名为 my_sum()，如代码 6.8 所示，注意其最后一个加了 "*" 的参数，"魔法" 就在于此。有了这个参数，my_sum()函数就可以接收多个数值进行求和了。

代码 6.8　使用带星号的参数

```
def my_sum(a,b,*args):
    result = a + b
    for n in args:              #args 其实是一个元组
        result += n
    print(result)              #输出结果

my_sum(1,4)                    #5
my_sum(1,4,3)                  #8
my_sum(1,4,3,7)               #15
```

上述代码在最后调用 my_sum()函数时，分别传递了 2、3、4 个加数，如果愿意，还可以传递更多的加数。实现这一点的关键在于 my_sum()函数的第三个参数，这个参数前面的 "*" 是一个记号，表明参数 args 是一个元组。如果调用者向 my_sum()函数传递两个数值，则这两个数值分别给参数 a 和 b，元组 args 就是空的，这没有问题；如果向 my_sum()函数传递多于两个的数值，则前两个数值分别给 a 和 b，其余的都放到 args 这个元组中，这样也没问题。通过这样一个元组型的参数就解决了 my_sum()函数接收的参数值个数不确定的问题。

my_sum()函数中的参数 a、b 是按位置对应传值的，这类参数被称为位置参数，而有星号标记的参数是可变参数，必须位于所有位置参数之后。为了可以更清楚地理解加星号参数的本质，来看下面的代码 6.9。

代码 6.9　理解加星号参数的本质

```
def test(a,b,*args):
    print("参数 a: ",a,"参数 b: ",b)
```

```
        print("参数 args: ",args)

test(11,22)
test(3,5,33,44,55,66)
```
代码 6.9 的运行结果如下。

```
参数 a: 11 参数 b: 22
参数 args:  ()
参数 a: 3 参数 b: 5
参数 args:  (33,44,55,66)
```

第一次调用 test()函数时，由于只传入了两个数值，因此元组参数 args 是空的；第二次调用 test() 函数时，从第三个参数值 33 开始都放到 args 元组中了。

其实参数还可以在前面加两个星号，这样的参数是一个字典，被称为关键字参数。为关键字参数传值时要写成键值对的形式，如代码 6.10 所示。

代码 6.10　使用带两个星号的参数

```
def build_intro_msg(name,**information):
    intro_msg = name + ": \n"
    for key in information:
        msg = key + ": " + information[key] + " | "
        intro_msg += msg
    print(intro_msg)

build_intro_msg("李白",性别="男",朝代="唐",特长="写诗")
build_intro_msg("赵州桥",类别="拱桥",省份="河北省")
```
代码 6.10 的运行结果如下。

```
李白:
性别: 男 | 朝代: 唐 | 特长: 写诗 |
赵州桥:
类别: 拱桥 | 省份: 河北省 |
```

仔细观察代码及其运行结果，可知函数定义中的 information 参数是一个字典，调用函数时除第一个位置参数外，后面类似性别="男"、朝代="唐"这样的参数值均传递给字典 information。

6.2.2　函数的返回值

前面曾经将函数类比为银行的自动柜员机，其实柜员机内部的工作完成后往往会给用户一个反馈结果，可能是在屏幕上显示存款成功，或是在出钞口给出纸币。类似地，函数执行完成后也可以明确地返给调用者执行结果，可以使用 return 语句来实现。

例如，前面例子中的 my_sum()函数在完成多个数值相加后，不通过 print()函数将结果输出，而是使用 return 语句将结果返回给调用者，由调用者决定如何处理这个结果。下面的代码 6.11 就是将代码 6.8 稍作改动，将函数体代码最后的 print()函数修改为 return 语句。my_sum()函数完成计算工作后不再将结果直接输出，而是返回给调用者，即计算结果会替换到代码 6.11 最后 3 个 print()函数中出现的 my_sum()函数处。

代码 6.11　在函数中使用 return 语句

```
def my_sum(a,b,*args):
    result = a + b
    for n in args:                    #args 其实是一个元组
```

```
        result += n
    #print(result)
    return result                    #返回结果

print("1+4 =",my_sum(1,4))          #5
print("1+4+3 =",my_sum(1,4,3))      #8
print("1+4+3+7 =",my_sum(1,4,3,7)) #15
```

代码 6.11 的运行结果如下，结果的展示比代码 6.8 更详细了一些。

```
1+4 = 5
1+4+3 = 8
1+4+3+7 = 15
```

这样一来，my_sum()函数只专注于完成该自己负责的核心计算过程，至于如何展示结果、如何与用户互动等均由主程序完成。my_sum()函数和主程序代码各司其职，分工明确，程序会变得更加模块化。为了更好地体会这一点，代码 6.11 还可以演变得更复杂一点，成为代码 6.12 所示的形式，函数与主程序职责的划分在这段代码中体现得更加明显。

代码6.12　函数与主程序的职责划分

```
def my_sum(a,b,*args):
    result = a + b
    for n in args:
        result += n
    return result                    #返回结果

numbers = input("输入所有加数，用逗号分隔：")
msg = numbers.replace(",","+") + " ="  #将逗号替换为加号
numbers = numbers.split(",")            #拆分为列表
for i in range(len(numbers)):            #将每一个加数由字符串转换为数值
    numbers[i] = float(numbers[i])
sum_result = my_sum(numbers[0],numbers[1],*numbers[2:])
print(msg,sum_result)
```

这段代码将参与运算的多个加数改为由键盘输入，这就涉及加数由字符串改为数值型的数据类型转换工作。另外，为了最后的输出效果更完备，代码构造了一个字符串 msg 来描述加法运算。所有这些外围工作都由主程序完成，而 my_sum()函数仍然负责多个数值相加的核心计算工作。代码6.12 的运行结果如下。

```
输入所有加数，用逗号分隔：3.5,5,7.2,9,1,3
3.5+5+7.2+9+1+3 = 28.7
```

代码 6.12 不仅展示了主程序与函数之间功能的划分，而且演示了如何将列表或元组传递给带星号的可变参数。注意观察代码的倒数第 2 行，此时 numbers 列表中保存的各加数已是数值型的。首先将列表的前两个元素分别传递给 my_sum()函数的前两个位置参数，而列表后续的元素都要传递给加了星号的 args 参数。但 numbers[2:]切片本身是一个列表，如果不进行处理，则会把这个列表作为一个整体传递给 args，这就不对了。毕竟 my_sum()函数是计算 a、b 与 args 中的数值的加和，而不是 a、b 与列表的加和（也无法进行这种运算）。因此需要将 number[2:]这个列表"打散"，将其中的元素一个个传递给 args 参数，这就是 numbers[2:]前面 "*" 的含义。

需要注意的是，函数体代码一旦执行到 return 语句，函数的执行就到头了，程序会立刻离开函数体代码，返回到调用函数的位置处继续执行后续代码。因此如果函数体内还有代码跟在 return 的

后面，则它们将没有机会被执行。下面看代码 6.13，函数体中最后的 print()函数没有机会被执行，因为无论输入的半径值如何，函数的执行都会遇到 return 语句，执行完成后函数立刻返回。

代码 6.13　return 语句意味着函数执行结束

```
from math import pi

def circle_area(radius):
    if radius > 0:
        return pi * radius ** 2
    else:
        return 0
    print('你能看到这句话吗?')       #这行代码不会被执行

print(f'半径为 2 的圆面积: {circle_area(2)}')
print(f'半径为 0 的圆面积: {circle_area(0)}')
```

代码 6.13 的运行结果如下，无论输入的半径是什么，函数体内最后 print()函数的内容都不会出现。

```
半径为 2 的圆面积: 12.566370614359172
半径为 0 的圆面积: 0
```

综上所述，函数可以使用 return 语句给调用者返回值。有返回值的函数是可以出现在赋值语句右侧的，等函数执行完毕后函数的返回值就会"替换"在函数被调用的位置，也就是等号的右侧，进而赋给左侧的变量。当然，很多函数执行完后不需要明确返回结果，这样的函数没有 return 语句，其返回值为 None，如删除列表元素的 del()函数、random 库中的 shuffle()函数等。

6.2.3　四种函数类型

将函数带不带参数、有没有明确的返回值两个角度组合起来，可以把函数分成以下 4 类。

1．无参数无返回值型

随着物质生活水平的富足，人们对高层次的精神文化的消费需求与日俱增。闲暇时光，甚至是工作中忙里偷闲，去博物馆看看展览，与千百年前的文物对视，从深厚的历史底蕴中汲取力量，不失为现代人一种很好的精神享受。下面的代码 6.14 模拟了一个定期推出十大热门展览的公众号，该函数不需查询人输入任何参数信息，也没有返回值，它只是输出本期的十大热门展览信息。

代码 6.14　无参数无返回值的函数示例

```
def museum_exhibition_top10():
    print("本期十大热门展览: ")
    print("01. 故宫博物院: 国子文脉——历代进士文化艺术联展")
    print("02. 南京博物院: 大江万古流——长江下游文明特展")
    print("03. 吴文化博物馆: 山水舟行远——江南的景观")
    print("04. 上海自然博物馆: "玉兔东升"展")
    print("05. 陕西历史博物馆: 玉韫九州——中国早期文明间的碰撞与聚合")
    print("06. 苏州湾博物馆: 吴韵江南——吴江历史文化陈列展 "舟车丝路" 特展")
    print("07. 中共一大纪念馆: 匠心筑梦——新苏作的历史记忆")
    print("08. 天津博物馆: 再现高峰——馆藏宋元时期文物精品特展")
    print("09. 山西博物院: 且听凤鸣——晋侯鸟尊的前世今生")
    print("10. 吉林省博物院: 永远的长安——陕西唐代文物精华展")

museum_exhibition_top10()    #调用函数
```

2．无参数有返回值型

英文中有句谚语："One apple a day, keep the doctor away.（一天一苹果，医生远离我）"实际上，除了饮食健康，精神健康也很重要。而中国的古典诗词就是一个巨大的精神食粮宝库，每日一句诗，必定对陶冶情操很有益处。下面的代码 6.15 模拟了一个诗词 App 的每日一诗功能，函数自带一个诗词库，不需要使用者传递任何参数，每次运行时都会随机返回一句诗给使用者。

代码 6.15　无参数有返回值的函数示例

```python
def one_poem_per_day():
    import random
    poems = [("张九龄《望月怀远》","情人怨遥夜，竟夕起相思。"),
                ("叶绍翁《游园不值》","春色满园关不住，一枝红杏出墙来。"),
                ("杜牧《山行》","远上寒山石径斜，白云深处有人家。"),
                ("王勃《咏风》","去来固无迹，动息如有情。"),
                ("白居易《对酒》","蜗牛角上争何事? 石火光中寄此身。")]
    peom = random.choice(poems)
    return peom


poem_today = one_poem_per_day()
width = len(poem_today[1])
print(poem_today[1])
print(f"{poem_today[0]:{chr(12288)}>{width}}")
```

从上述代码可知，有返回值的函数可以出现在赋值语句的右侧。one_poem_per_day 函数返回的诗句赋值给 poem_today 变量，因为函数的返回值是一个元组，所以元组的第一个元素是诗人、作品名，第二个元素才是摘录的一句诗。主程序为了显示得美观些，使用了字符串格式化进行对齐，其中的 chr(12288)表示全角空格。代码 6.15 的运行结果如下。

蜗牛角上争何事? 石火光中寄此身。
白居易《对酒》

从这个例子还可以看出，调用函数时不仅要知道函数名、所需参数，如果有返回值，还要知道其返回值是什么类型的数据。上述例子中，如果不知函数返回的是一个元组，不知元组内元素的含义，那么是无法正确处理函数的返回值的。因此，函数名、参数、返回值等信息就像自动柜员机的屏幕、插卡口、出钞口，是正确使用函数所必须了解的。函数名、参数或返回值的数据类型如果发生了改动，则必须通知函数的使用者知晓，否则会影响使用者调用函数。相反，如果函数名、参数、返回值的数据类型等均保持不变，仅仅是函数体内的代码发生变化，则使用者无须了解这种变化。由此可见，函数名、参数和返回值等信息是函数调用者与函数之间达成的契约，一旦明确，则轻易不能修改，否则有可能使调用者无法正常调用函数，导致程序出错。

3．有参数无返回值型

下面的代码 6.16 模拟了员工打卡环节，函数需要传入员工姓名，但没有明确的返回值，只是在函数体内输出一句欢迎信息。函数在调用时也不会用在赋值语句的右侧。

代码 6.16　有参数无返回值的函数示例

```python
def clock_in(name):
    print(f'{name}打卡成功，预祝今天工作愉快! ')


clock_in("令狐冲")
```

4．有参数有返回值型

既有参数又有返回值的函数在 6.2.2 小节中已有多个例子，这里不再赘述。

6.3 函数的嵌套调用与变量的作用域

6.3.1 函数的嵌套调用

函数的嵌套可以有两种表现形式，一种是调用时的嵌套，表现为函数甲调用了函数乙，而函数乙在执行的过程中又调用了函数丙。另一种是函数乙在定义时写在了函数甲的函数体中。这里主要介绍第一种，函数调用时发生的嵌套。

下面将以构造 0°～90° 的三角函数表为例演示多个函数之间的嵌套调用。三角函数在很多科学领域、工程技术问题中都有应用，因此高精度的三角函数表在科学计算中是很重要的。在没有现代计算机之前，制作这样一个数值表的工作量对任何人来说都是十分恐怖的。然而对数的发明者苏格兰数学家纳皮尔（J.Napier）利用对数运算，完全凭借人力制作了 0°～90° 每隔 1′的 8 位三角函数表。纳皮尔惊人的毅力值得世人赞叹，而这毅力的背后一定有对自己所从事问题的痴迷作为支撑。

纳皮尔的精神值得我们学习，纳皮尔的工作量却不会再压在我们身上了。根据中学的三角函数知识，代码 6.17 可以构建 0°～90° 每隔 1′的正弦值表，并保留 8 位小数。这段代码以 1′角的正弦值为已知，根据同角正弦、余弦的关系计算得出 1′角的余弦值。然后按照下面的公式求后续每一个角的正弦值。

$$\sin \alpha_n = \sin 1' \cos \alpha_{n-1} + \cos 1' \sin \alpha_{n-1}$$

$$\cos \alpha_n = \sqrt{1 - (\sin \alpha_n)^2}$$
$$\alpha_n = \alpha_{n-1} + 1'$$

仔细观察上面的公式可以发现，求下一个角的正弦值依赖上一个角的正弦值，这样递推，最后归结到 1′角的正弦值。这就是为什么代码以 1′角正弦值为已知。代码按照功能模块进行了切分，定义了多个函数，每个函数都有简短的功能描述。当然这里的重点不是其中的三角函数知识，而是要厘清多个函数之间的调用关系。请读者先自行梳理，代码后的段落会给出进一步的说明。

代码 6.17　函数的嵌套调用：构建正弦值表

```
def build_sin_table():
    """构建0°～90° 的正弦值表"""
    sin = SIN_1
    for n in range(2,5401):
        sin = sin_next(sin)
        sin_list.append(round(sin,8))


def search_sin_table(degree,minute):
    """根据角的度数查询正弦值
        degree: 度
        minute: 分
        返回值为-1意味着输入的角超过支持范围
    """
    idx = degree * 60 + minute
    if idx <= 5400:
        return sin_list[idx]
    else:
```

```
        return -1

    def show_sin_table():
        pass


    def sin_next(sin_previous):
        """构建正弦表所需的辅助函数 1
            根据上一轮的正弦、余弦值,计算下一轮的正弦
            两轮次间的角相差 1′
        """
        cos_previous = cos_alpha(sin_previous)
        sin_next = SIN_1 * cos_previous + COS_1 * sin_previous
        return sin_next


    def cos_alpha(sin_alpha):
        """构建正弦表所需的辅助函数 2
            根据正弦值计算同角的余弦值
        """
        return (1-sin_alpha ** 2) ** 0.5


    #主程序
    SIN_1 = 2.908882046e-4              #1′的正弦值
    COS_1 = cos_alpha(SIN_1)           #由正弦值求出 1′的余弦值
    sin_list = [0.0,round(SIN_1,8)]    #0°、1′的正弦值直接加入列表

    build_sin_table()                  #调用函数,构造正弦值表

    result = search_sin_table(65,0)    #查询指定角度的正弦值
    if result == -1:
        print("本正弦表仅支持 0°～90° , 以 1′角为间隔。")
    else:
        print("查询结果为",result)
```

构造正弦值表的代码由主程序和各功能函数构成。在主程序中首先预备好 1′角的正弦、余弦值,其中求 1′角的余弦值调用了辅助函数 2。之后预备好保存正弦值的列表,0°角、1′角的正弦值已经直接添加到其中了。接下来是构造正弦值表的核心环节,由 build_sin_table()函数完成。这是一个无参数无返回值函数,它每计算得到一个角的正弦值,就直接将其添加到前面提到的列表中。因为要完成 90°以内每隔 1′的角的正弦值,共有 5400 个角(不含 0°角),所以该函数内部是一个循环,循环内调用了另外一个函数 sin_next(),即辅助函数 1。这个辅助函数 1 实现了求取正弦值的递推公式。但需要注意的是,辅助函数 1 还调用了辅助函数 2,而辅助函数 2 的书写位置却位于辅助函数 1 之后,这违背了 Python 函数要先定义后调用的规则吗?

事实上运行一下代码就知道,程序是可以正常工作的。那这是为什么呢?原因就在于函数要先定义后调用说的是在时间线上,而不是空间位置。代码 6.17 主程序前的许多行代码仅仅是在定义各功能函数,这些函数只是被 Python 解释器知晓,但没有一个被执行。只有到了主程序中调用 build_sin_table()函数时,才引发了各功能函数之间的嵌套调用,而这时所有的函数定义均已发生,不会出现函数未定义的错误。所以虽然辅助函数 1 调用了位于其后的辅助函数 2,但在调用发生时所有函数的定义均已完成,符合函数要先定义后调用的规则。

再回到代码的主程序部分。构造正弦值表完成后，主程序调用了查询正弦值表的功能函数。这是一个有参数、有返回值的函数，函数把输入的角度换算为分，根据角的分值去列表中提取相应的正弦值。这里需要注意两个细节，一是列表的 0 号元素为 0°角的正弦值，1 号元素为 1′角的正弦值；二是当输入的角度超过 90°时函数返回-1，这个特殊值是该函数和调用者之间的约定，当调用者发现该函数返回-1 时即可知道提供的角度超出了限定范围。这与字符串的 find()方法没有找到子字符串时返回-1 是一样的处理方式。

其实程序中还定义了一个展示正弦值表的 show_sin_table()函数，但具体代码暂时没有实现，只用一个 pass 语句代替，这正是 pass 语句发挥功效的情景。这段代码也更好地展示了为什么说函数可以使代码模块化。代码中的函数各负其责，彼此配合，与主程序一起共同完成目标。规划函数时要明确函数名、参数与返回值等，另外不要试图在一个函数中做太多的事情，要保证每个函数的任务都不太重。

生活中，很多任务往往都需要一个团队来完成，这时团队中每个成员就好比程序中的一个函数。每个函数有自己的功能，每个成员有自己的职责。一个函数可供程序中其他部分的代码来调用，一个成员的职责也供团队中其他的成员来调用。合理地划分各函数的功能，恰当地设置各函数的参数对程序是很重要的；同样的，合理地分割团队中各成员的职责，恰当地设置成员之间沟通的渠道对于一个团队的战斗力来说也是至关重要的。甚至即使是一个人也可以看成一个团队，因为一个人的人生是由不同的时空经验拼合而成的。人们可以将不同时空中自己的经历封装成一个个函数，每个函数都有特定的功能。当你涉猎某个学科的知识、阅读某本著作、学习某项技能、体验了一种特别的经历、在工作中有了特别的感悟时，都可以将学到的、看到的、体验到的、感悟到的留存下来。这些留存可以是文字、图片，甚至是视频，但一定要经过规划，易于访问。日后的自己或别人需要了解这个学科、这本著作、这项技能时，可以很方便地调用当初你留下的留存痕迹。这样，无论何时、何地，人们都可以把自己人生的各种经历"函数"化。经年累月下来，一个人可以在生命中累积众多的"经历函数"，它们可以为自己或他人未来的生活带来便利。

6.3.2　变量的作用域

在本章之前的代码都只有主程序，没有自定义函数，整个程序一条线从头贯到尾。而以代码 6.17 为代表的代码除主程序外，还有多个自定义函数，程序的执行会在主程序与自定义函数之间跳跃，不再是简单的从头贯到尾的一条线。程序的"领地"被分成了多个部分，主程序是一部分，各自定义函数各为一部分。在程序不同部分出现的变量"影响力"的大小也可能不一样，这就是变量的作用域问题。

变量的作用域是指变量的有效范围，类似于生活中人的知名度、影响力。定义在主程序中的变量为全局变量，其有效范围原则上为整个程序，好比公众人物，全社会都知晓。而在某个函数内部定义的变量其作用域只限于该函数内部，只能在该函数内部使用，这种变量被称为局部变量，相当于普通素人，只在自己的小圈子里被周围人知晓。不同的自定义函数之间无法感知对方的局部变量，但各自定义函数都能感知到主程序中定义的变量，这正体现了主程序中定义的变量的全局性。例如，前面构造正弦数值表的代码 6.17，仔细观察会发现在主程序中定义的 SIN_1 与 CONS_1 变量是全局变量，因此在多个自定义函数中均可直接使用，如函数 build_sin_table()和 sin_next()。而在 build_sin_table()函数中定义的变量 sin 就是一个局部变量，在其他函数中是无法访问这个 sin 变量的。

为了更好地演示全局变量与局部变量的不同，下面看一段有关年龄指数的程序代码。人年轻时精力旺盛，记忆力好，学什么知识都快。随着年龄的增长，人的机体逐渐衰老，脑力、体力等都会下降，学习能力也会相应下降。因此古人才会写出"黑发不知勤学早，白首方悔读书迟""少壮不努力，老大徒伤悲""青春须早为，岂能长少年？"等诗句。下面的代码6.18根据年龄给出人在学习能力上的表现指数及老年、中年、青少年的分类，研读代码时要重点关注其中的变量是全局的还是局部的。

代码6.18 理解全局变量与局部变量

```python
def age_index():
    age_ix = 0
    if age > 60:
        age_ix = 0.3
    elif age > 45:
        age_ix = 0.6
    elif age > 18:
        age_ix = 0.9
    else:
        age_ix = 1.0
    return age_ix

def age_category():
    age_c = ""
    if age > 60:
        age_c = "老年"
    elif age > 45:
        age_c = "中年"
    elif age > 18:
        age_c = "青年"
    else:
        age_c = "未成年"
    return age_c

def age_info_mixer():
    return age_c + str(age_ix)      #尝试访问 age_c,报错

#主程序
age = 23
print("年龄指数: ",age_index())
print("分类年龄: ",age_category())
print("混合信息: ",age_info_mixer())
```

代码运行后,主程序中的前两个print()函数可以正常输出结果,但最后一个输出混合信息的print()函数会出问题,问题在于其调用了 age_info_mixer()函数,这个函数试图访问在 age_category()函数中定义的局部变量 age_c。代码6.18的运行结果如下,注意错误提示信息。

```
年龄指数: 0.9
分类年龄: 青年
Traceback (most recent call last):
  File "D:\代码示例\代码6.18-理解全局变量与局部变量.py",line 31,in <module>
    print("混合信息: ",age_info_mixer())
  File "D:\代码示例\代码6.18-理解全局变量与局部变量.py",line 26,in age_info_mixer
    return age_c + str(age_ix)      #尝试访问 age_c,报错
NameError: name 'age_c' is not defined
```

知道了程序的运行结果后，再来仔细分析产生这种结果的原因。代码在主程序中定义了一个变量 age，初值为 23。而后主程序调用 age_index() 函数和 age_category() 函数，这两个函数可以正常返回 23 岁对应的年龄指数和年龄分类。但无论是 age_index() 函数还是 age_category() 函数，其内部并没有定义 age 变量，这两个函数也没有参数，因此这两个函数内部代码中出现的 age 变量只能是主程序中定义的初始值为 23 的全局变量 age。这说明在这两个函数中都能正常地访问主程序定义的 age 变量，证明了 age 变量的全局性。主程序在调用第三个函数 age_info_mixer() 时会出问题，因为这个函数内部要访问 age_c 变量，但 age_c 变量在 age_info_mixer() 函数内部没有被定义，在主程序中也没有被定义，事实上在 age_category() 函数中定义了一个 age_c 变量，但它是局部变量，只能在 age_category() 函数内部使用，即只有 age_category() 函数内部这个"小圈子"才知道 age_c 变量的存在。因此 age_info_mixer() 函数是无法感知到变量 age_c 的，也就是说函数甲是无法访问到在另一个函数乙中定义的局部变量的。

既然 age_info_mixer() 函数无法正常工作，下面就来修改它，让其可以正常运行。假设 age_info_mixer() 函数想要完成这样一件工作：首先将全局变量 age 的值改为 65，然后分别调用 age_index() 和 age_category() 函数得到两个结果，最后将这两个结果连接起来输出。按照上面的描述，使用 age_info_mixer() 函数的形式如代码 6.19 所示。

代码 6.19　局部变量对全局变量的遮蔽

```
def age_index():
    #代码未变化,在此省略

def age_category():
    #代码未变化,在此省略

def age_info_mixer():
    age = 65
    age_info = age_category() + "的年龄指数为" + str(age_index())
    print("在mixer 函数中输出 age 变量: ",age)
    print("在mixer 函数中调用另外两个函数的结果: ",age_info)

age = 23     #全局变量
age_info_mixer()
print("在主程序中输出 age 变量: ",age)
```

这段程序没有达到修改全局变量 age 为 65 的目标，它的运行结果如下。

```
在mixer 函数中输出 age 变量:  65
在mixer 函数中调用另外两个函数的结果:  青年的年龄指数为 0.9
在主程序中输出 age 变量:  23
```

可以看出，虽然在 age_info_mixer() 函数中试图给变量 age 赋值为 65，但从另外两个函数得到的年龄指数和分类年龄来看，它们仍然认为全局变量 age 的值是 23，因此才会有"青年的年龄指数为 0.9"的输出结果。代码最后，主程序中的 print() 函数输出的 age 值也是 23，只有在 age_info_mixer() 函数内部输出 age 时显示的才是 65。这个现象只能用一个原因来解释，age_info_mixer() 函数中的 age 变量根本不是全局的 age 变量。也就是说，age_info_mixer() 函数内的代码"age = 65"其实是在自己的局部范围定义了一个全新的变量，只不过恰巧这个变量也叫 age，除重名外它和取值为 23 的全局变量 age 毫无关系。这个取值为 65 的 age 是一个局部变量，只在 age_info_mixer() 函数这个小范围内有效，其他函数及主程序根本不知道这个局部 age 变量，它们只知晓全局的值为 23 的 age 变量。

这种现象是一种遮蔽效应，也就是全局变量 age 在 age_info_mixer() 函数这个局部范围被一个同名的局部变量给遮蔽了，导致在 age_info_mixer() 函数内部访问 age 变量其实都是访问的局部变量 age。这就像班里有一个学生叫李白，在这个小圈子里日常的点名、同学之间打招呼时，大家喊"李白"其实说的是身边的这个同学，而不是唐朝的举世皆知的大诗人。全局的"李白"在班级这个局部范围被一个普通人李白遮蔽了。

难道在这个班里就无法谈论诗人李白了吗？当然不是。如果要谈论诗人李白，则只需加一个声明即可。例如，班上的老师、同学可能会说"大诗人"李白如何。"大诗人"这 3 个字就是一个声明记号，有了这个记号就知道接下来的"李白"二字是指全局的、世人皆知的李白，而不是班上这个局部的李白同学。同样的，在 age_info_mixer() 函数中如果想要修改全局的 age 变量，就像在班里要谈论全局李白一样，加一个声明记号即可，这个记号就是 global。下面的代码 6.20 只是多了一行 global age，结果就变了。

代码 6.20　在自定义函数中声明全局变量

```
#前两个函数没有变化,在此省略

def age_info_mixer():
    global age                #声明本函数内部出现的 age 为全局的 age
    age = 65
    age_info = age_category() + "的年龄指数为" + str(age_index())
    print("在mixer 函数中输出 age 变量: ",age)
    print("在mixer 函数中调用另外两个函数的结果: ",age_info)


age = 23      #全局变量
age_info_mixer()
print("在主程序中输出 age 变量: ",age)
```

代码 6.20 的运行结果如下，主程序中的变量 age 真的变为 65 了，另外两个函数的结果也随之变为 65 岁对应的结果。

```
在mixer 函数中输出 age 变量:  65
在mixer 函数中调用另外两个函数的结果:  老年的年龄指数为0.3
在主程序中输出 age 变量:  65
```

这段代码在 age_info_mixer() 函数的开头先做了声明，于是该函数内的 age 变量就是全局变量 age，接下来的"age=65"是在修改全局变量 age，而不是定义了一个新的局部变量。这样再调用另外两个函数时，那两个函数在它们内部代码访问到的全局 age 的值已经变为 65，因此输出结果应该是"老年的年龄指数为 0.3"。而主程序最后的 print() 函数输出的 age 值再次印证了全局的 age 的值已经变为 65 了。

6.4　递归

理解了函数之间的嵌套调用，再来看一种比较特殊的情形：一个函数在定义中再次调用了自己，这种情形称为递归。

6.4.1　函数的递归

初学者第一次听说函数的递归调用可能会觉得有点奇怪，一个函数怎么能自己调用自己呢？还是通过一个求阶乘的例子来见识一下递归的真容吧。求阶乘使用循环结构也很容易实现，但下面的代码6.21没有使用循环，而是定义了一个求阶乘的函数，关键在于这个函数的定义中再次调用了自己。

代码6.21　使用递归求解阶乘

```
def factorial(n):
    if n == 1:
        return 1
    else:
        return n * factorial(n-1)          #调用自己


#主程序
n = 10
print(f"{n}! = {factorial(n)}")            #输出：10! = 3628800
```

代码的运行结果与普通循环思路求解的答案是一样的，那么factorial()函数如何不用循环就完成了阶乘的求解呢？其实递归的思路还是一种拆分的思想，它将要解决的问题拆分为两部分，其中一部分很容易解决，而另外一部分则是规模变小了的原问题。例如，求n!的问题可以拆分为$n×(n-1)$!，其中n与另外一个数做乘法是很容易的问题，而$(n-1)$!则是规模变小了的原问题，因此可以继续进行拆分，即$(n-1)!=(n-1)×(n-2)$!，如此，这个拆分过程必然会进行到$2!=2×1$!，而1!则是规模小到极点的原问题，以至于可以直接给出答案。这样之前的拆分过程都有了一个坚实的基础，由1!乘以2可得2!，由2!乘以3可得3!，直至得到n!，从而原问题得解。

上面的分析已经剖析出了递归思想的两个要素：①每次递归（函数自我调用）一定要将求解问题的规模变小；②最终一定会有一个通常很小规模的原问题可以直接给出答案。而factorial()函数中if语句的两个分支恰恰就是分别完成递归的两个要素。

① 如果传入的参数n等于1，则结果就是1，这是整个递归过程的底。

② 如果传入的参数n大于1，根据$n!=n×(n-1)$!，将问题化解为求$n-1$的阶乘。其方法当然就是再次调用factorial()函数，只不过传入的参数为$n-1$。这样问题就变为与原问题本质相同但规模变小的问题了。

上面的分析只能让读者理解静态的factorial()函数代码，对于它层层调用自己的执行过程还是没有一个感性认知。下面就以求3的阶乘为例来分析函数递归调用的动态执行过程。执行代码6.21时首先会遇到图6.2中标记为A的代码行，此处会调用求阶乘函数factorial()，并将3传递给该函数。这样就来到了图6.2中标记为B的位置，这是第1次对阶乘函数的调用，参数n的值为3，如图6.2中的矩形框所示。因为n为3，所以if语句进入else分支，从图6.2中可见，else分支中return语句后的n已经被替换为3，同时return语句处发生对阶乘函数的第2次调用，传入参数值$n-1$即2。这样就来到了图6.2中标记为C的位置，因为传入的参数值为2，所以对于标记C的窗体而言n为2，因此还是进入if语句的else分支。从图6.2中可见，else分支的return语句后的n已替换为2，然后又发生对阶乘函数的第3次调用，传入参数值$n-1$即1，从而来到了图6.2中标记为D的位置。因为传入参数值为1，所以if语句终于进入了第一个分支。到这里要明确一点，标记A、B、C的3次函数调用都还没有返回，处于悬而未决的状态，它们的工作场景都在计算机内存中保持着。直到现在来到了D处要返回1，这个1会返回给调用者，因此1会替换C处的factorial(1)，从而C处的return语句可以返回2×1即2给它的调用者，也就是B处。因此2会替换B处的factorial(2)，这样B处的return语句可以返回3×2即6给它的调用者，也就是A处，所以6会替换A处的factorial(n)，这样之前悬而未决的场面随着一系列的返回操作而收场，最终的结果就呈现在A处了。

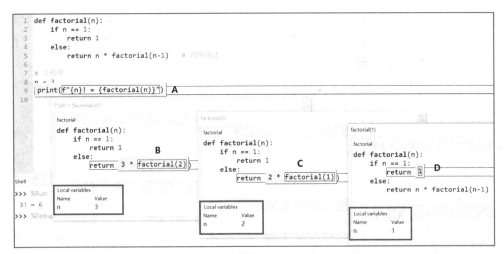

图 6.2　函数递归调用的过程

6.4.2　理解递归思想

递归思想的特点是不正面、直接、勤恳地解决面对的问题，而是"想偷点懒"，看看能不能将问题规模变小。它的出发点是如果已知小规模同质问题的答案，就能轻易地告知最终问题的答案。而要想知道小规模同质问题的答案，需要知道更小规模同质问题的答案。这样递归直到归结到一个规模非常小、一看便知结果的同质问题，最后整个问题就都解决了。因此在设计递归算法时，不要去关注问题的直接正面求解，那不是递归的设计思路。递归思想只关注两点：如何将原问题化解为同质的小规模问题，有了这一点，递归就被启动了。还有一点就是确保一定有一个浅显直白的"小规模"同质问题，这是递归最终的立足点。

第 3 章介绍循环时也提到过循环结构的构思过程。递归与循环是两种非常典型的思维方式。循环其实对应着另一种思维过程——迭代，而递归通常以函数形态出现。很多问题既可以有迭代解法，也可以有递归解法。但递归的计算量可能会更大，另外在递归触底之前，所有递归调用都要保留"作案现场"，一层层"递"下去。等着递归触底后，再一层层"归"来收拾之前的"作案现场"。这个过程需要保存的现场数据比较多，比较消耗内存，因此在具体程序语言中，递归的层数都会有限制。读者可以尝试使用代码 6.21 求 1000 的阶乘，看看会发生什么。

递归是计算机科学中一种非常有魅力的解决问题的思维方法，有些问题很难找到正面、直接的解法，如著名的汉诺塔问题，此时递归就很有用了。但说到底，递归方法还是计算思维中将难题进行拆解的一种体现，不同的是，递归将一个问题拆解为两类子问题，一类是显然可解的子问题，另一类是规模缩小的同质原问题。这样原问题的求解就归结为显然可解的部分加上小规模的同质原问题，而小规模的同质原问题又可以进行类似的拆解。

将难题进行拆解是计算思维中的典型招数，如果拆成的几个小问题还是比较复杂，那就继续拆解，直到每个小问题都比较清晰易解。例如，一个复杂的计算机系统，其实可拆解为软件和硬件两部分。而无论软件还是硬件部分都还很复杂，因此继续拆解。软件部分可以拆解为很多层次，从底层的操作系统到面向用户的应用软件；硬件部分可以拆解为多个相对独立的部分，从输入输出设备到 CPU。CPU 还是复杂，因此继续拆解为运算器和控制器。又如，设计计算机网络的协议是一件非常困难的事情，纷繁复杂的网络规则让人望而生畏。因此计算机专业人士不约而同地采用了拆分思想，无论是 ISO 模型还是 TCP/IP 模型，大家都英雄所见略同地进行了协议分层设计，不同的层次负责不同的职责，同一层次又细分成很多小模块。掌握了拆解的套路，就有信心面对难题了；理解了递归的本质，就有可能构造出奇妙的解法。

6.4.3　日常生活中的递归

递归不仅是计算机科学中常用的一种思维方法，其在普通生活中也有很多用武之地。例如，使用递归可以生成很多具有特殊美感的图案，如图 6.3 所示。大名鼎鼎的分形，也是递归思维的运用。而在日常生活中，递归也有它的身影，下面举几个例子，算是抛砖引玉。

图 6.3　生活中的递归

在一个陌生的城市，如何走到和当下所处位置相隔很多个街区的地方呢？对于方位达人来讲可以直接脑补出一条路线，但如果是一个"路痴"，就可以使用递归思路来解决这个问题。先朝着目的地的大方向走到离当前位置最近的一个路口，然后问题就变为如何从那个路口到目的地，问题的规模变小了。这样持续下去直到发现自己已经在目标位置了。

假设某人现在 20 岁，预计能活到 90 岁，如何过好接下来的 70 年呢？可以先过好当下这一年，然后问题变为如何过好剩下的 69 年。问题规模变小了，递归！那如何过好当下这一年呢？假设这一年还有 300 天，那就先过好当下这一天，问题变为如何过好剩下的 299 天。递归！所以过好当下是最重要的。

6.5　Python 生态系统之 time 库

Python 生态系统中有多个与时间有关的库，本节就以 time 标准库为例，介绍计算机是如何处理时间的。

6.5.1　时间戳

要理解计算机系统内的时间，首先要理解时间戳的概念。计算机系统如何表达时间呢？比较容易想到的一种方案是给时间一个起点，然后衡量当前距离时间起点过去了多少秒。这样时间就被转换为一个浮点数，而这个浮点数即时间戳。time 库中时间戳的起点是 1970 年 1 月 1 日 00:00:00，可以使用 time 库中的 time() 函数获取当前的时间戳，如代码 6.22 所示。

代码 6.22　使用 time() 函数获取当前的时间戳

```
import time
ticks = time.time()
```

```
print("当前时间戳为:",ticks)
```

代码 6.22 的运行结果如下，读者的运行结果应该会不同，这是因为"当前"不同。

```
当前时间戳为: 1675668545.5201886
```

代码中的 time()函数是一个无参数有返回值的函数，它不需要参数是因为它会自动获取计算机系统的时间，因此计算机系统设置的时间会影响这个函数返回的时间戳。

时间戳的优点是易于计算机处理时间，但是不便于人们使用，因此 time 库提供了多个函数用于将时间戳变换为包含年、月、日等时间部件的形式。

6.5.2 时间结构体与格式符

如果将一个时间戳传递给 time 库中的 gmtime()函数，即可得到对应的格林尼治时间，而传递给 localtime()函数则可得到对应的本地时间（与所在时区有关）。代码 6.23 以空行分成 3 个部分，第一部分将时间戳 0 分别传递给 gmtime()函数和 localtime()函数，运行结果印证了 time 库的时间起点为 1970 年 1 月 1 日零点，只是北京时间会晚 8 个小时。代码的第二部分假设从时间起点已经流逝了 123456789 秒，时间会来到何年何月何日呢？从代码的运行结果可知，时间来到了 1973 年 11 月底，北京时间仍然要比格林尼治时间晚 8 个小时。代码的第三部分没有为 localtime()函数传递时间戳，其含义是将当前的时间戳转换为年月日形式。

代码 6.23　时间结构体

```
import time

utc = time.gmtime(0)
bj = time.localtime(0)
print("时间戳 0 对应的格林尼治时间: \n",utc,end="\n\n")
print("时间戳 0 对应的北京时间: \n",bj,end="\n\n")

utc = time.gmtime(123456789)
bj = time.localtime(123456789)
print("时间戳 123456789 对应的格林尼治时间: \n",utc,end="\n\n")
print("时间戳 123456789 对应的北京时间: \n",bj,end="\n\n")

bj = time.localtime()
#bj = time.localtime(time.time())     #与上一行代码的含义相同
print("当前北京时间: \n",bj)
```

代码 6.23 的运行结果如下。

```
时间戳 0 对应的格林尼治时间:
 time.struct_time(tm_year=1970,tm_mon=1,tm_mday=1,tm_hour=0,tm_min=0,tm_sec=0,
tm_wday=3,tm_yday=1,tm_isdst=0)

时间戳 0 对应的北京时间:
 time.struct_time(tm_year=1970,tm_mon=1,tm_mday=1,tm_hour=8,tm_min=0,tm_sec=0,
tm_wday=3,tm_yday=1,tm_isdst=0)

时间戳 123456789 对应的格林尼治时间:
 time.struct_time(tm_year=1973,tm_mon=11,tm_mday=29,tm_hour=21,tm_min=33,tm_sec=9,
tm_wday=3,tm_yday=333,tm_isdst=0)
```

时间戳 123456789 对应的北京时间：

```
time.struct_time(tm_year=1973,tm_mon=11,tm_mday=30,tm_hour=5,tm_min=33,tm_sec=9,
tm_wday=4,tm_yday=334,tm_isdst=0)
```

当前北京时间：

```
time.struct_time(tm_year=2023,tm_mon=2,tm_mday=6,tm_hour=16,tm_min=6,tm_sec=37,
tm_wday=0,tm_yday=37,tm_isdst=0)
```

gmtime()函数和localtime()函数得到的时间结果都是一种称为时间结构体（struct_time）的格式，这种格式相比一个浮点数的时间戳而言要人性化多了。它包含年、月、日、小时、分钟及秒等望文生义即可猜到的零部件，另外还有tm_wday表示该日期为一周的第几天，tm_yday表示该日期为一年的第几天，最后一个tm_isdst与夏令时有关。

时间结构体虽然有构成日期时间的各零部件，可以让人感知到有意义的具体时间，但各零件是分着的，显示起来并不方便、美观。日常生活中使用的时间其实更适合表达成字符串的样子，如形如"2025-12-12 18:32:45"就是人们很熟悉的形式。因此time库中有将时间结构体"格式化"为字符串的函数，如strftime()函数。代码6.24演示了如何将时间结构体格式化为想要的字符串形式。

代码6.24　使用时间格式符修饰时间

```
import time

#格式化成 2016-03-20 11:45:39 的形式
human_time = time.strftime("%Y-%m-%d %H:%M:%S",time.localtime())
print(human_time)

#星期 月份 日期 年份 小时 分钟 秒
human_time = time.strftime("%a %b %d %Y %H:%M:%S ")    #默认值为当前时间
print(human_time)
```

代码6.24的运行结果如下，这种形式的时间格式比时间结构体更人性化。

```
2023-02-06 16:47:20
Mon Feb 06 2023 16:47:20
```

上述代码在对时间进行格式化时使用了大量的以%开头的格式符，关于这些格式符的详细信息读者可查阅time库的文档，表6.1列出一些time库中的时间格式符并给出了其含义。

表6.1　time库中的时间格式符举例

格式符	含义
%a	星期英文的缩写
%A	星期英文的全称
%b	月份英文的缩写
%B	月份英文的全称
%d	月中的第几天，范围为[01,31]
%H	24小时制下的小时，范围为[00,23]
%j	一年中的第几天，范围为[001,366]
%m	月份，范围为[01,12]
%M	分钟
%S	秒
%w	数字表示周几，0为周日，6为周六
%Y	4位表示的年份

现在来回顾 time 库中的几个时间函数。使用 time() 函数可以得到时间戳，localtime() 函数根据时间戳给出时间结构体，而 strftime() 使用可以把时间结构体格式化为字符串。那能不能将上面的过程反过来呢？即将 "2025-12-12 18:32:45" 这样的字符串变成时间结构体，再将时间结构体变为时间戳，答案当然是肯定的。time 库中同样有完成这个逆向过程的一套函数，如代码 6.25 所示。

代码 6.25　由时间字符串得到时间戳的过程

```
import time

time_str = "2025-12-12 18:32:45"
#将字符串转换为时间结构体
time_struct = time.strptime(time_str,"%Y-%m-%d %H:%M:%S")
#将时间结构体变为时间戳
time_stamp = time.mktime(time_struct)
print(time_struct)
print(f"{time_str} 对应的时间戳为: {time_stamp}")
```

代码 6.25 的运行结果如下。

```
time.struct_time(tm_year=2025,tm_mon=12,tm_mday=12,tm_hour=18,tm_min=32,tm_sec=45,tm
_wday=4,tm_yday=346,tm_isdst=-1)
2025-12-12 18:32:45 对应的时间戳为: 1765535565.0
```

在这段代码中，strptime() 函数可将一个有时间含义的字符串按照指定的格式 "P" 转换为一个时间结构体，而 mktime() 函数则可以根据时间结构体返回相应的时间戳。

6.5.3　其他常用时间函数

time 库中还有很多其他的时间函数，如 asctime() 函数，它可以将时间结构体转换为形如 "Mon Feb 6 19:12:37 2023" 的字符串形式；以及可以用来衡量程序运行时间的 perf_counter() 函数和可以让程序暂停的 sleep() 函数等。有关 time 库中更多函数的细节读者可参阅相关技术文档。下面以一个模拟打字效果的例子来演示 sleep() 函数的使用。

李白的《将进酒》气势恢宏，读起来有一种荡气回肠的感觉。如果在屏幕上直接将这首诗的文字一次性都显示出来反而没有了朗读的气势。因此代码 6.26 模拟打字效果将这首诗输出到屏幕上，即文字是一个字一个字地出现在屏幕上，好像有人正在输入一样。限于篇幅，下面只输出诗的开头部分。

代码 6.26　使用 sleep() 函数暂停代码的运行

```
import time

text = "君不见，黄河之水天上来，奔流到海不复回。\n" \
       "君不见，高堂明镜悲白发，朝如青丝暮成雪。\n" \
       "人生得意须尽欢，莫使金樽空对月。\n" \
       "天生我材必有用，千金散尽还复来。"

typing_speed = 0.2      #决定打字速度
line_wait = 0.5         #换行时要额外耽搁的时间
for char in text:
    print(char,end="")
    time.sleep(typing_speed)
    if char =="\n":
        time.sleep(line_wait)
```

sleep()函数根据接收的数值，让代码"小睡"相应的秒数。代码中 typing_speed 变量取值的大小决定了每两个字之间要停顿多久，也就是模拟的打字速度。而 line_wait 决定了换行时要额外耽搁的时间。这些数值都可以根据效果需要来调整。其实如果不写这两个变量，而直接将 0.2 和 0.5 写在 time.sleep()函数的括号里，代码也可以正常工作，但因为有了这两个变量，0.2 和 0.5 的意义变得更清晰，代码的可读性更强了。

6.6 小试牛刀

理解了函数的功效后，之前的很多代码都可以使用自定义函数进行重构，使其呈现不同的面貌。而函数递归的思想也要多加练习才能更好地掌握。本章小试牛刀环节通过几个案例对所学函数知识进行综合演练。

6.6.1 使用迭代公式求圆周率

圆周率π是无穷无尽的数中十分美妙、拥有崇高地位的一个（另外还有 0、1、i、e 等），它是一个无理数、超越数，它的值非常重要却又无法精确地写出来。千百年来，全世界的数学家们发明了各式各样的方法来计算π的值，很多人因此而彪炳史册。

下面这个例子利用迭代公式 $x_{n+1} = x_n + \sin(x_n)$ 来求解圆周率π的近似值，其中 x_n 的初始值记为 x_0，取值为 3，如代码 6.27 所示。

代码 6.27 使用迭代公式求圆周率

```
import math

def approximating_pi(loop,x=3):
    """求圆周率的近似值
        loop: 迭代次数
        x: 初始值默认为3
    """
    for i in range(loop):
        x = x + math.sin(x)
    return x

loop_n = 2
print(f"迭代{loop_n}次，π值: {approximating_pi(loop_n)}")
```

代码 6.27 的运行结果如下，仅仅迭代 2 次，圆周率的精度已经比较高了。

```
迭代2次，π值: 3.1415926535721956
```

仔细对比数学迭代公式和对应的实现代码会发现，数学上的迭代公式变为计算机代码时，字母 x 的下角标不见了。数学公式中的迭代字母需要带下角标是因为数学公式是静态的，表达的是迭代过程的一个瞬间，为了区别迭代过程中不同的轮次，只有给迭代量添加下角标。但计算机代码是动态的，在代码"x = x + math.sin(x)"中等号"="表示赋值动作，右侧变量 x 经过一番运算后得到的值要保存到同一个 x 变量中，这样才能实现迭代。因此不需要也不能添加下角标。

6.6.2 模拟比萨计价

假设某比萨店提供两种尺寸的比萨，分别为 12 寸与 16 寸（此处的寸为英寸，1 英寸=2.54 厘米）。又有 3 种调料可以额外添加、自由组合，分别是 "green peppers"（青椒）、"mushrooms"（蘑菇）、

"extra cheese"（加量奶酪）。价格计算方法如下：12 寸基础款比萨价格为 50 元，16 寸基础款比萨价格为 80 元。额外添加 mushrooms 加收 10 元，添加 green peppers 加收 15 元，添加 extra cheese 加收 20 元。如果同时添加多种调料则加收相应调料的累计钱数。

接下来的任务是模拟下单之后的计价环节，程序可以根据所点比萨的尺寸和添加调料情况计算最终的价格。因为客户添加的调料有可能是 0 种，也有可能是 3 种，所以处理价格的自定义函数要有可变参数。具体实现细节如代码 6.28 所示。

代码 6.28　模拟比萨计价

```python
def calc_pizza_price(size,*toppings):
    topping_price = {'mushrooms':10,'green peppers':15,'extra cheese':20}
    total_price = 0      #总价
    extra_price = 0      #调料价格
    for topping in toppings:
        extra_price += topping_price[topping]
    if size == 12:
        total_price = 50 + extra_price
    elif size == 16:
        total_price = 80 + extra_price
    return total_price

print("12 寸基础: ",calc_pizza_price(12))
print("12 寸+3 种调料: ",
    calc_pizza_price(12,'mushrooms','green peppers','extra cheese'))
print("16 寸 green peppers,extra cheese: ",
    calc_pizza_price(16,'green peppers','extra cheese'))
```

代码 6.28 的运行结果如下，无论是添加 0 种调料还是 3 种调料，代码都可以正确计算价格。

```
12 寸基础: 50
12 寸+3 种调料: 95
16 寸 green peppers,extra cheese: 115
```

这段代码将计算价格的工作定义为一个函数，并将计算价格所需的前提条件提炼为函数的参数。第一个参数为比萨的尺寸，比较容易理解。关键是第二个参数，为了应对客户在选择调料上的多种可能，函数预备了一个可变参数，这样无论添加几种调料都可以应对。函数内部使用字典预存各种调料的价格，这为计算调料总价格带来了方便。

6.6.3　重构蒙提·霍尔三门问题

在第 3 章的蒙提·霍尔三门问题案例中，使用蒙特卡罗法让坚持换门和坚持不换门各实验很多次，从而模拟出问题的解。观察第 3 章的代码可以发现，有很多代码是重复的，这就意味着可以将其提炼成一个单独的函数而后多次调用。因此这个案例将当时的代码使用函数的形式重新实现一遍，重点体会代码的重构过程。

第 3 章的程序分成两大部分，分别对应换门和不换门。但两部分代码具有同样的结构，具有重复性，因此可以将这个重复的流程结构提炼出来形成一个函数，不妨命名为 monte_carlo_test()函数。也就是不论换不换门，都调用这个函数尝试 10000 次游戏。但毕竟坚持换门和坚持不换门两种策略判断输赢的逻辑是不一样的，因此自定义函数要可以感知到这个不同，从而给出不同的判断。这需要给 monte_carlo_test()函数设置一个 switch 参数，换门和不换门两种策略在调用 monte_carlo_test()函数时 switch 参数的值是不同的。这样 monte_carlo_test()函数就可以处理两种策略之间的差异了。

monte_carlo_test()函数在工作时会模拟成千上万次游戏，实际上每次游戏的判断过程都是一样的，既然如此，不妨将判断每一次游戏输赢的过程独立成另外一个函数，这就是代码中的 monty_hall()函数。具体细节如代码 6.29 所示。

代码 6.29　重构蒙提·霍尔三门问题

```python
import random

def monty_hall(choice,switch=False):
    """判断每一次游戏输赢"""
    car = 2    #假设汽车放在 2 号门后，这并不影响实验
    if car == choice:
        if switch:
            win = False
        else:
            win = True
    else:
        if switch:
            win = True
        else:
            win = False
    return win

def monte_carlo_test(tries,switch):
    """将游戏重复千万次，统计结果"""
    win_time = 0
    for i in range(tries):
        user_choice = random.randint(0,2)    #模拟玩家的选择
        if monty_hall(user_choice,switch):    #调用单次游戏判断函数
            win_time += 1
    win_rate = round(win_time / tries * 100,1)
    return win_rate

print(f"坚持更换门，获得汽车的概率：{monte_carlo_test(10000,True)}%")
print(f"坚持不换门，获得汽车的概率：{monte_carlo_test(10000,False)}%")
```

整个代码的主程序只有两行 print()，它们会调用 monte_carlo_test()函数，并将是否换门告知。而 monte_carlo_test()函数只负责将游戏重复指定的次数，并统计这个过程中玩家赢了的次数。至于每一次游戏玩家是输是赢交由另外一个函数 monty_hall()负责，因此 monty_hall()函数的返回值是逻辑型。

6.6.4　判断元素个数是否为偶数

Python 内置的 len()函数可以用来测量列表、元组等序列型数据结构的元素个数，但假如不使用len()函数，通过递归的思路也是可以判断一个列表的元素个数是不是偶数的。那么如何实现呢？下面思考递归的两个要素。

① 如何将问题转换为同质的规模小一点的问题？

② 递归的底即最小规模问题是什么？

要判断一个列表的元素个数是不是偶数，只需将原列表去掉一个元素，判断少了一个元素的列

表其元素个数的奇偶性，则原列表元素个数的奇偶性即可得知。而少了一个元素的列表元素个数的奇偶性恰恰是原问题的小规模同质问题，这样递归过程就启动了。那递归的底在哪呢？按照这个思路一直递归下去，迟早会得到一个空列表，而空列表的元素个数为 0，是偶数。这就是递归的底。代码 6.30 就是按照这个思路实现的。

代码 6.30　使用递归判断元素个数是否为偶数

```
def is_items_even(lst):
    if lst == []:
        return True
    else:
        return not(is_items_even(lst[:-1]))

print(is_items_even([1,5,6]))        #False
print(is_items_even([2,5,7,9]))      #True
```

代码 6.30　使用递归判断元素个数是否为偶数

is_items_even()函数内部的 if 语句有两个分支，分别完成递归调用及最后最小规模的判断。

6.6.5　模拟二十四节气倒计时

2022 年北京冬奥会的开幕式美轮美奂，充满了想象力，是古老文化与现代科技完美结合的典范。开幕式恰逢中国农历二十四节气中的"立春"，本届奥运会又是第 24 届冬奥会，于是开幕式以中国传统历法的二十四节气开场，倒数 24 个数，季节更替，冬去春来，再也没有比这更诗情画意的开场了。

代码 6.31 将使用 time 库、turtle 库及 random 库模拟二十四节气倒计时的效果，虽然无法和北京冬奥会相比，但能操练所学知识总是好的。

代码 6.31　模拟二十四节气倒计时

```
import time
import turtle
import random


turtle.setworldcoordinates(-200,-200,200,200)
t = turtle.Turtle()
t.speed(0)


#负责书写的函数
def writer(content,x,y,color="gray",font_name="黑体",font_size=100):
    t.penup()
    t.hideturtle()
    t.goto(x,y)
    t.pencolor(color)
    t.write(content,font=(font_name,font_size))


#书写二十四节气倒计时
solar_terms = ["立春","雨水","惊蛰","春分","清明","谷雨",
               "立夏","小满","芒种","夏至","小暑","大暑",
               "立秋","处暑","白露","秋分","寒露","霜降",
               "立冬","小雪","大雪","冬至","小寒","大寒"]
colors = ["red","green","blue","orange","yellow"]
```

```
length = len(solar_terms)
for i in range(length):
    order_num = str(length-i)                     #倒数数字
    if len(order_num) == 1:                       #一位数前面补 0
        order_num = "0" + order_num
    writer(order_num,-45,100)                     #书写倒数数字
    color = random.choice(colors)                 #随机挑选颜色
    writer(solar_terms[length-i-1],-80,-50,color)  #从大寒开始书写
    time.sleep(1)                                 #停顿
    t.clear()                                     #清屏

#开幕
contents = ["第24届","北京冬季奥运会","开幕！"]
for i in range(3):
    writer(contents[i],-150,100-50*i,"gold",font_size=50)

#计算北京两届奥运会的时间差
bj_winter_oly = "2022-2-4 20:00:00"
bj_summer_oly = "2008-8-8 20:00:00"
winter_oly_time_struct = time.strptime(bj_winter_oly,"%Y-%m-%d %H:%M:%S")
summer_oly_time_struct = time.strptime(bj_summer_oly,"%Y-%m-%d %H:%M:%S")
seconds = time.mktime(winter_oly_time_struct) - time.mktime(summer_oly_time_struct)
minutes = seconds / 60
hours = minutes / 60
days = hours / 24

#书写两届奥运会的时间差
content = "2008 年，北京，夏季奥运会"
writer(content,-150,-30,"gray","宋体",20)
content = "同一座城市，不同的季节。不同的节目，同样的精彩"
writer(content,-150,-50,"gray","宋体",20)
content = "两届奥运会，时光流逝了"
writer(content,-150,-80,"gray","宋体",15)
content = str(seconds) + " 秒钟"
writer(content,-150,-100,"gray","宋体",10)
content = str(minutes) + " 分钟"
writer(content,-150,-110,"gray","宋体",10)
content = str(hours) + " 小时"
writer(content,-150,-120,"gray","宋体",10)
content = str(days) + " 天"
writer(content,-150,-130,"gray","宋体",10)
content = "两届奥运会，中国大不同"
writer(content,-150,-150,"gray","宋体",15)
```

上述代码运行之后，二十四节气倒计时的效果如图 6.4 所示。

代码中定义了一个负责书写文字内容的 writer()函数，该函数利用全局的小海龟 t 来书写指定内容，需要预知的信息包括要书写的内容、书写的位置、颜色及字体字号，所有这些信息都被提炼为函数的参数，其中从颜色开始之后的参数都有默认值。代码后期的书写过程频繁地调用了 writer()函数，每次调用时根据需求传递不同的文本内容、书写位置、所需颜色及字体字号。

图 6.4 二十四节气倒计时效果

在倒计时结束后，小海龟还书写了一些文字内容，包括冬奥会开幕的标题，以及冬奥会和 2008 年夏季奥运会的时间差。这里用到了 time 库中的一系列函数，将日期由人所熟悉的字符串形式转换为时间戳。而两个时间戳做减法即可获得时间差，这也是时间戳的优势之一。代码最后呈现在屏幕上的效果如图 6.5 所示。

图 6.5 模拟北京冬奥会开幕的效果图

6.7 拓展实践：利用递归绘制分形图案

6.7.1 分形图案的概念

几何学上有一类图案叫分形，很符合计算机科学中的递归思想。分形图案的主要特点是这种图案的一部分很像整体，具有自相似性，如图 6.6 所示的图案。当然，仅靠自相似性还不足以给分形下一个严格的定义。不过，没有分形的明确定义并不影响接下来的实践活动。

图 6.6 分形图案示例

　　为了更好地感知分形图案，读者可以在搜索引擎中搜索"分形图案"，会得到很多非常绚丽的分形图案。大自然中也有很多符合分形特点的形状，如生活中常见的树，其每个枝杈又像一棵小树；又如雪花、叶片、山脉、海岸等，都具有这种特点。

　　分形是科学与艺术完美结合的典型代表。分形的内在价值使其在很多科学技术领域都有应用，分形又有令人无法拒绝的外在之美，使其在各种装潢、设计等领域也大展拳脚。分形的特点与递归思想天然具有密切的联系，因此分形的处理往往离不开计算机程序，这决定了分形与代码密不可分。下面就在小海龟的帮助下，使用代码来尝试绘制几个分形图案吧。

6.7.2　绘制一棵树

　　前面已经说过，自然界的树就是一种简单的分形图案，尤其是将树抽象后更可以看出这一点，如图 6.7 所示。这棵对称的略显"机械"的树是由代码 6.32 绘制的。

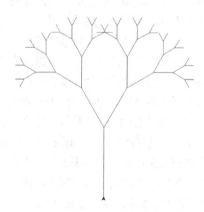

图 6.7　利用递归绘制的对称的树

代码 6.32　绘制一棵对称的树

```
import turtle

def drawing_tree(t,length,depth):
    if depth <= 1:              #递归的底：树梢的最末端枝杈
        t.forward(length)       #树梢枝杈是一根简单的线段
```

```
            t.backward(length)        #线段画完要再返回线段的出发点,这一点很关键
        else:
            t.forward(length)         #当前层次对应的树的树干
            #画当前树的左分支,分支的长度是父枝长度的三分之二
            t.left(30)
            drawing_tree(t,length*(2/3),depth-1)
            #画当前树的右分支
            t.right(60)
            drawing_tree(t,length*(2/3),depth-1)
            t.left(30)
            t.backward(length)        #返回当前树的出发点


#小海龟初始时在窗口中央,面向右方
t = turtle.Turtle()
t.right(90)          #向右转 90°,面向下方
t.penup()
t.forward(220)       #向下前进 220,给树的生长留够空间
t.left(180)          #左转 180° ,面向上
t.speed(1)           #放慢速度,便于观察
t.pendown()
drawing_tree(t,200,6)                 #开画。树的主干长 200,递归 6 层
t.getscreen().mainloop()
```

接下来对上述代码进行简单的分析。理解这段代码的关键是要正确地按照递归的思想解析这棵树的构造。还记得递归的"偷懒"思路吗? 不要正面去构思如何从头绘制一棵树,而是想着假如树冠已画好,在底下加一根树干就大功告成了。然而树冠怎么才能画好呢? 仔细观察图 6.7 会发现,树冠可以看成由两棵小树构成,而且这两棵小树除了规模比原始的大树小一层,其他的和大树没有本质区别。至此已经将原始的一棵树分解为极易解决的部分(树干)和两个与原问题同质但规模变小的部分(构成树冠的两棵小树),递归思路已赫然显现。因此只需继续递归,将树冠上的两棵小树进行同样的处理,分别分解为树干与两棵再小一层的小树,直到树梢的最后一层,这一层的小树已经简单到只是一条线段而已,这就是那个最小规模的递归的底。

为了更好地理解绘制过程,不妨将问题再具体一些。例如,绘制图 6.7 所示的树,整棵大树从树干到树梢一共 6 层。如何将规模为 6 层的树转换为规模为 5 层的树呢? 可以先绘制一根树干,然后将小海龟的方向左转 30° ,开始绘制左侧的 5 层小树。先不管左侧 5 层小树是如何绘制成功的,重要的是画完左侧小树后小海龟要回到刚开始画左侧小树时的起点,这样小海龟才能右转 60°(相当于垂直向上偏右 30°),开始绘制右侧的 5 层小树。两个 5 层小树都绘制完成,再加上早已绘制好的树干,一棵 6 层的大树就绘制成功了。至于 5 层的小树到底怎么画? 这不是与一开始如何绘制一棵 6 层的树完全同质的问题吗? 因此对于每一棵 5 层树,只需先绘制树干,然后使小海龟进行同样的操作,绘制需要的 4 层小树。如此一来,层层递归,直到树梢那一层。树梢这一层的左、右两侧的小树都简单到只是一根线段了。好比求阶乘的例子中,最后递归到 1 的阶乘就可以无须计算直接给出答案了。当然要注意一个细节,即便是树梢的这根线段,画完后还是要回到出发的起点。按照这个分析再来看上述代码,应该不难体会递归的实现套路。

上述代码绘制的树过于对称,装饰性太强,树的自然特点不足。其实只需对代码 6.32 稍作修改,引进一些随机因素,让每次递归时树枝旋转的角度、伸缩比例有点变化,绘制的树就会更自然一些。因此代码 6.33 导入了 random 库,加入了随机函数。

代码6.33   绘制一棵不对称的树

```
import turtle
import random

def drawing_tree(t,length,depth):
    angle = random.randint(10,60)              #在10°～60°随机选取旋转角度
    fraction = random.uniform(0.5,0.75)        #枝杈长度是父辈枝杈的百分比
    if depth <= 1:
        t.forward(length)
        t.backward(length)
    else:
        t.forward(length)
        t.left(angle)
        drawing_tree(t,length * fraction,depth-1)
        t.right(angle * 2)
        drawing_tree(t,length * fraction,depth-1)
        t.left(angle)
        t.backward(length)

t = turtle.Turtle()
t.right(90)
t.penup()
t.forward(220)
t.left(180)
t.speed(10)
t.pendown()
drawing_tree(t,200,6)   #开画
t.getscreen().mainloop()
```

代码 6.33 与代码 6.32 没有本质的区别，只是在绘制每一层小树时枝杈的旋转角度不再固定为 30°，每一层枝杈长度也不再限定为父辈枝杈的 2/3。于是就有了图 6.8 所示的效果，因为有随机因素，所以代码 6.33 每次运行绘制的树都会不一样。

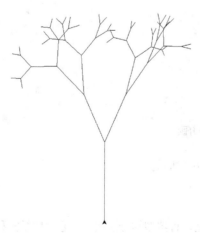

图 6.8   绘制不对称树的效果图

代码 6.33 虽然加入了随机因素，但枝杈左转和右转的角度还是对等的。如果让左转和右转的角

度不同，并且递归到底也就是到树梢的位置时，画一个小圆圈来表示树叶，然后根据角度再变换一下颜色深浅，以体现出光影效果，则绘制的树会更逼真。这就是代码 6.34 的目标，这段代码递归了10 层，当递归层数越多时，树的效果会越好。但不要太贪心哦，毕竟递归到底之前，所有的“作案现场”都要一直保持，代价还是比较大的。

代码 6.34　绘制一棵自然效果的树

```python
import turtle
import random
import math


def nature_tree(t,length,depth):
    c = math.cos(math.radians(t.heading() + 45)) / 8 + 0.25
    t.pencolor(c,c,c)                      #颜色深浅表示光感
    t.pensize(depth / 4)                   #枝杈的粗细
    angle_left = random.randint(1,40)      #在1° ～40° 选取旋转角度
    angle_right = random.randint(1,40)     #左转和右转的角度可以不同
    fraction = random.uniform(0.5,0.75)    #枝杈的长度是父辈枝杈的百分比
    if depth <= 1:
        t.forward(length)
        c = math.cos(math.radians(t.heading() - 45)) / 4 + 0.5
        t.pencolor(c,c,c)
        t.circle(2)                        #用小圆圈表示树叶
        t.backward(length)
    else:
        t.forward(length)
        t.left(angle_left)
        nature_tree(t,length * fraction,depth-1)
        t.right(angle_left + angle_right)
        nature_tree(t,length * fraction,depth-1)
        t.left(angle_right)
        t.backward(length)


t = turtle.Turtle()
t.left(90)
t.penup()
t.backward(300)
t.speed(0)
t.pendown()
nature_tree(t,200,10)   #开画
t.getscreen().mainloop()
```

代码 6.34 的运行结果如图 6.9 所示。

6.7.3　绘制科克曲线

科克曲线（Koch Curve）是一种典型的分形曲线，它以数学家科克（Koch）的名字命名，有许多有趣的性质。图 6.10 展示了科克曲线递归的层次结构。

仔细观察可以发现科克曲线的第 n 层图案是由 4 个 n-1 层图案构成的，中间的两个 n-1 层结构

还要翘起一定的角度，每个 $n-1$ 层图案的宽度（从左端到右端）为 n 层图案宽度的 1/3。抓住这些规律就可以按照递归的套路构造代码了，具体细节如代码 6.35 所示。

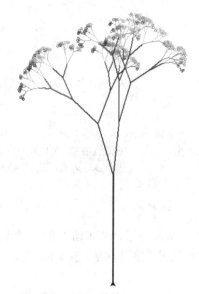

图 6.9　绘制更自然的树的效果图

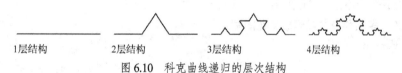

1层结构　　　　2层结构　　　　3层结构　　　　4层结构

图 6.10　科克曲线递归的层次结构

代码 6.35　绘制科克曲线

```
import turtle

def koch_curve(t,length,depth):
    if depth == 1:              #递归的底
        t.forward(length)       #一条线段
    else:
        #4 个 n-1 层图案,宽度为父层的 1/3
        koch_curve(t,length/3,depth-1)
        t.left(60)              #旋转 60°,要第二个 n-1 层图案翘起来
        koch_curve(t,length/3,depth-1)    #4 个 n-1 层图案中的第二个
        t.right(120)
        koch_curve(t,length/3,depth-1)
        t.left(60)
        koch_curve(t,length/3,depth-1)

turtle.setworldcoordinates(-500,-500,500,500)
t_curve = turtle.Turtle()         #绘制科克曲线的小海龟
t_curve.speed(10)
t_curve.pensize(2)
t_curve.penup()
t_curve.goto(-450,0)
```

```
t_writer = turtle.Turtle()        #书写说明的小海龟
t_writer.hideturtle()
t_writer.penup()
t_writer.goto(-450,-50)

for i in range(1,5):
    t_curve.pendown()
    koch_curve(t_curve,200,i)          #从左到右长为 200 的有 i 层结构的科克曲线
    t_curve.penup()
    t_curve.forward(33)
    t_writer.write(str(i)+"层结构",font=("黑体",10))
    x = t_curve.position()[0]        #获取绘制曲线小海龟的横坐标
    t_writer.goto(x,-50)             #书写说明的小海龟跟随绘制曲线的小海龟右移

t_curve.hideturtle()
t_curve.getscreen().mainloop()
```

代码 6.35 的运行结果如图 6.10 所示。代码中递归函数的书写仍然是套路化的，与绘制一棵树的代码有异曲同工之妙。另外，这段代码还使用了两个小海龟，配合完成绘制曲线及曲线下方说明文字的书写工作。

如果绘制一条科克曲线还不够，可以多画几条。代码 6.36 绘制了多条科克曲线，再配合角度的旋转，最终构成一个漂亮的雪花图案。

代码 6.36　多条科克曲线组成雪花图案

```
import turtle

def koch_curve(t,length,depth):
    if depth == 1:
        t.forward(length)
    else:
        koch_curve(t,length/3,depth-1)
        t.left(60)
        koch_curve(t,length/3,depth-1)
        t.right(120)
        koch_curve(t,length/3,depth-1)
        t.left(60)
        koch_curve(t,length/3,depth-1)

t = turtle.Turtle()
t.speed(0)
t.penup()
t.goto(-300,200)
t.pendown()
for _ in range(3):          #3 条 5 层的科克曲线形成一个雪花
    koch_curve(t,600,5)
    t.right(120)

t.hideturtle()
t.getscreen().mainloop()
```

代码利用循环绘制了 3 条拥有 5 层结构的科克曲线，3 条科克曲线首尾衔接构成一个漂亮的雪花图案，如图 6.11 所示。

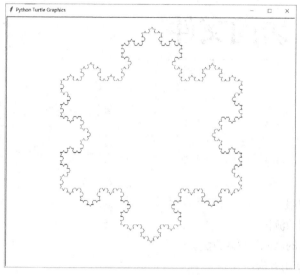

图 6.11　科克曲线组成的雪花图案

本章小结

函数是程序变复杂后必不可少的组成部分，本章介绍了如何在程序中使用自定义函数，讲解了函数的参数与返回值等概念，重点要理解函数调用过程中的契约关系，函数调用的嵌套及函数的递归。函数的引入使变量可以拥有不同的作用域和不同的生命周期。另外，本章以 time 库为例介绍了时间的处理方法。

思考与练习

1. 编写一个求矩形面积的函数，矩形的宽默认设置为 5。
2. 如何改写 my_sum() 函数才能让它可以接收 1 个、2 个直到 n 个数值呢？
3. 使用循环的思路完成求阶乘。
4. 为二十四节气案例添加配景图案，使其效果更美观。
5. 利用 turtle 库与 time 库模拟红绿灯效果。其中，turtle 库负责绘制红绿灯的外在效果，time 库负责完成计时。

第7章 访问文件

学习目标

- 理解文件的作用。
- 掌握文件使用的流程。
- 掌握文本文件的读取与写入方法。
- 了解 os 库的使用方法。

前面虽然介绍了很多数据结构来保存数据，但都是在内存中，因此无法实现长期持久地保存数据。要达到这一目标，就需要使用文件。本章介绍使用文件的基本流程，以及如何读写文本文件。

7.1 文件的使用流程

7.1.1 使用文件的原因

相信读者已经习惯了程序要有变量，有各种类型的容器来保存数据。简单的如整型、浮点型、字符串，复杂的如列表、元组和字典等。但所有这些变量容器都是在内存中的，内存的弱点是一旦意外关机、断电，保存在其中的数据就都没有了。因此如果程序想要持久保存数据就需要使用文件。文件一般位于磁盘上，磁盘是永久性保存数据的媒介，即使断电也不会丢失数据。因此现实世界的程序都需要有访问磁盘文件的能力。

7.1.2 使用文件的方法

Python 内置的 open()函数可以打开磁盘上的文件，打开方式可以是读取、写入或二者均可。对于文本文件，open()函数还可以指定使用何种编码方式打开目标文件。按照面向对象的理念，文件打开后 open()函数会返回一个代表该文件的对象，这个文件对象具有很多操作文件的方法，调用文件对象的这些方法就可以方便地操作文件了。例如，假设文件对象叫 file_obj，则关闭这个文件的操作可以通过 file_obj.close()方法来完成。

文件使用完毕一定要记得关闭，这是每次使用完文件必做的收尾工作。因为当文件被 open()函数打开时，这个文件就被程序独享占用，操作系统会保证其他的程序无法使用这个文件。如果程序用完文件但不关闭，则程序对文件的独享占用就仍然持续着，导致其他程序无法正常使用该文件。

使用文件的基本流程如下。

第一步，使用open()函数打开文件，得到一个文件对象。

第二步，调用文件对象的方法对文件进行读写操作。

第三步，关闭文件。

7.1.3　open()函数的使用

内置的open()函数拥有多个参数，但常用的只有几个。下面通过打开一个文本文件的例子演示open()函数的使用细节。代码7.1要求磁盘上和代码文件相同目录下有file文件夹，file文件夹下有"长信宫灯.txt"文件。

代码7.1　使用open函数打开文件

```
#file_obj = open("file/长信宫灯.txt","r",encoding="utf-8") #亦可
file_obj = open("file\\长信宫灯.txt","r",encoding="utf-8")

for line in file_obj:
    print(line)

file_obj.close()
```

这段代码打开指定的文本文件并将其中的内容输出，之后关闭文件。代码7.1的运行结果如下。

长信宫灯一改以往青铜器皿的神秘厚重，整个造型及装饰风格都显得舒展自如、轻巧华丽，是一件既实用、又美观的灯具珍品。宫女铜像体内中空，其中空的右臂与衣袖形成铜灯灯罩，可以自由开合，燃烧产生的灰尘可以通过宫女的右臂沉积于宫女体内，不会大量飘散到周围环境中，其环保理念体现了古代中国人民的智慧，长信宫灯被誉为"中华第一灯"。

美国前国务卿基辛格来华访问时曾参观过长信宫灯，并感慨道："2000多年前中国人就懂得了环保，真了不起。"

长信宫灯一直被认为是中国工艺美术品中的巅峰之作和民族工艺的重要代表而广受赞誉。这不仅在于其独一无二、稀有珍贵，更在于它精美绝伦的制作工艺和巧妙独特的艺术构思。采取分别铸造，然后合成一整体的方法。考古学和冶金史的研究专家一致公认，此灯设计之精巧，制作工艺水平之高，在汉代宫灯中首屈一指。1993年它被鉴定为国宝级文物。

代码中的open()函数用到了3个参数，分别如下。

（1）参数file：待打开的文件名。

open()函数的第一个参数是要打开的文件名，如果文件不在当前路径，还要包含路径名。其中的路径分隔符在Windows平台下使用的是"\"，与Python的字符串转义符号冲突了。因此如果想要使用"\"作为路径分隔符，则每个分隔路径的斜杠要写两遍。如果觉得麻烦，也可以使用"/"斜杠作为路径分隔符，就像代码中被注释掉的那行一样。

（2）参数mode：文件的打开模式。

打开模式通常有读、写、追加等几种，表7.1是文件的常见打开模式。其中，写入模式和追加模式的区别在于，如果打开的文件原来有内容，则写入模式会完全覆盖掉原来的内容，而追加模式会在原内容的后边追加新的内容。

表7.1　文件的常见打开模式

打开模式	说明
r	以只读方式打开文件，默认模式
w	以写入模式打开文件
a	以追加模式打开文件

如果没有指定打开模式，则默认"r"模式也就是读模式。使用"r"模式打开文件时，要求目标文件一定要事先存在，否则会报错。而使用"w"模式打开文件时，如果文件名指定的文件不存在，则open()函数会创建这个文件。

（3）参数 encoding：针对文本文件的编码、解码方案。

打开文件时常用到的第三个参数就是 encoding。注意，这里只是说 encoding 是常用到的第三个参数，不是说 encoding 是 open() 函数的第三个参数。实际上 encoding 是 open() 函数的第四个参数。这意味着为 encoding 参数传值时，一般要明确写出参数名，即像 encoding="utf-8" 这样书写，这和前两个参数不同。文件名和打开模式这两个参数在传值时写不写参数名都没问题，因为它们就是 open() 函数的第一、第二个参数，按照位置对应也是没问题的。但 encoding 是 open() 函数的第四个参数，如果代码 7.1 传值时只写 "utf-8"，实际上是传给了 open() 函数的第三个参数。

代码 7.1 如果去掉 encoding 参数的设置就会报错，错误原因是解码方案不对，无法正确解码。当打开的文本文件遇到编码错误时，就要了解该文件使用的是何种编码，通过 encoding 参数设置正确的解码方案。

open() 函数打开文件后产生的文件对象就是操作文件的"抓手"。通过调用这个文件对象的诸多方法，如 read() 方法、write() 方法等，就可以对文件进行读写操作了。

7.2 文件的读写操作

7.2.1 读取文本文件

open() 函数得到的文件对象有 3 个常用的读取文件内容的方法，分别是 read() 方法、readline() 方法和 readlines() 方法。下面以文本文件为例介绍这 3 个方法的用法。

1. read() 方法

这个方法可读入指定长度的内容，如果没有指定长度，则默认将文本文件的内容全部读入。该方法返回的是一个字符串。代码 7.2 演示了 read() 方法的使用。

代码 7.2 文件对象的 read() 方法

```
file_obj = open("file/长信宫灯.txt","r",encoding="utf-8")
text = file_obj.read(35)                #读取前 35 个字符
print(text)
file_obj.close()
```

代码 7.2 的运行结果如下，只有原文的前一小部分内容。读者可将 read() 方法括号中的 35 去掉，看一下返回的结果。

长信宫灯一改以往青铜器皿的神秘厚重，整个造型及装饰风格都显得舒展自如、

2. readline() 方法

顾名思义，readline() 方法一次可以读入文本文件的一行，如代码 7.3 所示。这段代码要打开的文本文件内含纳兰性德的一首《浣溪沙》词，整个文本内容从标题、作者到正文被分成了几行书写。每次调用 readline() 方法都会读入一行文本，直到文件尾部。

代码 7.3 文件对象的 readline() 方法

```
file_obj = open("file/浣溪沙.txt","r",encoding="utf-8")
text = file_obj.readline()
while text != "":
    print(text,end="")
    text = file_obj.readline()
file_obj.close()
```

代码 7.3 的运行结果如下。

浣溪沙

【清】纳兰性德

谁念西风独自凉，萧萧黄叶闭疏窗。沉思往事立残阳。

被酒莫惊春睡重，赌书消得泼茶香。当时只道是寻常。

这里有一个细节需要说明，代码中的 print()函数通过 end 参数关闭了自带的换行效果。这是因为文本文件中每一行的结尾都有一个看不见的换行符，如果不对 end 参数进行设置，则每输出一行文本会换两次行。

3. readlines()方法

与 readline()方法不同，readlines()方法将文本文件的内容以列表形式返回，文件的每一行是列表的一个元素，如代码 7.4 所示。

代码 7.4　文件对象的 readlines()方法

```
file_obj = open("file/浣溪沙.txt","r",encoding="utf-8")
lines_lst = file_obj.readlines()
print(lines_lst)
file_obj.close()
```

readlines()方法会将文件中的所有行都读取出来，每一行文本作为一个元素保存在列表 lines_lst 中，因此代码 7.4 的运行结果如下，注意每行行尾的换行符。

['浣溪沙\n','【清】纳兰性德\n','谁念西风独自凉，萧萧黄叶闭疏窗。沉思往事立残阳。\n','被酒莫惊春睡重，赌书消得泼茶香。当时只道是寻常。\n']

如果读入文本内容后不是简单地从头到尾输出，而是有其他处理需求，则可以根据需要组合使用多个读入文本的方法。例如，代码 7.5 使用了 readline()和 readlines()两个方法，将词的标题、作者与正文分开处理。

代码 7.5　组合使用文件对象的方法

```
file_obj = open("file/浣溪沙.txt","r",encoding="utf-8")

title = file_obj.readline()              #读取词标题
author = file_obj.readline()             #读取词作者
lines_lst = file_obj.readlines()         #读取词正文

file_obj.close()

for line in lines_lst:
    print(line,end="")
author = author[:-1]                     #去掉行尾的换行符
title = title[:-1]
msg = "——{a} · 《{t}》".format(a=author,t=title)
print(msg)
```

代码没有按照原始书写顺序输出，而是希望将标题与作者放到正文的后边，并为词的标题添加了书名号，最终的运行结果如下。

谁念西风独自凉，萧萧黄叶闭疏窗。沉思往事立残阳。

被酒莫惊春睡重，赌书消得泼茶香。当时只道是寻常。

——【清】纳兰性德 · 《浣溪沙》

7.2.2　写入文本文件

向文本文件写入内容的操作可以通过文件对象的 write()方法来完成，该方法只是将指定的字符串写入文件，如果需要换行，则换行符也需要调用者提供。

代码 7.6 使用 write()方法向文本文件写入 3 个 "不要回答！"，因为没有提供换行符，所以虽然代码分 3 行调用了 3 次 write()方法，但是写入的 3 个 "不要回答！" 会出现在同一行。如果希望文件中分 3 行书写，那么应该改为 "不要回答！\n"。

代码 7.6　使用文件对象的 write()方法

```
#文本文件如果事先不存在,则 w 模式下 open()函数会自动创建该文件
myfile = open("file/三体.txt","w")
myfile.write("不要回答! ")
myfile.write("不要回答! ")
myfile.write("不要回答! ")
myfile.close()
```

另外需要注意的是，上述代码使用了 "w" 模式打开文件，如果使用 "r" 模式打开文件，那么是无法写入内容的。但 "w" 模式意味着每次写入内容时都会覆盖原来的内容，如果想要在原来内容的基础上追加内容，那么就要使用 "a" 模式打开文件。

7.2.3　with 语句

无论是读取内容还是写入内容，每次打开文件时都要记着使用完毕后关闭文件。可要是遗忘了怎么办呢？为了确保文件用完之后关闭，也省去每次都要调用 close()方法的麻烦,Python 提供了 with 语句，这个语句可以进行某种情景管理。当使用 open()函数打开文件得到文件对象后，把文件对象交给 with 语句，with 语句会维护着使用该文件的情景，一旦程序完成了对该文件的使用，要离开 with 情景时，with 语句负责关闭文件，无须程序员手动书写 close()方法了。

在代码 7.7 中，使用 open()函数打开文件后将文件对象交给 with 语句，之后对文件的操作代码都从属于 with 情景,因此会有缩进。当程序的执行离开 with 语句时就意味着对该文件的操作结束了,with 语句会自动关闭该文件。

代码 7.7　使用 with 语句自动关闭文件

```
with open("file/陶行知名言.txt","a",encoding="utf-8") as myfile:
    myfile.write("人生天地间, 各自有禀赋; 为一大事来, 做一大事去。\n")

with open("file/陶行知名言.txt","r",encoding="utf-8") as myfile:
    text_lst = myfile.readlines()
    for line in text_lst:
        print(line[:-1])
```

代码 7.7　使用 with 语句自动关闭文件

上述代码中，open()函数返回的文件对象通过 as 关键字起名为 myfile，在 with 语句块内可以使用 myfile 指代这个文件，对其进行各种操作。第一个 with 语句使用 "a" 模式打开文件，并向其中追加了新的文本内容，而后关闭文件。第二个 with 语句使用 "r" 模式打开文件，并将其中的内容全部读出，从下面的输出结果可知，该文本文件在追加内容之前，原本有一行陶先生的名言。

千教万教, 教人求真; 千学万学, 学做真人。
人生天地间, 各自有禀赋; 为一大事来, 做一大事去。

7.3　Python 生态系统之 os 库

标准库 os 的名称来自 Operating System（操作系统）的缩写，它是 Python 和操作系统打交道的一个重要的库。平时操作计算机时，用户免不了要频繁和文件系统打交道，如创建新的文件夹、在文件夹路径中移动位置、删除已有的文件夹、给文件夹和文件改名等操作都是十分常见的。这些操

作平时可以通过键盘、鼠标交互式完成，但要是在程序代码中需要做这些操作该怎么办呢？这时就该 os 库出马了。

7.3.1 修改文件名

os 库中有一个 rename()函数可以为文件或文件夹修改名称，如代码 7.8 所示。

代码 7.8　使用 rename()函数修改文件名

```
import os

with open("file/test.txt","w") as myfile:
    myfile.write("仕而优则学，学而优则仕\n")
    myfile.write("意思是工作后还有余力的就应该去学习进修，不断提高自己；")
    myfile.write("学习、研究之余要多参与具体的工作与实践。\n")

os.rename("file/test.txt","file/论语摘录.txt")
print("改名成功")
```

这段代码要求 file 文件夹事先存在，test.txt 文件存在与否均可，因为代码以"w"模式打开 test.txt 文件，如果 file 文件夹下没有该文件则 open()函数会创建这个文件。之后代码向文件内写入从《论语·子张》中摘录的片段及现代文解释。当 with 语句结束时打开的文件会被关闭，对 test.txt 文件的占用将被释放，从而可以使用 os 库中的 rename()函数对其进行重命名，将"test.txt"改名为"论语摘录.txt"。

读者可尝试将 os.rename()这行代码添加缩进，使其成为 with 语句块的一部分，看看运行代码后会出现什么情况，并解释为什么会这样。

7.3.2 删除文件

可以使用 os 库中的 remove()函数删除文件。例如，代码 7.9 中如果在询问是否删除文件时回答"Y"，论语摘录.txt 文件将会被删除。

代码 7.9　使用 remove()函数删除文件

```
import os

with open("file/论语摘录.txt","w") as myfile:
    myfile.write("日知其所亡，月无忘其所能，可谓好学也已矣。\n")

answer = input("要删除该文件吗？(Y/N)")
if answer.upper() == "Y":
    os.remove("file/论语摘录.txt")
    print("文件删除成功。")
```

remove()函数在删除文件时是直接删除的，因此使用该函数时要谨慎，确保不会误操作。

7.3.3 文件夹相关操作

os 库中也有多个完成文件夹操作的函数，如新建文件夹的 mkdir()函数、切换当前文件夹的 chdir()函数及显示当前路径下文件清单的 listdir()函数等。代码 7.10 演示了这几个函数的使用。

代码 7.10　os 库中文件夹相关的函数使用示例

```
import os

os.mkdir("./mydir")            #新建 mydir 文件夹，该文件夹不能已经存在
```

```
os.chdir("./mydir")              #切换当前路径到新建的文件夹
current_path = os.getcwd()       #获取当前路径

with open("中国小说.txt","w") as f:
    f.write("《芙蓉镇》《平凡的世界》《张居正》《额尔古纳河右岸》《蛙》")

with open("外国小说.txt","w") as f:
    f.write("《约翰·克利斯朵夫》《长日将尽》《乱世佳人》《鼠疫》")

print(f"文件夹{current_path}下的文件: ")
for file_name in os.listdir():
    print(file_name)

answer = input("os 库试验结束, 是否删除以上文件夹与文件? (Y/N)")
if answer.upper() == "Y":
    for file_name in os.listdir():
        os.remove(file_name)          #删除每一个文件
    os.chdir("..")                    #向上一层
    os.rmdir("./mydir")               #删除 mydir 文件夹
    print("删除完毕。")
```

代码 7.10 的运行结果如下。

```
文件夹 D:\代码示例\mydir 下的文件:
中国小说.txt
外国小说.txt
os 库试验结束, 是否删除以上文件夹与文件? (Y/N)y
删除完毕。
```

这段代码首先使用 mkdir() 函数在当前文件夹下新建一个 mydir 文件夹, "./mydir" 中的点代表当前文件夹。然后使用 chdir() 函数将当前路径切换到新建的 mydir 文件夹。而 getcwd() 函数则可以获取当前的路径。接下来使用 open() 函数的 "w" 模式新建两个文件, 并各自写入一行文本。代码最后通过 listdir() 函数获取当前路径下即 mydir 文件夹下的文件名清单并输出。读者可去磁盘上检验这一切操作的结果, 确认完毕后再来回答是否要删除这些试验中创建的文件。如果回答 "Y", 则接下来的代码会将文件及文件夹都删除。

最后, 为了便于记忆, 表 7.2 给出以上各函数的含义。

表 7.2　os 库的常用函数

函数名	含义
mkdir()	make directory（创建目录）
chdir()	change directory（修改目录）
rmdir()	remove directory（删除目录）
getcwd()	get current work directory（获取当前工作目录）
listdir()	list directory（列表目录）

7.4　小试牛刀

在掌握了文件的基本使用流程后, 本章的小试牛刀环节演练几个需要访问文本文件的案例, 以使读者感受有了文件的加持后程序功能的提升。

7.4.1　保存比萨定价

第 6 章的小试牛刀练习了一个计算比萨价格的案例，比萨店提供 2 种尺寸的比萨（12 寸、16 寸），还有 3 种调料（green peppers、mushrooms、extra cheese）。它们的定价都直接写在了当时的代码中，这意味着如果老板想要调整价格就需要修改代码，这显然是不现实的。比较可行的做法是将比萨的基础价格及各种调料的价格保存在一个文本文件中，店员可根据行情修改文本文件中的价格，程序每次要读入文本文件中的最新价格才能正确计算订单的最终价格。这个文本文件就是程序的配置文件，不妨命名为 pizza_config.txt，其内部的数据如下，basic 部分记录不加调料的基础价格，toppings 部分记录额外添加每种调料的价格。

保存定价的文本文件内容示例如下。

```
basic:
12:70
16:90
toppings:
mushrooms:10
green peppers:20
extra cheese:30
```

代码 7.11 可以根据比萨的尺寸和添加的调料情况计算所订比萨的最终价格，其中有两个自定义函数，一个负责读取价格配置文件，另一个负责求解最终的比萨价格。

代码 7.11　使用配置文件保存比萨定价

```python
def read_config():
    basic,toppings = {},{}                          #保存定价的字典
    with open("file/pizza_config.txt","r") as f:
        content = f.readlines()                      #读取配置文件的所有行
    for i in range(len(content)):
        if content[i][:-2] == "toppings":   #找到 toppings 部分
            toppings_price_line = i
            break
    basic_lines = content[1:toppings_price_line]   #将价格行提取出来
    toppings_lines = content[toppings_price_line+1:]
    for line in basic_lines:                        #基础价格
        temp = line.split(":")
        basic[int(temp[0])] = float(temp[1])
    for line in toppings_lines:                     #调料价格
        temp = line.split(":")
        toppings[temp[0]] = float(temp[1])
    return basic,toppings

def calc_pizza_price(size,*toppings):
    basic_price,toppings_price = read_config()
    total_price = 0
    extra_price = 0
    for topping in toppings:
        extra_price += toppings_price[topping]
    total_price = basic_price[size] + extra_price
```

```
        return total_price

print("12 寸基础比萨价格: ",calc_pizza_price(12))
print("16 寸 green peppers、extra cheese 价格: ",
        calc_pizza_price(16,'green peppers','extra cheese'))
```

这段代码执行时主程序调用计算总价的函数，该函数又调用读取价格配置文件的函数，最终会根据配置文件中的定价给出比萨的最终价格。如果配置文件中的价格发生变化，则下一个比萨订单的总价计算就会按照新价格执行。

如果比萨店添加了更多尺寸的比萨，只需向价格配置文件中写明新尺寸比萨的价格即可。但代码中的 read_config()函数还是比较依赖价格配置文件内部数据的书写格式，如果 basic 部分没有位于文件最开始，且价格与价格之间有空行，那么读取价格配置文件就会出错。如何让 read_config()函数适应性更强一些就留给读者去丰富完善了。

7.4.2 去掉重复姓名

数据分析是 Python 非常重要的应用领域，很多数据在进行正式分析之前往往需要进行一些预处理，这个过程被称为"数据清洗"。例如，数据中的缺失、错漏、冗余重复、格式不符等问题，都需要进行预处理。这个例子假设要分析保存在文件中的一批姓名，由于某种原因，文件中的姓名会出现重复，而正式的分析过程要求姓名不能重复，因此任务的目标即去掉文件姓名数据中的重复值。

根据 IPO 分析法，先明确程序的输入与输出。输入为保存在文本文件中的一系列姓名，以逗号分隔。输出仍为文本文件，但保存的人名没有重复。剩下的关键是中间的数据处理过程，整体思路分析如下。

首先，读取保存姓名的文件内容。具体实现时还要考虑使用文件对象的哪个方法读取文本内容更适合一些。考虑到内容是以逗号分隔的一串姓名，使用 read()方法将所有姓名全部读入，得到一个长字符串，然后以逗号为标志进行拆分，得到多个字符串（每个姓名对应一字符串），这样才好比较姓名之间是否重复。

其次，在一系列的姓名已经保存到一个列表中后，需要将这个列表从头到尾观察（遍历）一遍，以便发现有哪些姓名是重复的。如何知道姓名重复出现多遍呢？只需有一个字典样的数据结构记录下每个姓名对应的出现次数，这个问题就一目了然了。

再次，根据前面得到的字典结构，只要出现次数大于 1 的姓名都有重复，从保存姓名的列表中删去多余的姓名即可。

最后，将没有重复的列表中的姓名再连接成一个字符串，重新写回文本文件。

根据上面的分析有如下的代码 7.12，代码假设保存姓名的文本文件位于当前路径的 file 文件夹下，文件名为 names.txt。阅读代码时注意其中字典的 get()方法的运用。

代码 7.12 去掉重复的姓名

```
def display_names(lst):
    """负责显示列表中所有的姓名"""
    for name in lst:
        print(name,end=" ")
    print()


names_str = ""
with open("file/names.txt","r",encoding="utf-8") as f:
    names_str = f.read()
```

```
    names_lst = names_str.split(", ")    #按中文逗号进行拆分
    print("原始的姓名情况: ")
    display_names(names_lst)

    names_dic = {}
    for name in names_lst:                    #统计每个姓名出现的次数
        names_dic[name] = names_dic.get(name,0) + 1

    for name in names_dic:
        name_count = names_dic[name]
        if name_count > 1:                    #删掉重复的姓名
            for i in range(name_count-1):
                names_lst.remove(name)

    print("去掉重复姓名后的结果: ")
    display_names(names_lst)
    no_dup_names_str = ", ".join(names_lst)   #使用中文逗号连接为一个长字符串
    with open("file/names_without_dup.txt","w") as f:
        f.write(no_dup_names_str)
```

代码 7.12 的运行结果如下。这只是 display_names()函数输出的效果，最后保存在文本文件中的结果要去磁盘上进行检验。

```
原始的姓名情况:
    孙悟空 哪吒 杨戬 土行孙 贾宝玉 孙悟空 关羽 张飞 刘备 武松 曹操 鲁智深 吕布 张辽 林黛玉 哪吒 诸葛亮 孙悟
空 武松 鲁智深 武松 关羽 张飞 孙悟空 林冲 诸葛亮 诸葛亮 贾宝玉 林黛玉 曹操
    去掉重复姓名后的结果:
    杨戬 土行孙 刘备 吕布 张辽 哪吒 鲁智深 武松 关羽 张飞 孙悟空 林冲 诸葛亮 贾宝玉 林黛玉 曹操
```

上面的分析过程与代码实现将问题的解决拆分成了两个阶段，即观察阶段和删除阶段。观察阶段需要遍历保存姓名的列表，删除阶段需要遍历字典。能不能在遍历列表的观察阶段同时将重复的姓名去掉呢？这个问题留给读者去思考完成。

7.4.3 文件批量重命名

很多时候从网上下载的文件名称很长，带有很多前缀或后缀。例如，从 B 站下载的视频文件名往往带有"哔哩哔哩""【1080P】"等字样。这种过长的文件名在手机或其他屏幕空间有限的情形下使用起来并不方便，文件名核心的文字内容反而不易浏览。下面这个例子就是要通过程序代码能自动对大量这类文件进行重命名，去掉文件名中无关紧要的文字，使文件名简短、醒目。

代码 7.13 工作的前提是由用户告知要批量改重命名的文件所在位置，程序使用 os 库中的 chdir()函数将工作目录切换到目标位置，然后使用 os 库中的 listdir()函数列出该位置的所有文件名，并对每个文件名都进行检查，去掉其中不必要的文字。

代码 7.13 文件批量重命名

```
import os

target_dir = input('批量重命名的文件所在位置: ')
junk_words = ['哔哩哔哩-','【纪录片】','【1080P】',
              '【720P】','[超清版]','[标清版]']
current_dir = os.getcwd()    #获取代码文件所在的路径
```

```
os.chdir(target_dir)
for f_name in os.listdir():
    f_new_name = f_name
    for word in junk_words:
        f_new_name = f_new_name.replace(word,'')
    os.rename(f_name,f_new_name)

os.chdir(current_dir)          #切换回代码所在的位置
print('重命名完毕，请查看效果。')
```

代码使用字符串的 replace()方法完成文件名中不必要文字的删除工作，之后使用 os 库中的 rename()函数进行文件重命名。实际运行时可将待重命名文件所在位置路径复制到光标提示符之后，看到"重命名完毕"的提示后就可以去查看效果了。类似"哔哩哔哩-【纪录片】博物馆的秘密 第三季【全 8 集】【1080P】(1)[超清版].mp4"这样的长文件名会被重命名为"博物馆的秘密 第三季【全 8 集】(1).mp4"。

7.5 拓展实践：根据订单数据生成销售报告

7.5.1 问题描述

本案例尝试模拟订单的处理过程，其中会用到一种常见的文本文件——CSV（Comma-Separated Values，逗号分隔值）文件，即内部数据分行，每行的多个数据项之间使用逗号分隔。这种文件会被经常使用，以至于 Python 生态系统中专门有处理 CSV 文件的库。不过本案例仍然使用基本的 open() 函数就可以了，毕竟 CSV 文件的本质还是文本文件。

假设某图书销售系统中使用 BookList.csv 文件保存书籍的"名称"和"单价"等有关书籍本身的基础信息，另一个 BookOrder.csv 文件记录着销售订单的情况，数据中的书店、图书编号及价格都是虚拟的。两个 CSV 文件的内容细节如下。

BookList.csv 文件效果示例如下。

```
图书编号,图书名称,定价
BK-83021,《蛙》,26
BK-83022,《小径分岔的花园》,28
BK-83023,《不能承受的生命之轻》,52
BK-83024,《西南联大通识课》,198
BK-83025,《失败者的春秋》,39
BK-83026,《酉阳杂俎》,48
BK-83027,《生活与命运》,90
BK-83028,《最好金龟换酒》,39
```

BookOrder.csv 文件效果示例如下。

```
订单编号,日期,书店名称,图书编号,销量
BTW-08001,2021-1-2,鼎盛书店,BK-83021,12
BTW-08002,2021-1-4,博达书店,BK-83023,5
BTW-08003,2021-1-4,博达书店,BK-83024,41
BTW-08004,2021-1-5,博达书店,BK-83022,21
BTW-08005,2021-1-6,鼎盛书店,BK-83028,32
BTW-08006,2021-1-9,鼎盛书店,BK-83027,3
BTW-08007,2021-1-9,博达书店,BK-83025,1
```

现在希望根据以上两个 CSV 文件打造一个日销售报告系统，可以报告指定日期的销售详情，包括该日共有几个订单，每个订单的订货书店、所订书籍名称、单价、数量及每个订单的销售额，最后给出该日的总销售额。报告详情不仅要在屏幕上输出，还要以类似 OrderReport_日期.csv 的文件形式保存。

7.5.2 思路分析

完成这个任务的思路大致如下。

首先，从两个 CSV 文件中读出所需的数据，由 read_data_file() 函数完成。

其次，根据输入的查询日期，查询当日的订单，由 find_orders_of_day() 函数完成。

再次，对当日的每一笔订单构造要汇报的文本信息，由 make_order_report() 函数完成。这个函数在工作时，不仅需要该订单的信息，还需要订单所售图书的名称和定价，因此需要根据图书编号获取到该图书的名称和定价。这个工作由 get_book_info_by_id() 辅助函数负责。当然，无论是订单本身的信息还是相关图书的信息，在处理时都需要将从文件得到的文本行按逗号进行拆分，得到一个列表，然后按需提取列表中的相应元素。

最后是报告文本的输出，分别由 display_report() 函数和 write_report_to_file() 函数完成。

7.5.3 代码实现

代码 7.14 按照上面的思路书写，多个函数各司其职，整个代码是模块化的。在阅读这段代码时，要格外留意每个函数的参数与返回值都是什么。

代码 7.14 图书销售订单报告

```python
def read_data_file(file_name):
    """读取所需的数据文件"""
    with open(file_name,"r",encoding="utf-8") as f:
        lines_lst = f.readlines()
    return lines_lst


def find_orders_of_day(day,all_orders):
    """在所有订单中查询指定日期的订单"""
    orders_of_day = []
    for line in all_orders:
        if day in line:
            orders_of_day.append(line)
    return orders_of_day

def make_order_report(day,orders_of_day,all_books):
    """构造指定日期的销售报告文本，文本的每一行保存在一个列表中"""
    order_count = len(orders_of_day)
    report_msg = []          #保存报告文本行的列表
    if order_count == 0:
        report_msg.append("没有查询到{}的订单。".format(day))
    else:
        day_total_sale = 0
        report_msg.append("查询到{}日有{}个订单:".format(day,order_count))
        report_msg.append("\t订单编号,书店名称,图书编号,图书名称,定价,销量,销售额")
```

```python
        for order_line in orders_of_day:
            order = order_line.split(",")
            order_id = order[0]
            book_store = order[-3]
            book_id = order[-2]
            sale_count = order[-1][:-1]      #去掉销量后面的换行符
            #根据图书编号获取图书名称与定价
            book_name,book_price = get_book_info_by_id(book_id,all_books)
            #计算订单的销售额
            sale_volume = str(float(book_price) * float(sale_count))
            #构造该笔订单的报告文本,并添加到保存报告的列表中
            order_report_info = [order_id,book_store,book_id,book_name,book_price,
sale_count,sale_volume]
            order_report_line = ",".join(order_report_info)
            order_report_line = "\t" + order_report_line
            report_msg.append(order_report_line)
            #当日销售额累计
            day_total_sale += float(sale_volume)
        report_msg.append("日总销售额: {}".format(day_total_sale))
    return report_msg


def get_book_info_by_id(book_id,all_books):
    """根据图书编号获取图书名与定价信息的辅助函数"""
    for line in all_books:
        if book_id in line:
            book = line.split(",")
            book_name = book[1]
            book_price = book[2][:-1]      #去掉定价后面的换行符
    return book_name,book_price


def write_report_to_file(file_name,report_msg):
    """将报告记录到文件"""
    with open(file_name,"w",encoding="utf-8") as report_file:
        for line in report_msg:
            report_file.write(line + "\n")


def display_report(report_msg):
    """负责在屏幕上输出报告"""
    for line in report_msg:
        print(line)


day = input("报告日期(月-日): ")
all_orders = read_data_file("file/BookOrder.csv")
all_books = read_data_file("file/BookList.csv")
orders_of_day = find_orders_of_day(day,all_orders)
report_msg = make_order_report(day,orders_of_day,all_books)
display_report(report_msg)
if "没有" not in report_msg[0]:
```

```
file_name = "file/OrderReport_" + day + ".csv"
write_report_to_file(file_name,report_msg)
print(f"销售报告已保存在文件{file_name}")
```

代码 7.14 的运行结果如下。

```
报告日期(月-日)：1-9
查询到 1-9 日有 2 个订单：
    订单编号,书店名称,图书编号,图书名称,定价,销量,销售额
    BTW-08006,鼎盛书店,BK-83027,《生活与命运》,90,3,270.0
    BTW-08007,博达书店,BK-83025,《失败者的春秋》,39,1,39.0
日总销售额：309.0
销售报告已保存在文件 file/OrderReport_1-9.csv
```

本章小结

本章介绍了使用文件的基本流程，重点讲解了文本文件的读取、写入操作；介绍了 os 库中有关文件系统的相关函数。通过几个案例演示了文件在程序中的运用，并进一步实践了使用自定义函数组织程序代码。

思考与练习

1. 假设有若干个自然数保存在一个元组中，如(12,3,7,9,4,21,18)。编写代码统计其中偶数和奇数的个数，并记录在一个字典中，结果类似 { "偶数":3,"奇数":4 }。最后输出这个字典并将统计结果写入一个文本文件中。

2. 编写代码，新建一个文本文件 "numbers.txt"，向其中写入 1～100 共 100 个自然数。要求每 10 个数字一行，同行的数字使用空格分隔。

3. 为本章比萨订单案例增加一个修改价格配置文件的函数，员工可调用该函数来修改定价，从而避免使用记事本直接编辑配置文件。

4. 将去掉重复姓名案例的观察阶段与删除阶段合二为一。

5. 假设有一个 "古诗清单.txt" 文件，其内部每一行为一首古诗的题目。编写代码为这个文件中的每一行在行首添加编号，将新的文件命名为 "古诗清单_带编号.txt"。

第8章 处理异常

学习目标

- 理解异常。
- 掌握异常处理的相关语句。
- 了解异常的分类。
- 了解匿名函数的使用方法。
- 掌握 enumerate() 函数的使用方法。

在日常生活中每个人都希望从不生病，然而生病却是不可避免的。在程序编写的过程中人们也希望不要出现任何异常，但异常也是不可避免的。正如生病了要治病，出现异常就需要处理异常。本章将介绍什么是异常及处理异常的相关语句。

8.1 异常的基础知识

8.1.1 异常的概念

异常是程序在运行过程中由于各种硬件故障（如网络中断，文件不存在等）、软件设计错误（如引用不存在的索引）等原因导致的程序错误，这些错误通常会终止程序的运行，使程序崩溃。

程序员在编写程序时当然希望避开所有的异常，但由于程序的运行环境、用户的操作行为等因素都不是程序员可以控制的，所以异常也是不可避免的。例如，代码 8.1 接收用户输入的两个数并输出相除结果，但即便如此简单的一段程序，也有可能出现意外情形而导致异常。

代码 8.1　认识异常

```
a = float(input('请输入被除数：'))
b = float(input('请输入除数(非 0)：'))
print("二者的商为",a/b)
```

在用户完全按要求输入时，程序可以正常执行并输出结果。但如果用户输入的不是数字而是字母如 a，则会出现 ValueError 异常，错误信息如下。

```
ValueError: could not convert string to float: 'a'
```

如果用户输入的是数字，但在输入除数时输入了 0，则会出现 ZeroDivisionError 异常，错误信息如下。

```
ZeroDivisionError: float division by zero
```

如果程序在用户的输入不合预期时就直接崩溃，这样的程序太脆弱，缺乏稳健性和可用性。为了提高程序的稳健性，需要某种机制来对异常进行妥善的处理，使程序不会轻易崩溃。

8.1.2　异常处理的语法结构

Python 针对异常处理的基本策略是使用 try、except 等关键字，形成如下的一个结构。
处理异常的基本语法形式如下。

```
try:
    可能引发异常的代码
except 异常类型名称1:
    异常处理代码1
except 异常类型名称2:
    异常处理代码2
```

try-except 结构的工作原理如下：将有可能产生异常的代码书写在 try 语句块中，如果这段代码执行时一切顺利，则后面的各 except 语句块就像不存在一样。如果 try 语句块的代码执行时出现了某种异常，则根据异常的类型会激发相应的 except 分支下的代码，或者说异常被相应的 except 分支捕获。这里"捕获"的含义是指不要将异常报告给最终用户，从而导致程序崩溃，而是在出现某种异常时，执行对应的 except 下的异常处理代码，这段异常处理代码负责对该类型的异常进行妥善的处理。因此一个 try 语句后可以有多个 except 语句，用来捕获可能产生的多种类型的异常，如代码 8.2 所示。

代码 8.2　使用 try-except 进行异常处理

```
try:
    a = float(input('请输入被除数：'))
    b = float(input('请输入除数(非0)：'))
    print("二者的商为",a/b)
except ZeroDivisionError:
    print("除数不能为 0")
except ValueError:
    print("请输入数字")
```

代码 8.2　使用 try-except 进行异常处理

经过 try-except 结构的改造后，这段代码在用户输入不合要求的数据时就不会轻易崩溃了。如果用户输入字母等无法转换为数值型的内容，则程序会提示用户"请输入数字"。如果除数输入了 0，则程序会提示"除数不能为 0"。无论哪一种情形，程序都会给出合理的交互信息而不是粗暴地崩溃，这极大地增强了程序的稳健性。代码 8.2 的运行结果如下所示。

```
请输入被除数：46
请输入除数(非0)：0
除数不能为 0
请输入被除数：45ada
请输入数字
```

处理异常的 try、except 语句还可以搭配 as、finally 等关键字，形成更完备的异常处理结构。下面看代码 8.3，这段代码假设在指定位置有一个 number_div.txt 文件，该文件的每一行都是以冒号分隔的两个数值，程序的目的是计算得出每一行两个数值相除的结果。代码在 try 语句块后面预备了 4 个 except 语句块，并且最后还有一个 finally 语句块。无论 try 语句块的代码是否出现异常，finally 语句块的代码都是要执行的。因此 finally 语句块的代码经常用来做一些必需的善后工作，如代码 8.3 中关闭已打开的文件。

代码 8.3　使用 try-except-finally 结构处理异常

```
f_obj = None
try:
```

```
        f_obj = open("file/number_div.txt","r")
        content = f_obj.readlines()
        for line in content:
            numbers = line.split(":")
            print(float(numbers[0]) / float(numbers[1]))
        print("计算完毕。")
    except ZeroDivisionError:
        print("除数不能为 0")
    except ValueError as e:
        err_msg = str(e)
        loc = err_msg.find(":")
        print("文件中出现非数值内容: ",err_msg[loc+1:])
    except FileNotFoundError as e:
        err_msg = str(e)
        loc = err_msg.find(":")
        print(f"指定的文件 {err_msg[loc+1:]} 不存在")
    except:
        print("出现未知错误")
    finally:
        if f_obj != None:
            f_obj.close()
        print("谢谢使用, 再见")
```

仔细观察这段代码中出现的 4 个 except 语句块, 会发现最后一个 except 没有指明要捕获的异常类型, 这意味着除前 3 个 except 语句块所处理的异常类型外, 程序出现的所有其他类型异常都由最后的 except 语句块处理。因此这样的 except 必须位于众多 except 语句块的最后。

另外, 第 2 和第 3 个 except 语句使用 as 关键字为捕获的异常对象命名为 e, 这样做的优点是可以通过名称访问捕获的异常对象, 从而进行更多的处理操作。例如, 代码 8.3 就将捕获的名称为 e 的异常对象通过 str() 函数转换为字符串, 这个字符串描述了错误的信息, 其中会出现一个冒号, 冒号后的文本往往是引起异常的源头。因此程序找到这部分文本将其输出, 以便给用户更多、更有价值的错误信息。

最后的 finally 语句块是无论发不发生异常或发生何种异常都要执行的代码段。这里用来关闭打开的文件, 防止在处理文件内部数据的过程中出现异常, 程序终止运行来不及关闭文件的情形发生。但如果是由于文件路径等问题导致 open() 函数的执行出现异常, 文件并没有成功打开, 代码中 f_obj 变量的值会是 None, 此时就无须关闭文件了。

代码 8.3 的运行结果取决于实际情形。如果指定的文件不存在, 则运行结果如下。

```
指定的文件 'file/number_div.txt' 不存在
谢谢使用, 再见
```

如果文件打开没有问题, 但内部数据有非数值内容, 则运行结果如下。其中的 "ad" 就是文件中引起异常的文本内容。

```
文件中出现非数值内容:  'ad'
谢谢使用, 再见
```

如果文件中的数据符合要求, 一切顺利, 则运行结果如下。

```
7.65
计算完毕。
谢谢使用, 再见
```

可见无论何种情形，finally 的代码都被执行了，"谢谢使用，再见"的字样总会出现在运行结果中。如果将 try 语句块中进行类型转换的 float()函数去掉，则会出现前 3 个 except 语句块都无法捕获的异常，此时就可以看到第 4 个 except 语句块的效力了。

8.2 异常的种类

8.2.1 内置的常见异常种类

前面的例子涉及了几种 Python 常见的异常类型，如 ZeroDivisionError、ValueError 及 FileNotFoundError 等。它们都是 Python 内置的异常类型，此外，Python 内置的异常种类还有很多，下面简单介绍几个。

（1）NameError：当程序尝试访问一个未定义的变量时会引发 NameError 异常。例如，如果将代码 8.3 中第 1 行的 f_obj 定义改为注释，当 open()函数要打开的文件不存在时，最后的 finally 语句块中的 f_obj 变量就会触发 NameError 异常。

（2）IndexError：当引用序列中不存在的索引时，会引发 IndexError 异常。例如，在一个只有 5 个元素的列表中要访问 5 或更大的索引序号时就会触发这种异常。

（3）KeyError：当使用映射中不存在的键时，会引发 Keyerror 异常。例如，访问字典中不存在的键时，就会带来这种问题。

（4）AttributeError：当尝试访问未知的对象属性时，会引发 AttributeError 异常。例如，变量 a 的类型是整型，在没有将其转换为字符串的情形下却要调用 a.find()方法，就会出现"AttributeError: 'int' object has no attribute 'find'"的错误信息。

（5）SyntaxError：当 Python 解释器发现语法错误时，会引发 SyntaxError 异常。

（6）FileNotFoundError：当使用 open()函数试图打开不存在的文件时，会引发 FileNotFoundError 异常。这个异常在代码 8.3 中已经涉及了。找不到文件的原因可能是提供了错误的文件名，如将 readme.txt 错误地拼写为 readwe.txt；也可能是路径分隔符与 Python 字符串的转义符相冲突造成的。无论是什么原因导致的，只要将 open()函数放在 try 语句块中，再配合捕获 FileNotFoundError 类型的 except 语句块即可妥善处理这类异常。

Python 内置的异常种类很多，这里无法一一讲解，但它们都有共同的特征，是更广泛意义上的同一类对象。实际上 Python 中所有的异常都是对象，因此 except 分支中可以使用 as 关键字为捕获的异常对象命名。每一个异常对象都有其从属的类别，这个类别又有大与小之分，如除数为 0 激发的异常对象属于 ZeroDivisionError 类，也属于更大范围的 ArithmeticError 类，当然还属于 Exception 类。这就好比一只猫是一个具体的动物，它属于猫科，也可以说它属于哺乳动物类，还可以说它属于动物类。由此可见，Exception 类在 Python 异常的类别组成中占有重要地位。

8.2.2 Exception 异常类

实际上 Python 中"至高无上"的异常类是 BaseException 类，它是所有异常的基类。它又包括 4 个子类：SystemExit、KeyboardInterrupt、GeneratorExit、Exception。其中，最重要的是 Exception 类，它是所有常规异常的基类，之前讲到的常见的异常类型都是 Exception 类的子类。程序员如果要自定义异常，则也需要以 Exception 类为父类（类是面向对象编程的基本概念，有关父类、子类的含义可参阅第 10 章）。

虽然使用Exception类可以捕获所有常规异常，但是对于所有异常都使用同一段代码处理的话，会使对异常的处理过于粗糙。通常情况下，应该尽可能使异常处理的粒度细化，以保证每种异常有合适的处理方式。因此在except分支中使用Exception类捕获异常应该作为一种后备的异常处理方式。换句话说，在except分支中使用Exception类的效果类似于在except分支中不指明异常分类。当然，严格说来二者还是有区别的，毕竟不是所有的异常都属于Exception类。

8.2.3　自定义异常类

尽管Python提供了相当丰富的异常类型，但有时为了处理特定的业务逻辑，如某个软件应用所特有的运行错误，需要根据程序的逻辑在程序中自行定义需要的异常类和异常对象。

Python要求程序自行定义的异常类必须继承Exception类或其他某个Exception类的子类。换句话说，自定义异常类必须以 Exception 类为基类。通常的做法是先为自己的程序创建一个派生自Exception类的自定义异常类，然后从此自定义异常类派生其他异常类。这样不但清晰明了，也方便管理，如代码8.4所示。有关类的定义与继承的语法会在第10章中进行介绍。

代码8.4　自定义异常类示意

```
class MyError(Exception):
    #MyError类是Exception类的子类
    pass


class AError(MyError):
    #AError类是MyError类的子类
    pass


class BError(MyError):
    #BError类是MyError类的子类
    pass
```

由于大多数Python内置异常的名称都以"Error"结尾，因此自定义异常类并对类进行命名时要遵循同样的风格。

8.3　主动抛出异常

某些情形下，程序运行时也可以主动抛出异常。这种异常一般不是指发生了内存溢出、列表索引越界等系统级异常，而是程序在执行过程中发生了不符合业务逻辑的情形，主要使用的多是用户自定义异常。主动抛出异常一般可以使用raise语句和assert语句。

8.3.1　使用raise语句上报异常

代码8.3从指定的文件number_div.txt中读取数据，然后进行相应的处理。代码考虑了很多异常情形，如文件不存在、除数为0、文本无法转换为数值等。这些错误一旦发生，如果不加处理的话程序就都会崩溃。

如果指定文件内部没有任何数据呢？这时在业务逻辑上已经与预期不一致了，但程序运行时并不会报错、崩溃。如果不进行显式的处理，则很有可能会忽略这种不正常的情形。因此可以将这种情形定义为一种异常，遇到后主动抛出异常，引起外界注意并进行后期处理。代码 8.5 演示了自定义异常类型并使用raise语句抛出该异常，注意其中粗体显示的代码。

代码 8.5　使用 raise 语句抛出异常

```
class NoDataError(Exception):
    #自定义的异常类型,当文件中没有数据时触发
    pass


f_obj = None
try:
    f_obj = open("file/number_div.txt","r")
    content = f_obj.readlines()
    if len(content) == 0:
        raise NoDataError("文件没有数据! ")
    for line in content:
        numbers = line.split(":")
        print(float(numbers[0]) / float(numbers[1]))
    print("计算完毕。")
except NoDataError as e:        #捕获 raise 语句抛出的异常
    print(e)
except ZeroDivisionError:
    print("除数不能为 0")
except ValueError as e:
    err_msg = str(e)
    loc = err_msg.find(":")
    print("文件中出现非数值内容: ",err_msg[loc+1:])
except FileNotFoundError as e:
    err_msg = str(e)
    loc = err_msg.find(":")
    print(f"指定的文件 {err_msg[loc+1:]} 不存在")
except:
    print("出现未知错误")
finally:
    if f_obj != None:
        f_obj.close()
    print("谢谢使用, 再见")
```

当指定文件为空文件时, 代码 8.5 的运行结果如下。

```
文件没有数据!
谢谢使用, 再见
```

8.3.2　使用 assert 语句调试程序

程序编写完成后都要经过大量的调试, 去除各种潜藏的 "bug", 这个过程被称为 debug。在调试过程中, 如果程序运行状态已经与某种预期不符, 则程序应该及时汇报出现的问题。这可以通过 assert 语句实现。assert 语句也称为断言语句, 它可以指明程序逻辑预期应该满足的条件, 当程序实际运行没有满足该条件时会触发 AssertionError 异常。assert 语句的用法如下。

```
assert 应满足的条件表达式,不满足时的描述信息
```

当程序应满足的条件表达式结果为真时, 不会抛出异常。当程序运行不满足条件表达式时, 会引发 AssertionError 异常。其中第 2 项的描述信息是可选的, 一般是一个字符串, 用于描述异常信息。

通过设置异常信息，就可以及时发现程序运行与预期不符之处，从而查找原因、改进代码。下面看代码 8.6 的演示。

代码 8.6　使用 assert 语句调试程序

```
f_obj = open("file/number_div.txt","r")
content = f_obj.readlines()
try:
    for line in content:
        numbers = line.split(": ")    #中文冒号,与文件使用的英文冒号不符
        assert len(numbers) == 2,"数据行拆分不正确! "
        print(float(numbers[0]) / float(numbers[1]))
    print("计算完毕。")
except AssertionError as e:
    print(e)
f_obj.close()
print("谢谢使用, 再见")
```

这段代码在进行数据行以冒号为标志拆分时，误将文件使用的英文冒号书写为中文冒号，因此会导致拆分失败。这个小错误不仔细看不容易发现。但如果在拆分后添加 assert 断言，判断拆分得到的 numbers 列表长度是否为 2。如果不是预期的 2，就会激发 AssertionError 异常，该异常的描述信息是由 assert 语句的第 2 个参数指定的。异常被 except 语句捕获后，异常处理语句输出"数据行拆分不正确！"，这样就知道程序运行的故障在哪里，有的放矢地去改进代码。程序最后调试完成后，这些 assert 语句都应该从最终版本的程序代码中去除。

当然，即使有 assert 语句，有其他各种调试功能的帮助，程序员也无法保证代码执行时不出现异常，没有 bug。其实出现异常并不可怕，可怕的是对异常的态度。很多时候把事情搞砸的不是异常本身，而是异常出现后人的一系列反应。用平和的心态对待异常，尽可能地预备好 except 分支的代码，设置好各种预案，异常就没有那么可怕了。

8.4　Python 生态系统之 shutil 库

本章要介绍的工具包 shutil 提供了复制文件、处理压缩文档等常用的文件操作，而且使用方便，功能强大，尤其是复制文件时，可以将文件的元数据（Metadata）一并复制。

8.4.1　使用 copy() 函数复制文件

为了完成下面的演示，假设代码文件存在于子文件夹 test1 和 test2 中，而 test1 文件夹下有一个 read_me.txt 文件。代码 8.7 演示了各种情形下 copy() 函数的工作结果。其中，Windows 路径分隔符"\"每一个都要书写两遍。

代码 8.7　使用 copy() 函数复制文件

```
import shutil

#指明原文件,目标文件名
shutil.copy('.\\test1\\read_me.txt','.\\test1\\read.txt')

#目标文件名未指定,就使用原文件名
shutil.copy('.\\test1\\read_me.txt','.\\test2\\')
```

```
#test2 文件夹存在,但 test2 文件夹复制下没有 me 文件夹
#此时 me 为目标文件名,原文件被复制到 test2 文件夹下,名为 me,没有扩展名
shutil.copy('.\\test1\\read_me.txt','.\\test2\\me')


#目标路径的 read 文件夹不存在,报错
shutil.copy('.\\test1\\read_me.txt','.\\read\\me')  #error
```

代码中的路径使用的是相对路径,点代表当前路径。其实换成以盘符开头的绝对路径道理是一样的。关键在于目标位置的文件夹要事先存在,否则就会像代码中最后一行的情形,这是因为目标路径的 read 文件夹不存在而无法完成文件的复制。

8.4.2 使用 copy2()函数复制文件的元数据

copy()函数虽然可以将文件复制到指定的目标位置,但原文件的一些元数据(如原文件的访问时间、修改时间等信息)会丢失。如果不仅需要将文件中的数据复制一份,而且原文件的有关元数据也要保留,则可以使用 copy2()函数复制文件。

下面的代码 8.8 使用 copy()与 copy2()函数复制同一个文件,之后使用 os 库中的 getmtime()函数获取原文件与两个复制文件的修改时间(modify time)。其实每个文件都有创建时间、修改时间、最近访问时间等 3 个常用的时间信息。考虑到文件在复制到新位置后,创建时间就变成了复制动作发生的时刻,但修改时间保持不变,因此代码中获取的是文件的修改时间。类似地,os 库中还有 getctime()和 getatime()函数用于分别获取创建时间和最后访问时间。

从代码 8.8 的运行结果中显然可见,copy2()函数复制的文件保留了原文件的修改时间,而 copy()函数则丢掉了这项信息。

代码 8.8　使用 copy2()函数复制文件和元数据

```
import shutil
import os

#使用 copy()函数复制文件
shutil.copy('.\\test1\\read_me.txt','.\\test1\\read_me_copy.txt')
#使用 copy2()函数复制文件
shutil.copy2('.\\test1\\read_me.txt','.\\test1\\read_me_copy2.txt')
print("复制完毕。")

modify_time_oldfile = os.path.getmtime('.\\test1\\read_me.txt')
modify_time_newfile = os.path.getmtime('.\\test1\\read_me_copy.txt')
modify_time_newfile2 = os.path.getmtime('.\\test1\\read_me_copy2.txt')
print("原文件的修改时间: ",modify_time_oldfile)
print("copy 函数复制的文件的修改时间: ",modify_time_newfile)
print("copy2 函数复制的文件的修改时间: ",modify_time_newfile2)
```

代码 8.8 的运行结果如下,注意 getmtime()函数得到的时间是以时间戳形式显示的。读者实际尝试时也可以从 Windows 资源管理器中查看这些文件的修改时间。

```
复制完毕。
原文件的修改时间: 1676771376.9442756
copy 函数复制的文件的修改时间: 1676774942.3965209
copy2 函数复制的文件的修改时间: 1676771376.9442756
```

8.4.3　shutil 库的其他函数

无论是 copy()函数还是 copy2()函数只能复制单个文件,如果想复制某个文件夹下的所有文件甚至子文件夹,则可以使用 shutil 库中的 copytree()函数。其使用方法与 copy()函数的使用方法大同小异,需要注意的是,目标路径的最后一部分不能事先存在,而是由 copytree()函数创建而成的。

如果不是复制而是移动文件,则只需将 copy()函数换为 move()函数即可。disk_usage()函数可以查看磁盘的使用情况,而 make_archive()函数和 get_archive_formats()函数可以处理各种压缩文档。有关这些函数的详细信息在此不再详细介绍,需要的时候参考相关文档即可。

8.5　小试牛刀

在理解了异常并掌握了 try-except 结构后,下面通过实际案例演练异常处理在访问文件中的应用,同时操练在 shutil 库中学习的函数。

8.5.1　绘制历史名人时间线

在中华五千年的历史长河中诞生了不胜枚举的耀眼人物,平时人们谈论到他们时往往只是局限在特定历史时期。如果能搜集从先秦到明清漫漫长河中的众多历史人物信息,并保存在一个文本文件中,文件可命名为"历史名人录.txt"。然后根据其中的数据,按照时间顺序使用小海龟作图将他们汇集在一条时间轴的上下两侧,不是一件很有趣的事情吗?

下面的例子假设在指定位置有这样一个"历史名人录.txt"的文本文件,其中开头部分是若干行的说明文字,之后有一行由"*"构成的分隔行,在其后就是历史人物信息了,其中的数字一般表示该人物的出生年份,如果出生年份不可考,则可以使用该人物活跃于历史的大概年份替代,但要有说明。负数年份表示公元前。年份与姓名之间使用中文逗号分隔。如果想要更多的人物信息,则可以在后面添加,本例中仅使用年份和姓名信息。下面是部分内容的效果示意。

"历史名人录.txt"部分内容效果示意如下。

```
说明文字:
一行文本代表一位历史名人,每位历史人物包含年份、姓名等信息。年份为阿拉伯数字,负数代表公元前。
****************************************************************
-551, 孔子
-468, 墨子
-164, 张骞
-145, 司马迁
-52, 王昭君
32, 班固
62, 蔡伦
78, 张衡
181, 诸葛亮
```

有了这样一个数据文件,只需使用 open()函数打开文件、读取内容,然后对每个人物所在行的字符串按照逗号拆分,将得到的年份转换为整数,与姓名合在一起构成一个元组,如(78,"张衡"),将所有这样的元组都保存到一个列表中,可将其命名为 famous_names。为了能将人物按时间顺序排好序(为了搜集数据方便,不要求文本文件中的人物按照时间顺序排好),可使用列表的 sort()方法按照每个元组的第一个元素即年份升序排好,剩下的工作就是使用小海龟进行绘制了,人物的年份就是该人物的横坐标,纵坐标可随机。为了提升观感,可让人物轮流出现在时间线的上下侧，绘制的最终效果如图 8.1 所示。

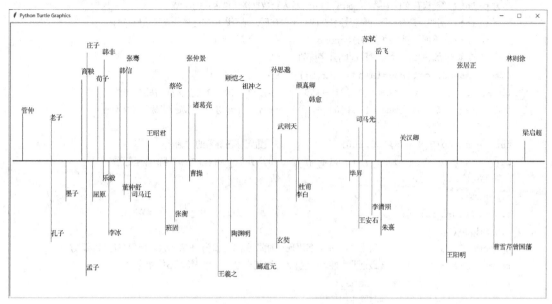

图 8.1 历史人物时间线的效果图

根据上面的大思路分析与效果图，可得出下面的代码 8.9。代码使用空行分隔为几个部分，完全按照思路分析的步骤进行，阅读代码时注意其中的注释。代码之后有详细的解读。

代码 8.9 绘制历史名人时间线

```python
import turtle
import random

#读取历史人物数据
file_name = "file/历史名人录.txt"
data_lst = []
with open(file_name,"r",encoding="utf-8") as f:
    data_lst = f.readlines()

#获取正式的人名清单所在的索引位置
first_name_line = 0
for i,line in enumerate(data_lst):
    if line.startswith("*****"):
        first_name_line = i + 1
        break

#按时间顺序构造人物列表
famous_names = []    #此列表每个元素是一个元组,元组的第一个元素为时间
try:
    for line in data_lst[first_name_line:]:
        line_lst = line.split("，")        #按中文逗号拆分
        famous_names.append((int(line_lst[0]),line_lst[1]))
except ValueError:
    wrong_line = len(famous_names) + 1
```

```
            print("出现 ValueError 异常")
            print(f"请检查文件中第{wrong_line}行人物数据格式是否正确。")
            print("例如，是否空行，是否姓名在前、年份在后，是否以中文逗号分隔等情形。")
            print(f"下面绘制成功获取的{wrong_line - 1}个人物")
#把列表按每个元组的第一个元素即时间升序排列
famous_names.sort(key=lambda x:x[0])
limit_min = famous_names[0][0] - 50      #第一个年份-50 为横坐标的最小刻度
limit_max = famous_names[-1][0] + 100    #最后一个年份+100 为横坐标的最大刻度


turtle.setup(0.9,0.8,100,100)                 #设置窗体占屏幕的比例
turtle.setworldcoordinates(limit_min,-200,limit_max,200)   #窗体坐标系
t = turtle.Turtle()
t.penup()
t.goto(limit_min,0)
t.pendown()
up_down = 1           #值为 1 表示人名出现在时间线上方,值为-1 表示人名出现在时间线下方
racent_dis = [0,0]    #最近两个姓名引线长度,同侧相邻二人引线长度不能相同
for year,name in famous_names:
    t.pensize(3)            #时间主线较粗
    t.goto(year,0)
    distance = random.randrange(30,180,10)
    while distance == racent_dis[0]:
        distance = random.randrange(30,180,10)
    racent_dis.pop(0)
    racent_dis.append(distance)
    t.setheading(up_down * 90) #根据 up_down 的值设置引线的朝向
    t.pensize(1)                    #姓名引线较细
    t.forward(distance)
    t.write(name,font=("黑体",10))
    t.backward(distance)
    t.setheading(0)
    up_down *= -1                    #改变下一个姓名引线的方位

t.pensize(3)
t.goto(limit_max,0)
t.hideturtle()
t.getscreen().mainloop()
```

　　程序使用文件对象的 readlines()方法将文件的所有行读出，但因前面有若干行说明文字，所以要通过星号分隔行找到真正的人物数据所在的位置。这里用到了字符串的 startswith()方法，在找到以一连串星号开头的行后，需要知道其在列表 data_lst 中的索引位置。代码中使用了 enumerate()函数，它不仅能将列表中的元素一个个枚举出来供 for 语句遍历,而且每次枚举一个元素时还会同时告知该元素的索引序号。有了 enumerate()函数后，for 语句就可以书写两个循环变量了，其一为索引序号，其二为当前遍历的元素。

　　下面构造一个 famous_names 列表，这是后面小海龟绘图的关键依据。为了避免因数据中存在不符合格式要求的行而导致程序崩溃，这里使用了 try-except 异常捕获结构，将数据行按逗号拆分放在 try 语句块中，如果出现 ValueError 异常，则汇报非常详细有价值的错误信息，可以具体到哪

一行格式有问题。如果按逗号拆分的工作一切顺利，那么 famous_names 列表应该已经初步就绪，每个元素都是一个由年份、姓名构成的元组。接下来要对 famous_names 列表做一个关键的操作，将元组按年份升序排列，这样小海龟才能依据 famous_names 列表正确地绘制出时间线人物谱。

关于列表的 sort() 方法第 5 章中有过介绍，当时没有介绍 sort() 方法的 key 参数。key 参数其实是在回答 sort() 方法在对列表元素排序时的依据是什么。很多时候排序依据很显然，因此就不用指明 key 参数了。但现在 famous_names 列表的元素不是一系列整数，而是一系列元组，只是元组的第一个元素是整数（年份）。如何才能告知 sort() 方法按照年份来对列表中的元组进行排序呢？此时就要启用 key 参数对排序规则进行说明了。规则是按照列表的每一个元素（元组）的第一个元素（年份）进行排序，这显然要将每一个元组的第一个元素提取出来，用一行代码来完成。那么一行代码如何才能传递给 key 参数呢？答案是将这行代码定义为一个函数，而函数在 Python 中是可以像变量一样传递给参数的。考虑到代码只有一行，无须使用 def 关键字兴师动众地定义函数，只需直接在 sort() 方法的 key 参数等号后使用 lambda 关键字声明一个匿名函数即可。之所以称为匿名函数，是因为这个函数没有名称。但没有名称并不影响该函数的使用，因为它的存在不是在代码的其他地方被调用，只限于在 key 参数后说明排序规则。虽然函数没有名称，但匿名函数还是要有参数的，就是代码中 lambda 关键字后的 x。参数写成 x 还是其他字符是无所谓的，关键是要明确这个参数 x 代表的是什么。既然匿名函数是为 key 参数服务的，而 key 参数要回答每拿到列表中的一个元素该如何决定其排序位置。匿名函数接到的信息就是列表中的每一个元素，因此参数 x 代表列表的每一个元素。本例中，参数 x 就代表一个元组，因此提取元组的第一个元素（年份）的工作就可写作 x[0]，即匿名函数的函数体就是 x[0]。当然函数体和参数 x 之间还是要有一个英文冒号的，使用 def 定义函数也是在冒号之后才开始函数体代码的。

解决了 famous_names 列表按年份排序的问题，之后的工作交给小海龟即可。人名交替出现在时间线的上方或下方，这由变量 up_down 控制。另外，为了避免同侧相邻两个人名互相遮挡，要求同侧相邻的两个人名的引线长度不能相同。这要求随机生成一个人名的纵坐标时不能和前面相隔一人的人名纵坐标相同。因此引入列表 racent_dis 保存最近两个人的引线长度，每次随机生成的当前人名的纵坐标不能等于 racent_dis[0] 的值。

本例中文本文件搜集的历史人物数量还很有限，随着文本文件中的人物越来越多，在一个窗体中显示的人名终将显得过于拥挤。如何解决这个问题，让小海龟分屏显示更多的历史人物，读者可自行进行探索。

8.5.2　批量归纳图片文件

假设某人旅游归来，拍摄了上百张保存美好记忆的照片，现在需要将照片复制到计算机中的某个位置。而且这个人条理性很强，喜欢将这些图片按照拍摄日期分别存在不同的文件夹中。也就是说，在她的计算机磁盘上应该有一个文件夹代表这次旅行，在该文件夹下又有若干个子文件夹，这些子文件夹以日期命名，保存该天拍摄的照片。这个工作由人工来做是很烦琐的，下面来看如何使用程序自动完成。

程序工作应该建立在两个已知信息上，其一是图片的初始位置（相机或手机的存储卡路径），其二为图片的目标位置（计算机中集中存放本次旅行照片的文件夹）。程序的任务是将初始位置中的所有图片遍历一遍。对于每一张照片，获取其修改日期，然后判断目标位置是否存在以该日期为名的文件夹。如果存在，则直接将当前照片文件复制到该日期文件夹中即可。如果不存在，则需要在目标位置新建代表该日期的文件夹，然后将照片文件复制到该日期文件夹中。当初始位置的所有图片都处理完成时，目标位置会形成一系列以日期为名的文件夹，每个文件夹下是该日期拍摄的照片。

下面的代码 8.10 是按照上述分析的思路来实现的，使用了本章介绍的 shutil 库和前面学习过的 os 库与 time 库。

代码 8.10　批量归纳图片文件

```python
import os,shutil
import time


#辅助函数
def get_file_modify_time(file_name):
    time_stamp = os.path.getmtime(file_name)        #文件的修改时间,时间戳
    time_struct = time.localtime(time_stamp)        #把时间戳转换为时间结构体
    #把时间结构体格式转换为字符串
    time_string = time.strftime('%Y-%m-%d',time_struct)
    return time_string


#完成图片归档的主力函数
def manage_pictures(src_path,dst_path):
    if not src_path.endswith("\\"):                 #确保路径以分隔符结尾
        src_path += '\\'
    if not dst_path.endswith("\\"):
        dst_path += '\\'
    os.chdir(src_path)                              #照片的原始位置为当前路径
    for pic_name in os.listdir():
        pic_date = get_file_modify_time(pic_name)   #当前照片的修改日期
        date_dir = dst_path + pic_date              #以修改日期为名的文件夹路径
        if not os.path.exists(date_dir):            #如果该日期文件夹不存在
            os.mkdir(date_dir)                      #创建日期文件夹
        shutil.copy2(src_path + pic_name,date_dir + "\\" + pic_name)


#主程序
src_path = "D:\\temp\\相机存储卡"
dst_path = "D:\\temp\\图片归档位置"
try:
    manage_pictures(src_path,dst_path)
    print("图片归纳完毕")
except:
    print('出现异常，请检查路径是否正确。')
```

代码假设了两个路径位置来模拟相机存储卡和图片归档位置，运行后会将初始位置下的照片归档到指定位置，如图 8.2 所示。这样往年的一次旅行记录就清晰归档了。

看完效果后再来仔细分析一下这段代码。整个程序分为主程序、负责完成图片分配的主力函数、获取图片文件修改时间的辅助函数 3 部分。

先来看获取图片文件修改时间的辅助函数。这个函数的输入参数是当前正在处理图片的文件名，因为在调用辅助函数之前，当前文件夹已被切换到图片的初始位置，所以仅需文件名即可访问该文件。获取文件的修改时间使用的是 os.path.getmtime()函数，不过因为其返回的是时间戳，所以还要处理一下，改成常用的年月日字符串形式。这里用到了 time 库的一些时间处理函数。

图 8.2　照片归档效果图

接下来是完成图片归纳工作的主力函数。这个函数的输入为图片文件的初始位置路径和目标位置路径，有了这两项信息，再配合获取图片时间的辅助函数，就可以创建日期文件夹，然后将图片归类了。其中有两个关键点，简单解释一下。其一是要将当前文件夹切换到图片的初始位置，这样一方面便于使用 listdir() 函数列出所有待归纳的照片，另一方面可以只使用图片文件名来获取图片的修改时间。其二是要判断图片对应的日期文件夹是否存在，代码使用了 os.path.exists() 来判断以日期为名的文件夹是否存在。代码中的主力函数最后使用了 shutil 库中的 copy2() 函数来完成文件的复制，这主要是为了保持图片文件原始的拍摄日期等重要信息。

8.6　拓展实践：给程序做个彩超

程序中难免会有 bug，这些 bug 的产生有多种原因。有时是因为人们在处理问题时思路上存在漏洞，没有考虑到某种可能会出错的情形；有时是因为对代码的执行过程理解还不够深入，如下面要介绍的这个例子。

8.6.1　百思不得其解的 bug

假设一个列表中保存了若干个正整数，现在要将其中的素数从列表中删除。于是构造了如代码8.11 所示的程序。

代码 8.11　删除列表中的素数

```
numbers = [12,3,15,11,8,13,56]
#numbers = [12,3,15,11,7,13,56]
for num in numbers:
    if num > 1:
        for i in range(2,num):
            if num % i == 0:
                break
        else:
            numbers.remove(num)
print(numbers)          #输出 [12,15,8,56]
```

正如最后一行的注释所示，程序运行结果正常，原列表中的素数确实都被删除了。但程序在最终交付使用前都要经受大量的测试，上面的代码如果使用不同的列表数据进行多次测试，就会遇到比较"诡异"的情形。例如，将代码 8.11 中的第 1 行代码注释掉，将第 2 行的列表取消注释，再次运行程序，就会发现代码的运行结果如下，结果中有一个素数 7 成了"漏网之鱼"。这是为什么呢？

```
[12,15,7,56]
```

像这类程序故障其实是比较难发现的一类，它们不会报错，不会崩溃，代码逻辑看上去也合乎逻辑，多数情况下还能正常工作，只是在某种特定情形下运行结果不是预期的样子。这时就要使用调试功能对程序做个"体检"，给代码做个"彩超"，看看程序运行起来后隐藏在代码背后的真实面貌，从而让 bug 无处遁逃。

8.6.2 使用断点逐步调试程序

既然要为程序做体检，就要让程序运行过程在人的监控之下，因此首先要让程序的运行在有可能出问题的地方停下来，然后由人工手动控制代码一步一步执行，便于查看代码执行的真相。这就是断点的作用，添加了断点后，程序运行可以在断点处停下来。大多数的专业级编程环境有调试功能，因此可以很方便地给代码添加断点。

首先要对可能有问题的代码大概范围有一个划定。如果不知道问题在哪，可以将范围划大点。上述删除素数的程序，虽然现在看来一头雾水，但问题肯定出在循环结构，所以就在 for 语句处添加一个"断点"，让程序执行到断点的地方先停下来。在 PyCharm 中添加断点很容易，只需在 for 语句的行号旁边单击，就会在这埋伏一个红色的断点，如图 8.3 所示。然后右击代码文件，在弹出的快捷菜单中选择【Debug】选项，程序运行后会停在断点处。因为有断点的存在，所以程序其实只执行了一行，就是 numbers 列表的定义。在 Debug 模式下，代码表面下的真相会一览无余地显示出来。仔细看图 8.3，图中右上角展示了当前 numbers 列表的值是什么。

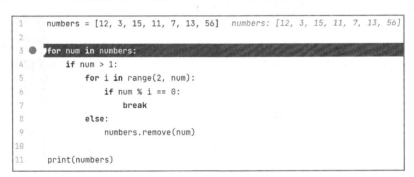

图 8.3　为代码设置断点

在 PyCharm 界面代码的下方有几个形状各异的蓝色小箭头按钮，如图 8.4 所示。单击图中框中的图案为竖直向下箭头的按钮，程序会向前走一小步，从而外层 for 语句正式开始执行。与此同时，在 for 语句右侧会显示循环变量 num 的值为 12，也就是 numbers 列表中的第 1 个元素。继续不断地单击箭头按钮，代码执行就会一步一步前进。因为当前 num 大于 1，if 条件成立，所以程序进入内层 for 循环，内层循环变量 i 的值为 2。又由于 2 能整除 12，因此 break 语句会打断内层 for 循环，程序的执行再次回到外层 for 语句，这次变量 num 的值为 3，效果如图 8.5 所示。

图 8.4　使用调试按钮跟踪代码的运行

```
1    numbers = [12, 3, 15, 11, 7, 13, 56]
2
3 ●  for num in numbers:    num: 3
4        if num > 1:
5            for i in range(2, num):    i: 2
6                if num % i == 0:
7                    break
8            else:
9                numbers.remove(num)
10
```

图 8.5 外层 for 语句开始第 2 轮循环的情景

通过这样的方式可以看到程序是如何一步步执行的，执行过程中每时每刻各变量的值是什么都有显示。一旦和预期不一致，那就是问题所在了。接下来继续执行代码。当外层 for 语句的第 2 轮、num 变量为 3 时，程序必然会进入内层 for 语句的 else 分支，于是素数 3 从 numbers 列表中被移除。继续单击调试按钮后程序回到外层 for 语句，准备开始第 3 轮循环，此时问题出现了。从图 8.6 可知，此时 numbers 列表中已经没有素数 3 了。而外层 for 语句的循环变量 num 的值赫然为 11，不是预期的 15。for 语句在遍历 numbers 列表的过程中竟然将元素 15 漏掉了，为什么会发生这种现象呢？因为在把素数 3 从 numbers 列表中删除后，外层 for 语句认为自己已经遍历了 numbers 中的两个元素，接下来该查看第 3 个元素了。于是当代码再次回到外层 for 语句要开始第 3 轮循环时，程序就会去提取 numbers 列表中的第 3 个元素。然而此时 numbers 列表的第 3 个元素是 11，由于素数 3 的消失，15 已经成为列表的第 2 个元素了。于是元素 15 就这样被 for 语句略过了。

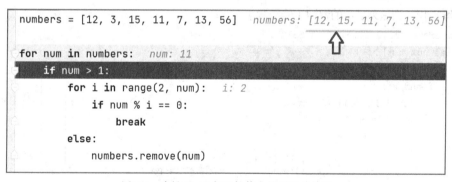

图 8.6 外层 for 语句开始第 3 轮循环的情景

由此可见，程序的逻辑其实是有问题的，在 for 语句遍历列表的同时删除列表元素会导致 for 语句漏掉列表中的某些元素。只不过现在漏掉的是 15，它不是素数，因此 15 成为漏网之鱼并不会引起运行结果的不正确，也就不会引起人们的警觉。但只要继续让程序进行下去，当来到元素 11 时，因其为素数，所以程序必然会进入内层 for 语句的 else 分支。于是 11 从 numbers 列表中被删除，之后代码回到外层 for 语句准备执行下一轮循环。此时外层 for 语句是第 4 轮循环，因此会认为自己应该查看 numbers 列表中的第 4 个元素。而因为 11 被移除，这时 numbers 列表中的第 4 个元素其实是 13，素数 7 悄悄地成为列表的第 3 个元素，如图 8.7 所示。当外层 for 语句将 numbers 列表中目前的第 4 个元素 13 定为考查对象时，致命的错误产生了，素数 7 逃过了外层 for 语句遍历的"眼睛"，成为"漏网之鱼"。

处理异常 / 第 8 章

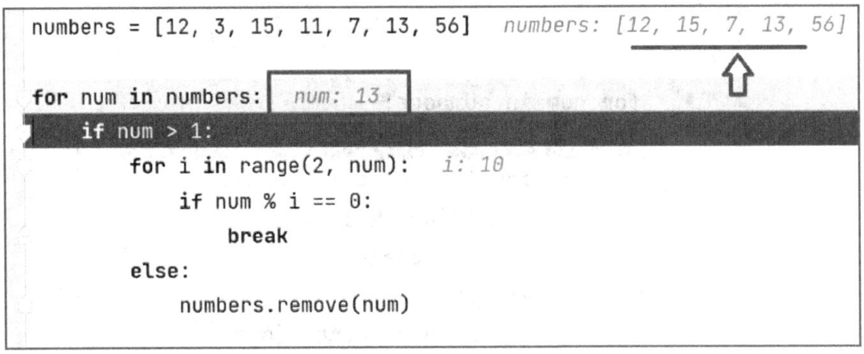

```
numbers = [12, 3, 15, 11, 7, 13, 56]      numbers: [12, 15, 7, 13, 56]
                                           ⇧
for num in numbers:    num: 13
    if num > 1:
        for i in range(2, num):    i: 10
            if num % i == 0:
                break
        else:
            numbers.remove(num)
```

图 8.7　外层 for 语句开始第 4 轮循环的情景

接下来再运行代码，素数 13 也会从列表中被删除，这样 numbers 列表就只有 4 个元素了。而 for 语句其实已经完成了 4 轮循环，因此会结束对 numbers 列表的遍历工作，这样其实最后一个 56 也被漏掉了，并没有经过是不是素数的判断。

至此，在 Debug "彩超" 的帮助下，终于了解了程序运行每一个时刻的真实剧情，从而让 bug 原形毕露、无处藏身。既然问题已经找到，断点的使命也就结束了。要去掉断点也很容易，在代表断点的大红点上再次单击就可以了。接下来要修正找到的问题。这个错误之所以会发生，是因为 for 语句在遍历一个列表时，这个列表中的元素竟然不按规则 "出出进进"，从而导致 for 语句节奏紊乱，数错了。好比生活中一个人正在清点一个队伍排了多少个人，结果队伍中的人不停地进进出出，出错就在所难免了。

明白了原因，修改起来就不难了。只要在 for 语句遍历检查 numbers 列表时维持该列表不动，发现素数先记下来，最后一并删除即可。代码 8.12 是修正之后的版本。

代码 8.12　删除列表中的素数（修正版）

```
numbers = [12,3,15,11,7,13,56]
prime_num = []
for num in numbers:
    if num > 1:
        for i in range(2,num):
            if num % i == 0:
                break
        else:
            prime_num.append(num)        #先把素数记录下来

for num in prime_num:                    #最后一并删除
    numbers.remove(num)
print(numbers)
```

本章小结

本章介绍了异常的概念及 Python 中常见的异常类型，重点讲解了处理异常的 try-except 结构、raise 语句和 assert 语句；介绍了使用 shutil 库复制文件，并通过案例进行巩固练习；最后简单介绍了编程工具的调试功能。

思考与练习

1. 指出下面异常处理代码的结构有什么问题，并解释代码中的两个 except 分支有何不同。

```
try:
    #可能产生异常的代码
    pass
except:
    #异常处理代码
    pass
except Exception:
    #异常处理代码
    pass
```

2. 编写代码，读取第 7 章拓展实践环节的 "BookList.csv" 文件，输出其中价格在 100 元以上的书籍。代码要进行异常处理，防止读取文件出错时崩溃。

3. 通过代码打开本章案例用到的 "历史名人录.txt" 文件，汇总其中一共有多少位名人、公元前的人数、公元后的人数。

4. 使用 shutil 库将 "历史名人录.txt" 文件复制一份，并将新复制的文件重命名为 "历史人物名录.txt"。

5. 使用代码以追加方式打开文件 "浣溪沙.txt"，向其中写入多首其他诗人的《浣溪沙》词作，代码要有异常处理。

第9章 模块与包

第9章

学习目标

- 理解模块与包的概念。
- 深入理解 import 语句。
- 能使用模块与包组织代码。

每章都会介绍一个 Python 生态系统中的工具包，这些工具包提供了大量的函数、类，可供其他程序直接导入使用，很方便。这其实就是代码复用理念不断发展的结果。假设某段代码有复用价值，则可以将其定义为一个函数。如果多个函数作为一个整体具有复用价值，那么如何方便地复用这多个函数呢？将它们组织在一个代码文件中即可，这个代码文件就被称为模块（Module）。多个相关联的代码文件具有复用价值，可以将它们组织在一个文件夹中，这个文件夹就是包（Package）。一个功能强大的工具包可以包含多个文件夹，每个文件夹下可以有多个代码文件。之前所学的众多工具包内部就是这么组织的。因此即使将来自己没有开发工具包的打算，理解模块与包的概念也是有好处的，至少对于 Python 生态系统中成千上万的工具包会有更深的理解。

9.1 模块与包的本质

我们已经知道函数是完成特定功能的一段程序，为代码的复用带来方便。如果编写的多个函数具有相关性，组合起来可以解决更大的问题，如文件路径的处理或时间的处理。那这些函数就可以被组织在一个代码文件（以".py"为扩展名）中，整个代码文件可以被其他的程序复用，这个代码文件就是一个模块。因此 Python 的模块没有什么神秘的，其本质就是一个代码文件。代码文件中会有变量、语句、函数或类等内容。而这个代码文件或者说模块可以被其他程序导入，重复使用，因此模块的价值在于代码复用。没有复用价值的代码文件虽然理论上也是一个模块，但意义不大。

如果函数或类比较多，组织在一个代码文件中会过于沉重，则会被分散到多个代码文件。这多个代码文件又会被组织在文件夹下，只要在文件夹下添加一个名为 __init__.py 的文件（init 前后各有两个下画线，只要存在该文件就行，文件可以没有内容），该文件夹就成为包。由此可见，所谓模块、包，其实都是对代码的合理组织，目的是让程序结构更清晰，更好地复用代码。而之前一直提到的库则是一种通俗的称谓，它强调的是一组有关联的、可以广为其他程序使用的代码文件集合。库既可以是模块也可以是包，这取决于库的规模。例如，random 库就是一个 random.py 代码文件，因此 random 库是一个模块。而 xml 库的代码则分散在多个文件夹下的多个代码文件中，因此 xml 库是一个包。事实上在很多 Python 资料中，模块、包与库等这些概念往往混用，不会特意区别。本书之前也没有刻意区别这些术语。

这么看来，在逻辑上一个 Python 程序可以由包、模块、函数组成。包之下可以有子包或模块，而模块则是写在同一个文件中的函数、类等的集合。在物理上，Python 程序是一行行的代码，这些代码分散在一个个的文件中，这些文件又位于一个个的文件夹中，如图 9.1 所示。

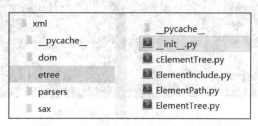

图 9.1 xml 库中模块与包的组织示意图

图 9.1 显示的是 xml 库的目录结构。从图左侧可知，xml 库下有 dom、etree、parsers、sax 等多个文件夹。图左侧选中了 etree 文件夹，右侧可见有一个 __init__.py 文件。事实上这些文件夹下均有一个 __init__.py 文件，因此它们都是包。而 etree 包下还有多个 Python 代码文件，它们都是模块。每一个模块中都有可被其他程序使用的函数、类等，如第 4 章解析 XML 格式数据用到的 fromstring() 函数就位于 ElementTree.py 模块中。

9.2 库的安装与导入

9.2.1 使用 pip 安装第三方库

Python 中的库通常分为以下几类。

（1）内置的。内置库通常是 Python 的核心模块，随着 Python 解释器一并安装，因此不需要另外安装，可以直接导入使用。内置库又称为 Python 标准库。

（2）第三方的。经过几十年的发展，Python 拥有的库非常多，不可能都与解释器一并安装。这些库经过审核后可以被广大 Python 开发者使用，这种现成的但并未随着解释器内置的库被统称为第三方库。使用它们时需要先安装再导入。

（3）自定义的。在大型系统的开发中，开发者往往将系统功能分为多个模块来实现，然后在主模块文件或其他代码文件中导入使用其他功能的模块。这些主要为自己的软件程序服务的模块就是自定义的模块。

内置库直接导入即可使用，但第三方库是需要安装的。Python 生态系统中有很多第三方库具有广泛的应用领域，如 NumPy、SciPy 等在科学计算、数据分析、人工智能等很多领域都有广泛的应用。在第 5 章使用 jieba 库时介绍了如何在 PyCharm 中安装第三方库，但安装第三方库未必要依赖 PyCharm 编程工具，更通用的方式是使用 pip 工具。高版本的 Python 解释器在安装过程中默认已经将 pip 工具一并安装了，所以可以直接在 Windows 命令提示符窗口中使用 pip 工具。下面以安装 Pygame 为例，演示如何使用 pip 安装第三方库。

打开 Windows 的命令提示符窗口，在光标后输入"pip"，然后直接按 Enter 键即可看到关于 pip 工具的使用帮助。如果是要安装工具包，如 Pygame，则只需输入"pip install pygame"命令，按 Enter 键后 pip 会自动去网络上下载指定的工具包并安装，如图 9.2 所示。pip 工具默认是去国外的站点上下载，如果速度过慢则可以更换为国内的镜像服务器，这方面的信息可以去搜索引擎进行查询。

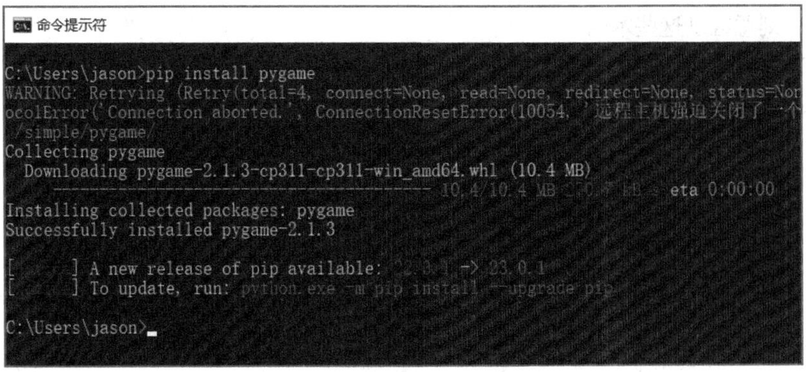

图 9.2　使用 pip 安装第三方库

第三方库在正确安装后就可以导入使用了，仍然使用 import 关键字来导入。实际上，无论是第三方库还是内置库，在使用 import 导入时根据不同的需要都可以有不同的形式。

9.2.2　导入模块的不同形式

库只是一个形象的、通俗的称谓，"导入库"的真实含义是要复用该库提供的某些代码。而库的代码是位于模块（代码文件）中的，因此使用 import 语句导入库时要指明导入的代码文件，也就是模块。

1. 导入整个模块

导入整个模块是最基本的形式，即 import <模块名>。前面的例子中导入库大多使用的是这种形式。以这种形式导入后，使用模块中的函数、类等内容时都要添加模块名前缀。但由于库的规模不同，有的库本身只是一个模块，如 random 库、math 库等，导入就很简单；有的库有多个模块，如 xml 库。对于 xml 这类有多个模块的库，导入时不能简单地书写库名，因为真正要导入的是模块，所以必须说明要导入 xml 库中的哪个模块。一般这种情形下模块都会位于包（文件夹）下，因此在导入模块时必然涉及文件夹路径。只是 import 语句中会将路径分隔符改为点，于是就有下面代码 9.1 的写法，这也是在第 4 章出现过的写法，现在应该理解得更清楚了。

代码 9.1　导入整个模块

```python
import random
import xml.etree.ElementTree as ET              #导入包下的模块


xml_str = """<data>
    <entry author="孔子">学而时习之，不亦说乎？</entry>
    <entry author="子夏">日知其所亡，月无忘其所能，可谓好学也已矣。</entry>
    <entry author="顾炎武">有一日未死之身，则有一日未闻之道。</entry>
</data>"""
root = ET.fromstring(xml_str)                    #解析 xml 数据
data_base = []
for entry in root:
    author = entry.attrib["author"]             #获取 entry 的属性
    content = entry.text                         #获取 entry 下的文本
    data_base.append((author,content))

entry_selected = random.choice(data_base)       #随机抽取一条 entry
print(entry_selected)
```

代码解析 xml 格式的数据后，从几条名句中随机挑选一条输出。代码 9.1 的运行结果如下。

('顾炎武','有一日未死之身，则有一日未闻之道。')

代码中的 random 模块导入时直接书写模块对应的代码文件名，注意不用写文件的扩展名。而 xml 库的 ElementTree.py 模块在 xml\etree\文件夹下，因此导入时将路径分隔符改为点，同样不用写文件扩展名。当然，无论模块文件所处的路径深浅，这种将整个模块导入的形式要求在使用模块中的函数等属性时必须添加模块前缀，因此 choice()函数及 fromstring()函数在使用时都必须有前缀名。而 xml.etree.ElementTree 作为前缀确实过长，书写不便，因此 import 语句可以使用 as 关键字给导入的模块起别名，这样只需写 ET.fromstring()即可，较为方便。

另外，程序要导入多个模块时，理论上可以使用一个 import 语句，模块名使用逗号分隔。但 Python 不建议使用一行 import 导入多个模块，推荐使用多个 import 语句，每行导入一个模块。

2. 导入模块的个别属性

如果只是需要使用模块中的一两个属性，不想将该模块中的其他内容都导入自己的代码文件的作用域中，因为那样可能会让自己的程序变得臃肿。针对这种情形可以使用代码 9.2 所示的形式来直接导入目标属性。相对于传统的 import 形式，代码 9.2 所示的形式是使用什么只导入什么，更有针对性。但如果要使用模块中较多的属性内容，这种方式就不适合了。

代码 9.2　导入模块中的个别属性

```python
from random import choice          #仅导入模块中要使用的函数
from xml.etree.ElementTree import fromstring


xml_str = """<data>
    <entry author="孔子">学而时习之，不亦说乎？</entry>
    <entry author="子夏">日知其所亡，月无忘其所能，可谓好学也已矣。</entry>
    <entry author="顾炎武">有一日未死之身，则有一日未闻之道。</entry>
</data>"""
root = fromstring(xml_str)          #直接书写函数名，没有前缀
data_base = []
for entry in root:
    author = entry.attrib["author"]
    content = entry.text
    data_base.append((author,content))


entry_selected = choice(data_base) #没有前缀
print(entry_selected)
```

代码 9.2　导入模块中的个别属性

使用 from 直接导入模块中的目标属性后，使用它们时无须书写模块前缀。这一点既有优点也有缺点。优点是书写简洁、方便；缺点是在导入多个模块时，没有模块前缀，因此不知道哪个函数来自哪个模块，不同模块的同名函数会发生名称冲突，为程序引入了不必要的混乱因素。

9.3　Python 生态系统之 Pygame 库

Pygame 库是 Python 生态系统中比较有名的用来开发游戏的库，它提供了易用的、丰富的音视频操作功能，非常适合用来开发小型游戏。实际上，动手编写游戏是一个非常好的学习编程的途径，学习编写游戏可能比玩游戏更有意思。

9.3.1 初识 Pygame

Pygame 库中有很多模块，分别负责游戏开发中的各类任务。例如，pygame.display 负责处理界面显示方面的操作，pygame.time 负责和时间有关的操作，pygame.mixer 可以处理音频。其中，pygame.display 下的 set_mode()函数用来创建游戏的主界面，这个函数会返回一个 Surface 对象，代表着游戏主界面。Surface 对象有一个 blit()方法，可以将游戏形象（Pygame 称为精灵）"绘制"在需要的位置。

游戏一般有一些精心设计的游戏形象，Pygame 将这些游戏形象称为精灵（Sprite）。精灵可以是任何东西，可以是拿着武器冲锋陷阵的战士，也可以是被动挨打的无生命的乒乓球，又或者是战士手中的枪、用来打球的球拍等，这些都可以看成游戏形象，都可以被称为精灵。游戏就是按照预设的逻辑让这些精灵不断变化，形成不同的游戏局面，让玩家沉浸其中，得到乐趣。

游戏过程有两面，一面是玩家看到的屏幕上五光十色的游戏角色在运动、动作、产生、消亡。这些精灵们有各自的外观形象，它们在屏幕上的活动也是连续的，真的好像有生命一样。但这一切都是假象，精灵的形象不过是一些图片，精灵不同的状态对应不同的图片，这些图片可以根据游戏需要出现在指定位置。游戏的另一面才是其真容：没有动作，更不连续，一切都是数据的变化。所有的精灵都只是一组数据，数据的改变意味着精灵出现了某种变化。游戏只是记录每个精灵下一刻的数据状态，然后根据这些数据将对应的精灵形象（图片）在恰当的时间"绘制"在屏幕恰当的位置。因为画面更新速度非常快，在人看来画面是连续的。所以游戏开发除设计好各色精灵的外观形象外，更重要的其实还是看不见的各种数据结构的设计，使用什么样的数据结构记录维护游戏精灵的状态，使用什么样的算法去改变数据状态是游戏内在的灵魂。接下来通过一个简单的小例子来练习使用 Pygame 开发游戏。

9.3.2 搭建游戏主框架

Pygame 库中有多个模块，可根据需要导入所需的模块。其中，pygame.locals 模块定义了 Pygame 中预置的常量，如标志窗体退出事件的常量 QUIT。另外，在游戏窗体退出后，整个程序的运行也要终止，因此这里还需要用到 sys 库中的 exit()函数，如代码 9.3 所示。

代码 9.3 搭建游戏主框架

```
import Pygame
from pygame.locals import QUIT
import sys

pygame.init()                                        #初始化 Pygame
surface = pygame.display.set_mode((640,480))         #游戏窗体大小
pygame.display.set_caption('Hello,Pygame!')          #窗体标题

while True:                                           #主循环
    for event in pygame.event.get():                 #获取发生的事件
        if event.type == QUIT:                       #如果有退出事件
            pygame.quit()                            #Pygame 退出
            sys.exit()                               #程序停止执行

    pygame.display.update()                          #刷新画面
```

运行这段代码可以看到一个指定尺寸的 Pygame 窗体，其标题栏为指定的文字内容，单击窗口

右上角的"关闭"按钮结束程序，如图9.3所示。

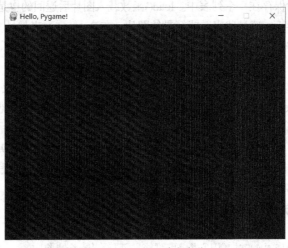

图9.3　Pygame 游戏窗体

这段程序只是一个基本的框架，并没有什么具体的游戏情节，但还是有几个重要的信息。首先是对 Pygame 各模块进行初始化，然后在调用 display 模块的 set_mode()函数产生主窗体界面时可以指定窗口尺寸。如果长宽尺寸都为 0，则产生一个和屏幕一样大小的窗体。程序将 set_mode()函数返回的代表窗体界面的 Surface 对象保存在一个变量中，以便在游戏细节中使用。接下来调用了 display.set_caption()函数设置窗体标题栏信息。这里并没有指明要设置的是哪一个 Surface 窗口，因为 Pygame 同一时间只有一个 Surface 对象是当前窗口，因此无须说明。再往下就是重点了，这里有个条件为 True 的循环，不妨称其为游戏的主循环。程序运行后该循环会不停地执行。游戏进行时需要不停地刷新画面，因此完成游戏刷新的代码应该写在这个循环中。当然循环不能成为死循环，打破这个循环的是玩家关闭窗口事件。事实上游戏进行中可能发生很多事件（event），如窗口关闭事件、单击鼠标事件、鼠标指针移动事件、键盘上的按键事件等。每个事件都有一个编号，如退出事件的编号为 256。但使用编号不友好，故 Pygame 为这些事件都定义了名称；如退出事件记为 QUIT，又因其值不变，故一般称为常量。发生的事件会被送到一个事件队列中。通过调用 pygame.event.get()函数可以获取当前事件队列中的所有事件，代码遍历发生的事件，看看其中有没有退出事件（QUIT），如果有则退出游戏。退出时首先要退出 Pygame，然后调用 sys.exit()退出 Python 系统。程序循环中的最后一句 update()负责把缓存中的画面数据真正送到屏幕上，不断更新界面显示。

9.3.3　完善游戏细节

下面在游戏框架代码的基础上来真正做点什么，如让一个卡通橘子脸在屏幕上不断地变换两种表情，而且还能跟随方向键移动。要完成这个场景首先要预备好两个橘子脸图片，一个是高兴的表情，另一个是悲伤的表情。有了这样两个图片，只需快速交替显示它们就可以出现变脸的效果。而跟随方向键移动时需要知道玩家按下了哪个键，并根据按键方向更新橘子脸的位置数据，再根据最新位置数据在界面上重新绘制出橘子脸，这样橘子脸就可以移动了。当然绘制前还要确认应该使用两个表情中的哪一个。这就是整个代码要完成的主要工作。接下来将对代码的分析分成两大部分，while 主循环之前的预备工作，以及 while 主循环内部要负责的工作。

1. 预备工作阶段

除设置游戏窗体的大小、标题等常规任务外，预备工作阶段最重要的任务是将两个不同表情的橘子脸图片读入内存,使用 pygame.image.load()函数完成这个工作。因为有两个图片,为了访问方便,将两个图片载入后保存在一个列表中。load()函数载入图片后返回的也是一个 Surface 对象。也就是说,不论是窗体界面,还是代表游戏精灵的图片,在 Pygame 看来都是 Surface 对象。因为它们都是游戏外表的一层皮,真正的游戏精灵是由无形的、看不见的数据来表示的。因此接下来需要一个数据结构来表示真正的橘子脸精灵,这里选择了 Pygame 提供的 Rect 类。顾名思义,这个类可以表示一个矩形,而橘子脸精灵显然可以概括为一个矩形,由两部分共同组成,看不见的 Rect 对象和看得见的表情图片。Rect 对象保存了橘子脸精灵的状态数据,表情图片出现在游戏窗体的什么位置完全由 Rect 对象的数据决定,表情图片只是外在的一层皮。

明白了大概任务,再来研读预备工作的代码就好理解了,细节如代码 9.4 所示。与上一段游戏的大框架代码相比,这里多导入了几个 locals 模块下的常量,如 K_RIGHT 等按键事件,主要用来实现橘子脸跟随方向键移动。

代码 9.4 橘子脸游戏的预备阶段

```
import Pygame
from pygame.locals import QUIT,K_RIGHT,K_LEFT,K_UP,K_DOWN
import sys

#预备工作
pygame.init()
WINDOW_WID,WINDOW_HEI = (640,480)
surface = pygame.display.set_mode((WINDOW_WID,WINDOW_HEI))
pygame.display.set_caption('Orange face ...')

imgs = []                              #保存橘子脸图片的列表
for i in range(2):
    img = pygame.image.load('file\\Orange-' + str(i) + '.png')
    imgs.append(img)

img_rect = pygame.Rect(0,0,32,32)      #代表橘子脸的数据结构
face_change_limit = 2000               #当 face_change_limit 按照 face_change_step
face_change_step = 3                   #的速度减为 0 时橘子脸会变换表情
face_id = 0
move_speed = 1                         #按键移动的速度
background = (255,255,255)             #背景色
```

在代码文件所在位置的 file 文件夹下预备好两个 32 像素×32 像素的不同表情的图片,为了方便,两个图片命名为 Orange-0.png 和 Orange-1.png,这样 pygame.image.load()函数即可将它们载入。这两个图片被保存在 imgs 列表中,因此可以通过 imgs[0]和 imgs[1]访问。有了橘子精灵的外在形象,还要有代表橘子精灵的内在数据结构,因此通过 Rect 类定义一个矩形对象 img_rect,它保存了矩形的左上角坐标及长宽共 4 项数据。img_rect 对象会时刻记录橘子精灵的位置,游戏一开始,橘子精灵出现在窗体的左上角,因此横纵坐标都为 0,长宽均为 32 像素,这是由图片的尺寸决定的。后面在游戏的主循环结构中会根据玩家按下不同的方向键来不断更新 img_rect 的数据,再根据 img_rect 不断地绘制橘子精灵的外在图片就可以实现移动效果了。

再接下来的几行代码初看似乎不易理解,其实也是完成一些循环之前的必要数据准备工作。因为橘子精灵不仅可以跟随方向键移动,还在不停地变化表情。这就要求定期地更换显示的表情图片,一会儿是 imgs[0],一会儿是 imgs[1]。那么多长时间更换表情呢?这由两个变量 face_change_limit

与 face_change_step 共同决定，变量 face_change_limit 每次减少 face_change_step，当 face_change_limit 小于等于 0 时，就意味着该更换表情图片了。因此在 face_change_limit 值一定的情况下，face_change_step 的值越大，换表情的频率就越快。变量 move_speed 定义了橘子精灵的移动速度，其实就是每次根据按键移动位置时，img_rect 对象的坐标改变多少。改变得越大，一次按键移动的距离就越大。代码的最后按照 RGB 颜色模型给出白色，这个颜色将被设置为游戏窗体的背景色。

所有这些预备的变量都会在游戏主循环中用到，接下来看看主循环是如何利用这些变量实现预期效果的。

2．主循环阶段

游戏主循环的代码实现如代码 9.5 所示。在循环结构中，首先通过 surface.fill() 方法将界面背景"填充"为指定颜色。每次循环都会执行这行代码，这意味着主窗口界面会不断地被"填充"，之前界面上的画面内容就被白色覆盖掉了，好比一面墙被重新粉刷，原来墙上的图案就都不见了。因此橘子脸要重新绘制，每次绘制时都要判断使用哪个表情图片，是 imgs[0] 还是 imgs[1]。这里就用到了 face_change_limit 与 face_change_step 两个变量。face_change_limit 每次循环会减少 face_change_step，当 face_change_limit 由初始值 2000 降到小于等于 0 时，换表情的动作就该发生了。因此让 face_id 加 1，如果 face_id 原来是 0，则现在为 1；如果原来为 1，则现在为 2。之后将 face_id 除以 2 的余数赋给 face_id 本身。可以看出经过这样处理后，face_id 的取值会在 0 和 1 之间交替变换，程序就是根据 face_id 去 imgs 列表中提取相应的表情的。由于对 face_id 值的处理并不是每次循环都发生，而是要 face_change_limit 从初始值减到 0 才发生一次，因此变量 face_change_limit 与 face_change_step 就控制了表情更替的速度。读者可以在预备阶段将 face_change_step 的值调大来试试效果。

代码 9.5　橘子脸游戏的主循环阶段

```python
while True:
    for event in pygame.event.get():
        if event.type == QUIT:
            pygame.quit()
            sys.exit()
    surface.fill(background)              #重填窗体背景

    face_change_limit -= face_change_step
    if face_change_limit <= 0:            #换脸发生
        face_change_limit = 2000
        face_id += 1
        face_id %= 2
    surface.blit(imgs[face_id],img_rect)    #根据最新位置绘制橘子脸
    #根据按键移动橘子脸
    keys = pygame.key.get_pressed()         #获取被按下的键
    if keys[K_RIGHT]:
        img_rect.x += move_speed
    if keys[K_LEFT]:
        img_rect.x -= move_speed
    if keys[K_UP]:
        img_rect.y -= move_speed
    if keys[K_DOWN]:
        img_rect.y += move_speed
    #防止橘子脸移出窗体
```

```
    if img_rect.x < 0:
        img_rect.x = 0
    if img_rect.x > WINDOW_WID - 32:
        img_rect.x = WINDOW_WID - 32
    if img_rect.y < 0:
        img_rect.y = 0
    if img_rect.y > WINDOW_HEI - 32:
        img_rect.y = WINDOW_HEI - 32

    pygame.display.update()
```

决定了使用的表情图片，接下来的工作就是将表情图片绘制在 img_rect 指定的位置。这是通过主窗口对象的 blit()方法完成的，这个方法可以将游戏精灵的外在形象贴在窗体的指定位置。而 img_rect 对象记录的位置是可以随玩家操作方向键而变化的，循环内接下来的代码就是实现这个工作的。Pygame 的 key 模块下的 get_pressed()函数可以获知玩家按下了什么键。在该函数的返回结果中查看 4 个方向键是否被按下，并相应更新 img_rect 对象左上角的坐标。例如，如果玩家按下了向右的方向键，则 keys[K_RIGHT]为真，因此 img_rect 的横坐标增大，增大多少由 move_speed 决定，所以 move_speed 控制橘子脸的移动速度。最后还有一个问题需要考虑，橘子脸不能移到游戏窗口之外，因此每轮循环都要判断 img_rect 中横纵坐标的上下限。

到此程序的逻辑就都实现了，将代码 9.4 与代码 9.5 合在一起运行，调整预备阶段的一些变量值，观察橘子脸的移动速度、换脸频率等效果，可以加深对代码的理解。如图 9.4 所示是代码运行后的结果。

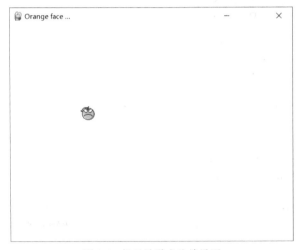

图 9.4 橘子脸游戏的效果图

9.4 小试牛刀

前面介绍了使用 Pygame 开发小游戏的基本流程，接下来在小试牛刀环节开发一款可玩性更强的小游戏。游戏中有一个小球在窗口中"游荡"，玩家通过左右移动鼠标指针控制一个挡板，任务是不让小球掉落到窗口下沿。随着玩家击打小球次数的增多，小球的移动速度会越来越快，游戏难度越来越高。当小球掉落游戏结束时，窗口中显示玩家的击球次数。如果玩家愿意，则单击开始新的一局。游戏运行的效果如图 9.5 所示。

图 9.5 击球小游戏的效果图

9.4.1 游戏预备工作

游戏需要准备小球与挡板的图片素材，这个例子中使用的小球图片有 8 像素，挡板的宽度为 55 像素。游戏代码假设这些图片素材位于 file 文件夹下。整个程序仍然分为主循环之前的预备工作和 while 主循环两部分，先来看预备工作阶段，细节如代码 9.6 所示。代码被空行分成几个小段落，后面会详细解释。

代码 9.6 击球小游戏的预备阶段

```python
import Pygame
import sys
from pygame.locals import MOUSEMOTION,MOUSEBUTTONUP,QUIT

pygame.init()                                        #初始化 Pygame
WINDOW_WIDTH,WINDOW_HEIGHT = (800,600)
game_window = pygame.display.set_mode((WINDOW_WIDTH,WINDOW_HEIGHT))
pygame.display.set_caption('坚持就是胜利!')
black = pygame.Color(0,0,0)                          #游戏背景为黑色
clock = pygame.time.Clock()                          #计时器,用来控制画面刷新的速度

#输出游戏信息的辅助函数
def show_game_message(message):
    font = pygame.font.SysFont('SimHei',28)          #使用 SysFont 显示中文
    #render 方法的 3 个参数含义：文字信息、是否抗锯齿、文字颜色
    txt_sprite = font.render(message,1,(255,255,255))
    message_center_location = game_window.get_width()/2
    message_top_location = game_window.get_height()/2    #指定文字位置
    txt_pos = txt_sprite.get_rect(centerx=message_center_location,top=message_top_
location)
    game_window.blit(txt_sprite,txt_pos)             #在指定位置书写文字

#游戏运行参数
work_dir = 'file\\'                                  #图片素材所在目录
BALL_SIZE = 8                                        #小球本身的 8 像素
```

```
BALL_SPEED_INIT = 3                          #小球移动的初始速度
HITS_TO_ACCELERATE = 3                        #每击球 3 次后小球会提速
BALL_START_y = int(WINDOW_HEIGHT * 0.3)       #游戏开始时小球的垂直位置
BALL_START_x = 10                             #游戏开始时小球的水平位置
BAT_WIDTH = 55                               #球拍宽度为 55 像素
BAT_y = int(WINDOW_HEIGHT * 0.9)             #球拍垂直位置,球拍只能水平移动
SPEED_RATIO = 1.2                           #小球每次提速的倍数


#初始化球拍
bat = pygame.image.load(work_dir + 'bat.png')   #球拍的外在形象
bat_rect = bat.get_rect()        #球拍的数据表示,根据鼠标指针的位置维护 bat_rect
bat_rect.topleft = (0,BAT_y)     #根据 bat_rect 将球拍形象展示在屏幕上


#初始化小球
ball = pygame.image.load(work_dir + 'ball.png') #小球的外在形象
ball_rect = ball.get_rect()                      #小球的数据化表示
ball_rect.topleft = (BALL_START_x,BALL_START_y) #将小球放置到初始位置
speed_x,speed_y = BALL_SPEED_INIT,BALL_SPEED_INIT
accelerate_flag = 0      #提速标记,成功击球 HITS_TO_ACCELERATE 次就提速
hit_ball_times = -1      #记录击球次数,未开始时为-1
game_start = False       #游戏状态,单击该变量变为 True,小球开始移动
```

第 1 个段落仍然是导入需要的模块。因为要感知玩家的鼠标指针动作,所以导入了 MOUSEMOTION 和 MOUSEBUTTONUP 两个事件常量。

第 2 个段落是一些基本的准备工作,包括主窗口的尺寸、标题栏、背景颜色等。这里相比之前的代码多了一个游戏时钟,它的作用后面再详细解释。

第 3 个段落定义了一个辅助函数,用来完成在游戏处于停止状态时输出反馈信息。反馈信息可能是提示玩家"单击开始",也可能是在玩家失败后告知其本局击球次数。Pygame 将游戏中显示在窗体上的文字也看作是 Surface 对象,与小球、挡板等精灵的图片形象一样是一种"外皮"。但由于文字信息具体内容是变化的,无法以图片事先预备好,因此 Pygame 提供了 font 或 sysfont 模块来处理文字内容。这里使用 SysFont 类生成简体黑体(SimHei)、字号为 28 的字体对象,然后只需把要输出的文本交给这个字体对象,它就可以将文本以 28 号黑体"吐出"。这些由 render()方法"吐出"的文字也是 Surface 对象,可看成文本精灵的外在形象,可以使用主窗体的 blit()方法绘制在界面的合适位置。要想定下文本的位置,只有文本的外在形象是不行的,还要有一个矩形数据结构跟踪文本的位置。这段代码没有直接使用 Rect 类,而是使用 Surface 对象的 get_rect()方法得到"外皮"形象的矩形尺寸,它是由文本的字体、字号与文字多少决定的,但矩形的位置却可以指定。这里希望文本信息出现在游戏窗体的中央部位,因此将相应的位置坐标传递给 get_rect()方法的 centerx 与 top 参数,即可通过水平中间位置和垂直上沿位置确定文字显示时位于界面中部。

代码的第 4 个段落初始化了一些游戏参数,这些参数可以根据实际情形进行调整,它们值的改变会影响游戏的运行结果。例如,变量 HITS_TO_ACCELERATE 控制着连续击球几次后小球会提速,而 SPEED_RATIO 则决定了小球每次提速时的增速幅度。其他游戏参数的含义可参见代码注释。

接下来的两个段落负责初始化游戏的两个主要精灵,即小球和挡板。首先使用 image.load()函数载入它们各自的外在形象。外在形象只是给玩家看的一层皮,小球与挡板在游戏中真正的表达都是一个矩形位置,代表挡板的是 bat_rect 对象,代表小球的是 ball_rect 对象。这两个对象的获得也没有使用 Rect 类,而是直接调用 Surface 对象的 get_rect()方法。这样由小球与挡板各自的外在 Surface 形

象即可得到它们对应的矩形尺寸，而矩形的位置则可以根据需要指定。代码在指定小球与挡板的各自矩形位置时使用了矩形对象的 topleft 属性，这样就定下了两个主要精灵的初始位置。后期在主循环中，游戏只要根据玩家鼠标指针的移动不断更新 bat_rect 矩形的位置，再根据该矩形位置绘制挡板外在形象即可实现挡板跟随鼠标指针左右摆动。小球的处理也是类似的，只是小球的运动是自发的，因此主循环中要负责检查小球与四壁、挡板的碰撞。

在开始游戏主循环之前，还有一些工作要做。游戏中小球有正常移动和死球两种状态。游戏启动后小球处于死球状态，位于其起点位置，等待玩家单击开球。开球后小球的初始移动速度也要设置好。另外，还有记录玩家击球次数的变量、判断小球是否该提速的标志变量、小球是运行状态还是死球状态的变量，这些变量在进入主循环之前都要把它们定义好。

9.4.2　游戏主循环

所有预备工作做完后，接下来是在 while 循环中不断更新的工作。这些工作构成了代码 9.7，循环内的代码也被空行分成了几个段落，下面逐一进行分析。

代码 9.7　击球小游戏的主循环阶段

```
while True:
    #使用黑色刷新界面,原来的形象就没了,需要根据最新数据重新绘制
    game_window.fill(black)
    game_window.blit(bat,bat_rect)              #根据球拍的数据绘制球拍
    game_window.blit(ball,ball_rect)            #根据小球的数据绘制小球

    #事件响应
    for event in pygame.event.get():
        if event.type == QUIT:
            pygame.quit()
            sys.exit()
        elif event.type == MOUSEMOTION:
            #响应鼠标指针移动事件,获取鼠标指针的位置,更新球拍的位置
            #每个事件会记录本事件的相关数据,如这里的鼠标指针的位置
            mousex,mousey = event.pos
            #根据鼠标指针的横坐标更新球拍的位置
            if mousex < WINDOW_WIDTH - BAT_WIDTH:
                bat_rect.topleft = (mousex,BAT_y)
            else:
                bat_rect.topleft = (WINDOW_WIDTH-BAT_WIDTH,BAT_y)
        elif event.type == MOUSEBUTTONUP:       #单击事件
            if not game_start:                  #死球状态单击意味着新开一局
                game_start = True               #设置游戏为进行状态
                speed_x,speed_y = (BALL_SPEED_INIT,BALL_SPEED_INIT)
                accelerate_flag = 0
                hit_ball_times = 0              #本局击球次数归零

    #判断游戏状态
    if game_start:          #如果 game_start 为真,则游戏进行中,小球运动
        ball_rect.x += speed_x    #小球运动其实就是坐标的变化
        ball_rect.y += speed_y    #修改小球的位置,小球就移动了
```

```
        if accelerate_flag == HITS_TO_ACCELERATE:    #击球3次后,球速提高
            speed_x *= SPEED_RATIO
            speed_y *= SPEED_RATIO
            accelerate_flag = 0
    else:                              #如果game_start为假,则游戏进入停止状态
        if hit_ball_times >= 0:        #玩家失败,游戏进入停止状态
            msg = '共击球{}次。单击鼠标重新开始...'.format(hit_ball_times)
        else:                          #游戏刚启动,还没开始
            msg = '单击鼠标开始...'
        show_game_message(msg)         #输出游戏信息


    #球的碰撞处理
    if ball_rect.y <= 0:               #碰到上边界,垂直变向
        ball_rect.y = 0
        speed_y *= -1
    if ball_rect.y >= WINDOW_HEIGHT - BALL_SIZE:    #碰到下边界,玩家失败
        game_start = False                          #本局游戏结束,进入死球状态
        ball_rect.topleft = (BALL_START_x,BALL_START_y)  #小球回原始位置
    if ball_rect.x <= 0:                            #小球遇到左边界,水平变向
        ball_rect.x = 0
        speed_x *= -1
    if ball_rect.x >= WINDOW_WIDTH - BALL_SIZE:     #小球遇到右边界
        ball_rect.x = WINDOW_WIDTH - BALL_SIZE
        speed_x *= -1
    if ball_rect.colliderect(bat_rect):    #检测小球和球拍是否碰撞
        ball_rect.y = BAT_y - BALL_SIZE    #如果为真,则说明玩家接住小球
        speed_y *= -1                      #小球垂直变向
        hit_ball_times += 1                #击球次数加1
        accelerate_flag += 1


    pygame.display.update()
    clock.tick(60)                         #每秒不多于60帧
```

每次循环开始都使用黑色背景重置游戏画面,此时画面中一片漆黑。当然玩家是看不到一片漆黑的场景的,因为接下来代码就在黑背景上绘制两个主角,即小球和挡板。绘制的形象自然是前面预备阶段载入的图片形象,位置则是根据各自对应的矩形位置。这两个位置会在主循环中不断被更新。

在事件响应部分,除响应必要的关闭窗口退出游戏外,还要跟踪鼠标单击和移动事件。对于鼠标指针移动事件,程序关心的是鼠标指针当前的位置。实际上 Pygame 的事件机制除能探查每个事件的类型外,还能回传事件的必要信息。例如,对于鼠标指针移动事件,可通过事件的 pos 属性得知事件发生时鼠标指针的位置坐标。这里其实只需要鼠标指针位置的横坐标,将横坐标 mousex 及挡板的垂直固定位置 BAT_y 组合起来更新 bat_rect 的左上角位置,这样根据 bat_rect 绘制的挡板形象就随着鼠标指针左右移动了。注意:挡板左上角位置最右只能到达 WINDOW_WIDTH-BAT_WIDTH 的位置。

再来看鼠标单击事件,如果游戏正常进行,小球正在"游荡",玩家不小心单击了鼠标左键,程序应该是没有任何反应的。因此发生鼠标单击事件后,首先要判断小球是否在死球状态。如果是,则开始新的一局,并做这一局的初始化工作。

主循环中接下来的段落该完成小球在画面中的自动游荡了。小球的运动必须发生在游戏进行时，因此要先判断 game_start 的值。当其值为真时，让小球的位置坐标不断变化，其中 speed_x 和 speed_y 分别记录着小球横纵坐标每次移动的改变量。它们的绝对值决定小球的运行速度，而它们的正负则决定着小球的运行方向。因此后面碰撞判断部分的代码在侦测到碰撞时，就是通过改变 speed_x 或 speed_y 的正负来让小球的运动变向的。另外，这里还要负责判断是否玩家已经连续击球 3 次，从而决定小球是否要提速。当 game_start 的值为假时有两种可能，一种是玩家失败了；另一种是游戏刚刚启动，还没有正式开始。区别这两种情形的标记就是 hit_ball_times 的值，只要游戏开始了，玩家击球的次数最少为 0，不会是负数。无论哪种情形都有反馈信息要输出，分别构造所需的文本信息后调用辅助函数即可。

主循环中剩下的代码主要用来完成小球与窗口四壁及挡板的碰撞判断。先来看小球和四壁的碰撞，这实际上是在检测小球的坐标。如果小球横坐标小于 0，意味着小球碰到左壁，只需将小球的水平分速度调为原来的相反数，小球在水平方向就变向了。其他几个方向的墙壁碰撞处理都是类似的，需要额外做些工作的是窗口的下壁，因为小球碰撞下壁意味着玩家失败，小球掉落了，此时需要设置小球进入死球状态。再来看小球和挡板的碰撞检测，其本质是要判断小球和挡板各自对应的矩形位置是否有重叠。Pygame 提供了很多碰撞检测方法，使这个工作变得异常简单，只需调用小球的矩形区域 ball_rect 的 colliderect() 方法，并将挡板的矩形区域 bat_rect 传进去，这样 colliedrect() 方法就会判断 bat_rect 是否和 ball_rect 有重叠，也就是小球和挡板是否发生碰撞。如果为真，则一方面小球垂直速度要变向，另一方面 hit_ball_times 和 accelerate_flag 两个变量都要加 1。

最后来解释一下之前预备阶段生成的游戏时钟 clock，它在这里被用上了。之前在橘子脸变换表情的案例中，程序使用了两个变量配合起来控制变脸的速度。其实在游戏中类似这种需要控制刷新频率的事情很多，Pygame 也提供了相应的手段，如生成一个时钟，指明每秒刷新的帧数。因此这里的 clock.tick(60) 将游戏的刷新频率设为每秒不超过 60 帧，这样主循环中更新画面效果的代码执行速度都会慢下来，玩家才会跟上游戏代码做出反应，否则玩家一旦单击鼠标，小球就会飞出界外，玩家根本来不及反应。

9.5 拓展实践：使用模块组织代码

当程序稍具规模后，可以根据功能将代码分布在多个文件中，每个代码文件就是一个模块。程序由多个模块组成，必然会出现在某个模块中导入其他自定义模块的情形。接下来就以一个具体的例子演练如何使用模块组织代码。

9.5.1 多样的投票模式

在人类的民主活动中，投票是一个重要的形式。常用的投票形式往往是选民人手一票，每个人将自己的一票投给自己支持的候选人，获得票数多的候选人胜出。除此以外有没有其他的投票模式呢？

1770 年，法国举办了一场选举，选举规则是每一个选民拥有一张选票，并按对每位候选人的认可程度，在选票上给所有候选人进行排序。作为选票结果的统计者，数学家波达（Borda）设想的方法是将选票上的位次转换为分值，这样可把每一张选票上的候选人排名名次转换成一串相应的数字。例如，在有 4 个候选人的选举中，排在第 1 名的候选人因为击败了 3 个人所以得 3 分。同理第 2 名得 2 分，第 3 名得 1 分，第 4 名得 0 分。然后把所有选票上每个候选人各自得到的分数全部加在一起，最后累计得分最高者获胜。这种方法被命名为波达计数法（Borda Count）。

再来看看同一时期的另一位法国数学家孔多塞（Condorcet）提出的一种计票方式。每个候选人都要和其他候选人进行两两的对决。在两人对决时，每一票都属于排名靠前的候选人，最终获得选票多的人在两人对决中胜出。只有在两两对决的过程中战胜所有其他候选人的才是最终获胜者。孔多塞计票法可以选出被大多数人拥护的选举人，但也有可能因为没人能战胜所有其他人，从而导致没有获胜者。

9.5.2 一个具体的投票问题

假设有 4 位候选人，名字分别为 A、B、C、D。关于这场选举的投票数据被保存在一个文本文件中，文件的每一行代表一个投票人的投票结果。这个结果是投票人对 4 位候选人的一个排位顺序，使用空格分隔，投票数据示例如下（数据有删减）。

```
A B C D
A B D C
B A C D
C B A D
B D A C
C D B A
```

下面按照多数计票法、波达计票法和孔多塞计票法 3 种投票方式来对同一个投票问题进行处理，看看结果有何不同。可以看出，无论使用何种计票方法，整个计票的工作大致如下：首先，读入投票数据。其次，汇总投票数据。根据不同计票方法，汇总过程不尽相同。例如，对于多数计票法，每个选民的投票只有排在第一顺位的候选人有效，而波达计票法则要将每个选民的排位换算为相应的分数。孔多塞计票法则关注候选人两两对决的胜负。无论采用哪种计票方法，最后都要根据汇总结果，给出选举结论。因此计票工作可以分成几个函数来完成。

（1）负责读入投票数据的 read_vote_data()函数。

（2）按照不同计票方法进行汇总的几个函数。

（3）根据汇总结果给出选举结论的 give_vote_result()函数。

这些函数可以被分在不同的模块中，按照不同计票方式进行汇总的函数可以统一放在一个模块中，这个模块文件可以命名为 vote_methods.py。而 read_vote_data()函数和 give_vote_result()函数可以放在同一个模块中，可以命名为 vote_tools.py。主程序则写在第三个代码文件中，这样整个程序被分为 3 个模块，主程序所在的模块需要导入另外两个模块。为了演示方便，这里假设所有的代码文件都在同一个目录下。

9.5.3 模块 vote_tools

先来看 vote_tools 模块。这个模块下有两个函数，分别是读入选举数据的 read_vote_data()函数和根据计票汇总结果给出选举结论的 give_vote_result()函数。

read_vote_data()函数的细节如代码 9.8 所示。这个函数需要知道保存投票数据的文件名，而其返回值则是一个嵌套的列表，该列表的每一个元素是原数据文件中的一行按照空格拆分后的列表。

代码 9.8　模块 vote_tools 中负责读取数据的函数

```
def read_vote_data(vote_file):
    """
    读取投票数据的函数
    参数 vote_file: 文件名
```

```
返回值:            嵌套列表

    """
    vote_data = []
    with open(vote_file,"r") as f:
        for line in f:
            one_vote = line.split()    #按空格拆分
            vote_data.append(one_vote)
    return vote_data
```

give_vote_result()函数的细节如代码 9.9 所示。这个函数需要拿到汇总的结果 aggregate_dic，这是一个字典，记录了每个候选人的得票情况，或者是得分，又或者是该候选人战胜的对手数量。也就是说尽管有多种计票方式，但每种计票方式最后汇总的结果都是一个字典，该字典会传递给 give_vote_result()函数。因为孔多塞计票法的规则导致其有可能没有获胜者，所以处理细节略有不同。give_vote_result()函数还有一个参数，用来判断当前使用的计票方式是否为孔多塞计票法，该参数的默认值为假。give_vote_result()函数的返回值有两项，一项是记录最终获胜候选人的列表 winner，另一项是这些胜者的得票或得分情况。如果是孔多塞计票法，则 winner 有可能为空。

代码 9.9　模块 vote_tools 中负责给出选举结论的函数

```
def give_vote_result(aggregate_dic,condorcet=False):
    """ 根据汇总结果, 给出最终投票结论 """
    winner = []
    if condorcet:
        highest_vote = len(aggregate_dic) - 1   #战胜所有其他候选人
        for candidate in aggregate_dic.keys():
            if aggregate_dic[candidate] == highest_vote:
                winner.append(candidate)
                break
    else:
        highest_vote = 0
        for candidate in aggregate_dic:
            #出现一个候选人比之前所有人的票数都高
            if aggregate_dic[candidate] > highest_vote:
                winner.clear()                      #之前记录下来的人都无效
                winner.append(candidate)       #记下这个当前最高票数的候选人
                highest_vote = aggregate_dic[candidate]
            elif aggregate_dic[candidate] == highest_vote:
            #出现并列最高票数的候选人
                winner.append(candidate)
    return winner,highest_vote
```

9.5.4　模块 vote_methods

下面再来看 vote_methods 模块，这里保存着实现 3 种计票法细节的函数，其中孔多塞计票法还需要一个辅助函数，因此一共是 4 个函数。

先来看实现多数计票法的函数细节，如代码 9.10 所示。其中，参数 vote_data 为模块 vote_tools 下的 read_vote_data()函数读取数据文件后返回的嵌套列表。多数计票法返回的字典记录着每个候选人的得票数，也就是每个候选人位于第一顺位的票数。

模块与包 ／ 第9章

代码 9.10　模块 vote_methods 中的多数计票法

```python
def aggregate_by_plurality(vote_data):
    aggregate_dic = {}                    #汇总每个候选人票数的字典
    for candiate in vote_data[0]:         #使用第一个投票人的数据初始化字典
        aggregate_dic[candiate] = 0


    for vote in vote_data:
        aggregate_dic[vote[0]] += 1       #票记给第一顺位候选人
    return aggregate_dic                  #字典记录每个候选人的第一顺位个数
```

代码 9.11 实现了波达计票法，此时函数返回的字典记录的是每个候选人的总得分。对于每一张选票，候选人的得分是排在其后的候选人的个数。将所有选票的得分相加即为该候选人的总得分。代码中第二个 for 循环的 vote 变量代表每一张选票，实际上是一个列表。候选人在 vote 列表中的位次决定了其在这张选票上能得多少分。

代码 9.11　模块 vote_methods 中的波达计票法

```python
def aggregate_by_borda(vote_data):
    aggregate_dic = {}
    for candiate in vote_data[0]:
        aggregate_dic[candiate] = 0


    candidates_count = len(vote_data[0])    #候选人数量
    for vote in vote_data:
        i = 1
        for candidate in vote:
            #排在几个候选人之前,就得几分
            aggregate_dic[candidate] += candidates_count - i
            i += 1
    return aggregate_dic                    #字典记录每个候选人的得分
```

模块 vote_methods 的最后是实现孔多塞计票法的代码 9.12，这段代码包含两个函数。第一个函数直接实现孔多塞计票法，其返回的字典记录的是每个候选人战胜其他候选人的数量，这个数量要达到所有候选人数量减 1 才算是赢家。因为需要频繁进行两个候选人之间的比较，所以代码将其独立成一个辅助函数 one_vs_one()，辅助函数在完成两个候选人之间的对决时，关注的是二者在每一张选票内谁排在前面。因为两两对决就好比暂时只有两个人参加的一个选举，哪位候选人排在前面，该张选票就记给谁。

代码 9.12　模块 vote_methods 中的孔多塞计票法

```python
def aggregate_by_condorcet(vote_data):
    aggregate_dic = {}
    for candiate in vote_data[0]:
        aggregate_dic[candiate] = 0


    candidates = vote_data[0]
    candidates_count = len(candidates)
    for i in range(candidates_count):
        for other_candi in candidates[i+1:]:
            #当前候选人和其后的每个候选人 pk
            winner = one_vs_one(candidates[i],other_candi,vote_data)
            if winner != "No winner":
```

```
                    aggregate_dic[winner] += 1
        return aggregate_dic              #字典记录每个候选人战胜的对手数量


    def one_vs_one(candi1,candi2,vote_data):
        """孔多塞计票法的辅助函数，负责判断两两对决的胜者"""
        count1,count2 = 0,0
        for vote in vote_data:
            for candi in vote:            #vote 代表投票人给出的排位顺序
                if candi == candi1:       #先遇到的候选人排位在前,赢得这一票
                    count1 += 1
                    break
                elif candi == candi2:
                    count2 += 1
                    break
        if count1 > count2:               #票多者为两两 pk 的胜方
            return candi1
        elif count1 < count2:
            return candi2
        else:
            return "No winner"            #平局
```

以上就是 vote_methods 模块实现的多种计票方式。这些计票方式函数都将汇总结果保存在一个字典中，该字典再交给 vote_tools 模块的 give_vote_result()函数，最终得到选举结论。而两个模块之间多个函数的配合需要在主程序所在的模块中完成。

9.5.5　导入自定义的模块

主程序所在的模块 vote_main 先导入前面介绍的两个模块，并为之起了简短的别名。接下来是负责串场的 main()函数，它根据选举数据文件的内容，以及当前采用的计票方法来调用其他两个模块中的相应函数得出结果。代码细节如代码 9.13 所示。

代码 9.13　**模块 vote_main**

```
import vote_tools as vt
import vote_methods as vm


def main(vote_file,method):
    vote_data = vt.read_vote_data(vote_file)
    if method == 1:
        aggregate_result = vm.aggregate_by_plurality(vote_data)
        winner,highest_vote = vt.give_vote_result(aggregate_result)
        print(f"投票数据汇总结果: {aggregate_result}")
        print(f"最终获胜的是 {winner}, 得票数为 {highest_vote}")
    elif method == 2:
        aggregate_result = vm.aggregate_by_borda(vote_data)
        winner,highest_vote = vt.give_vote_result(aggregate_result)
        print(f"投票数据汇总结果: {aggregate_result}")
        print(f"最终获胜的是 {winner}, 得分为 {highest_vote}")
    elif method == 3:
        aggregate_result = vm.aggregate_by_condorcet(vote_data)
        winner,highest_vote = vt.give_vote_result(aggregate_result,condorcet=True)
```

```
        print(f"投票数据汇总结果: {aggregate_result}")
        if len(winner) != 0:
            print(f"最终获胜的是 {winner}，恭喜其战胜所有对手! ")
        else:
            print("很遗憾，没有最终获胜者")


#共2个投票数据文件,votes1.txt 和 votes2.txt
#file_name = "file/votes1.txt"
file_name = "file/votes2.txt"
vote_method = int(input("""
    1----多数计票法
    2----波达计票法
    3----孔多塞计票法
    请选择计票方法: """))
main(file_name,vote_method)
```

案例预备了两个投票数据文件，可采用不同的数据文件对代码进行测试。代码 9.13 的运行结果如下，这里选择的是波达计票法。

```
    1----多数计票法
    2----波达计票法
    3----孔多塞计票法
    请选择计票方法: 2
投票数据汇总结果: {'D': 159,'B': 151,'A': 144,'C': 146}
最终获胜的是 ['D'], 得分为 159
```

本章小结

本章讲解了 Python 模块与包的概念，并通过一个具体的例子演示了使用模块组织代码；介绍了第三方库的安装方法，以及导入模块的多种形式；还介绍了使用 Pygame 进行游戏开发的基础知识。

思考与练习

1. 举例说明库与模块、包的关系。

2. 利用 Pygame，尝试实现一个小球自动移动，并碰撞窗体四壁后反弹的效果。

3. 使用字典模拟一个购物车，要求可以对购物车进行添加物品、删除物品、展示详情、清空等操作。代码要合理组织，分布到多个模块中。

4. 密码的稳健与否直接关系到信息的安全。编写一段代码使用指定字符集随机生成密码，另一段代码按照指定要求检验生成的密码是否符合要求。

5. 通过将纯英文文本文件的每一个字符变为 ASCII 字符表中的后续字符来实现加密，如字母 a 变为 b、b 变为 c、y 变为 z、z 变为 { 等。这个过程涉及由字符到编码，再由编码到字符，可以使用 chr()和 ord()函数。据此原理编写代码，实现对英文文件的加密和解密。要求加密与解密代码分布在不同的模块。

第10章 面向对象编程

学习目标

- 理解封装、继承与多态等概念。
- 理解 Python 对象实例化的过程。
- 初步掌握类的定义与使用方法。
- 使用 tkinter 库设计简单的图形界面。

编程不仅仅是一门技术，也是一门艺术。作为技术，程序的编写有其严格的语法、规范；作为艺术，程序的编写要简洁、具有美感。程序设计者在设计软件时会遵循某种理念，希望在这种理念的指导下，程序设计更简洁、清晰，具有一种设计美。本章介绍当前主流的一种程序设计理念：面向对象程序设计。

10.1 面向对象简介

其实在前面各章使用 Python 库的过程中已经不知不觉地使用了面向对象编程的一些概念。例如，Python 内置的 open() 函数可以返回一个代表磁盘文件的对象，这个对象有很多关于文件操作的方法、属性，使用它来操控磁盘文件方便很多。又如，Python 的字符串也因为拥有一套字符串的方法而变得鲜活起来。那么到底什么是面向对象的程序设计呢？它和结构化程序设计有什么区别呢？

在冯·诺依曼的计算机体系结构下，程序的运行本质就是内存中数据的演化。程序的输入是数据的初始状态，程序的输出是数据的结束状态，而程序的运行过程是数据的演变过程。无论哪种程序设计理念，不过是提供了一种看待内存中数据演变的视角。

结构化编程将程序运行看成一个过程，有一个"上帝之手"在按照某种算法一步步地执行。每执行一步，内存中的数据会跟着改变，直到最后一步完成，程序运行结束，此时内存中数据的状态就是程序的输出结果。在这种理念中，数据是"鱼肉"，算法为"刀俎"，"上帝之手"拿着"刀俎"来修改"鱼肉"。作为"鱼肉"的数据被动地等待着被修改，刀俎和鱼肉当然是分开的，即构成程序的两个要素算法和数据是分开的。这种理念有什么问题呢？问题在于实际上并没有"上帝之手"，真正拿着"刀俎"的是程序员，而程序员是人，会犯各种错误。尤其当软件要解决的问题越来越复杂时，拿着"刀俎"的程序员会感到越来越无力。

面向对象程序设计就不同了，在面向对象的理念中数据和对数据的操作合体了，它们结合在一起形成对象。数据是对象的属性，对数据的操作是对象的方法。数据和对数据的操作不再是鱼肉和刀俎的关系，也没有一个"上帝之手"在拿着刀俎操作鱼肉。数据与对数据的操作现在构成了一个有机的整体——对象。数据赋予对象血肉，方法赋予对象生命的活力。内存中的对象就像一个个生命体，它们彼此之间可以沟通、可以交流合作，在程序员的指挥下共同完成程序运行的任务。在这过程中不断地有对象产生、消亡，恰如人类社会，而程序员则好比是这场大戏的导演。

面向对象编程和结构化编程最大的不同在于面向对象编程更人性化，使程序的结构更接近人类社会的结构。计算机的出现带来了一个虚拟的世界，虚拟世界中的很多看似很深奥的理论都来源于真实世界，甚至就是简单的生活常识，如计算机系统中的缓存系统。面向对象理念也是虚拟向真实学习的结果。在真实的人类社会中，不论是一个个自然人，还是由自然人组成的团体、企业、机关，所有这些形成了一个极其复杂的系统，但这个系统却能有条不紊地运行着。人类社会是如何做到这一点的呢？答案是两个字：对象。不管是自然人，还是团体、企业、机关等，都是一个个具体的对象。每个对象都有自己的一些特征和功能。一个对象的特征决定了它自身的一些基本属性，存储了与它自身相关的一些信息；一个对象的功能则决定了它能做什么。例如，自然人有名字、身高、体重等特征，还有一些功能，也就是能力。例如，一个人是医生，他就有看病的能力。每个对象调用其他对象提供的功能时不必知道该功能的实现细节。学生去教室上课，不必操心教室是如何安排才不会冲突的；打开教室的电灯，不必知道电来自哪个发电厂；预订飞机票，只需向航空售票系统说明需求，不用操心票是如何定下来的；自动柜员机是如何正确地出钞的，它内部的点钞模块是如何实现的，这些作为使用者都无须知道。实际上使用者只要知道柜员机的接口是什么样子的就可以了，这里的接口就是柜员机的插卡口、出钞口、屏幕等。从以上描述可以看出，面向对象的基本理念是每个对象都把自己的实现细节封装起来，只把接口展现给外部世界，其他对象在和这个对象交流时只需知道如何使用该对象的接口即可。这就是面向对象编程的一个基本理念——封装。

不仅如此，人类社会还为那些有着相同特征或功能的对象归了类，如学校就是一类对象。社会上有千千万万所学校，每所学校都是一个具体的对象，但它们有一些共同的特征和功能，所以人们将它们归为一类，定义为学校，这样学校就成为一个类（class）。学校又可细分为小学、中学、大学等，即一个父类又分出子类，子类会继承父类的特征。某某大学可以被认为是一所（is a）大学（子类），也可以笼统地被认为是一所学校（父类）。当已知某单位是一所学校时，就意味着这个单位应该有教室、教师、学生等所有学校都有的共性的东西，但此时并不能确定这个单位一定是一所大学，所以还不能说这个单位一定有系或下属学院等大学这个子类才有的特征。

正是因为有了类，现实世界才有序。虽然事物众多，形形色色，但各属其类。人们到一个陌生的城市也能轻车熟路地使用新城市的公交系统，这是因为公交系统就是一个类，这个类有什么样的特征和功能是比较明确的。各城市的公交系统不过是这个类的一个个具体的对象而已。人们通过自己城市的公交系统认识的不仅仅是一个公交系统，而是一类对象。当然，不同城市的公交系统在具体实现一些功能时可以有自己的特色。例如，票价问题，小的城市可以无人售票，不论路途远近，一律一元；大的城市可以按路途远近分段制定票价，同样的收费行为却有不同的实现细节。又如，自然界中存在大量的动物（父类），动物又分为爬行动物、哺乳动物、两栖动物等（子类）。一个动物应该有一种能力，那就是移动。但不同子类的动物在实现父类的这种能力时，实现细节又是多样的，有的爬，有的游，有的奔跑，有的飞翔。父类定义的同一种行为子类却有不同的实现方式，这种现象在面向对象编程中称为多态。

总结下来，面向对象编程从现实世界汲取了 3 个主要思想：封装、继承和多态，并将这些思想搬到了计算机程序的虚拟世界中。当一个程序没有运行时，它就是躺在磁盘文件里的一堆代码。一且程序运行起来，就会在内存中生成众多的变量。程序要达成目标，就要对这些变量中的数据做一系列的操作。面向对象编程不过是以对象的视角来看待内存中的变量而已。也就是说，如果将一个程序的内存空间看成一个虚拟社会，那么程序运行时的众多变量好比虚拟社会中的一个个对象。每个对象（变量）都有其自身的一些特征（属性）和功能（方法）。虚拟社会中的众多对象同样也被划分成不同的类型，这就是变量的数据类型。这些对象中有比较简单的，如数值型、字符串、列表、字典等，好比现实世界中的自然人对象；也有比较复杂的，它们的类型是程序员根据需要定义的类，好比现实世界中的学校、银行、超市等人类创造的机关、单位。在面向对象编程中，变量不再仅仅是存放待处理数据的容器，而是一个个活生生的对象，不仅有数据属性还有能对数据进行操作的方法。这些方法、属性使这些变量有了生命，可以和其他变量交互，每个变量可以为程序中的其他变量服务，而且调用这种服务无须知道服务实现的细节。随着程序的运行，内存空间中的这些变量生生灭灭，当程序退出时，这个虚拟的社会就消亡了。表10.1列出了现实世界和虚拟世界的对照关系。

表10.1　现实世界和虚拟世界的对照关系

现实世界	虚拟世界（内存空间）
千千万万的事物	千千万万的变量
事物有类别 （动物、植物、微生物等）	变量有类型 （数值、字符串、列表、自定义的类等）
同一类别的事物有共同的特点	同一类型的变量有共同的特点
除了自然界本就存在的事物，人类还发明、定义了很多事物，如学校，医院、各种交通工具等众多的人类社会的对象	除了程序语言本就定义好的一些变量类型，程序员还可以根据具体的需要发明、定义一些特别的变量类型。 程序员可以先定义一个类，在定义中说明这个类有什么样的特征和功能；然后根据这个类去创建一个个具体的对象供程序使用

10.2　类、对象与封装

10.2.1　定义一个类

如前所述，类定义了一个新的数据类型，将数据及相关操作封装在了类的定义中，根据类生成的具体对象都拥有类定义所规定的属性特征和能力。

在Python中使用class关键字定义类，类名一般使用首字母大写的形式，类名之后跟一个冒号，之后是实现类的内部细节的代码。下面的代码10.1定义了一个Animal类。

代码10.1　使用class关键字定义类

```
class Animal:
    def __init__(self,name,weight):
        self.name = name
        self.weight = weight


    def move(self):
        print(f"我是{self.name}，我真的在动，不骗你。")

a1 = Animal('老鹰',10)    #由Animal类生成具体的对象
```

代码10.1　使用class关键字定义类

```
a2 = Animal('老虎',280)
print(f'a1 是{a1.name}，体重{a1.weight}千克。')
print(f'a2 是{a2.name}，体重{a2.weight}千克。')
a1.move()
Animal.move(a2)
```

代码 10.1 的运行结果如下。

```
a1 是老鹰，体重 10 千克。
a2 是老虎，体重 280 千克。
我是老鹰，我真的在动，不骗你。
我是老虎，我真的在动，不骗你。
```

从代码 10.1 可以看出，类的定义就是要阐明这类事物所拥有的属性和方法（能力）。属性一般需要说明初始值，这是通过特殊的__init__()方法实现的。类的方法其实就是定义在类中的函数，同样需要有参数、函数体等。特别一点的是，Python 类的方法都有一个特殊的参数 self，而且是方法的第一个参数。self 参数指由这个类生成的对象自己，要理解这一点需要了解对象的创建过程。下面来看由类生成具体对象的过程细节。

10.2.2　对象实例化过程

以代码 10.1 为例，定义好 Animal 类之后，就可以使用 a1=Animal('老鹰',10)这种形式去生成一个具体的 Animal 对象并保存在 a1 变量中。在这个语句背后其实有一个比较复杂的过程。Python 为每一个类指定两个特殊的方法，一个是__new__()方法，在代码 10.1 中没有出现；另一个是代码 10.1 中出现的__init__()方法。即使在定义类时没有写出这两个方法，它们在类中也是存在的。这两个方法的名称比较古怪，前后各有两个下画线。Python 语言有很多类似这种名称的方法，它们都有特殊用途，因此不建议程序员将自己代码中的方法如此命名。这两个方法负责对象的诞生，具体来说，__new__()方法负责从无到有将一个对象创建，因此__new__()方法不需要 self 参数。这是因为 self 参数指代对象本身，而在调用__new__()方法时，对象还没有诞生，要等__new__()执行完毕后对象才会诞生。方法__new__()执行完毕后会紧跟着执行类的__init__()方法，通过执行__init__()方法中的代码来对刚刚诞生的对象的属性进行初始化。因此每一个对象的实例化过程都要执行类的两个方法：__new__()和__init__()。

在代码 10.1 中，虽然没有书写__new__()方法，但当程序执行 a1=Animal('老鹰',10)时，仍然会调用 Animal 类的__new__()方法造出一个具体的对象，之后就会调用__init__()方法初始化这个对象。Animal 类的__init__()方法规定每一个 Animal 对象应该有两个属性，初始化对象时会接收两个参数值 name、weight，然后将它们赋给对象本身的属性 name 和 weight。为了将上述这个过程描述清楚就要用到 self 参数了。在代码 self.name=name 中，虽然左右各有一个 name，但这两个 name 的含义截然不同。右侧的 name 是__init__()方法收到的参数值，而左侧的 self.name 则是"对象的 name 属性"的意思，这里 self 特指刚刚诞生的这个对象。因此 self.name 这种写法相当于声明了 Animal 对象都有 name 属性。而且 name 与 weight 两个属性要在对象刚刚诞生后就立刻赋值，这就意味着在实例化 Animal 对象时必须写成 a1=Animal('老鹰',10)的形式，而不能写成 a1=Animal()，因为实例化过程对应__new__()和__init__()两个方法，在执行__init__()方法时需要传递两个参数值。

虽然从执行__init__()方法时刻开始后面所有的类方法都需要有一个 self 参数，但通常这个参数并不需要程序显式地给它赋值。因为一般情况程序是使用对象名来调用对象的方法的，如 a1.move()，其含义当然是调用 a1 对象的 move()方法，不可能是其他的对象，所以此时 Python 会自动将 a1 传递给 move()方法的 self 参数。但 Python 也允许直接通过类名来调用对象的方法，如代码 10.1 中最后的

Animal.move(a2)，此时就需要显式地为 move()方法的 self 传递参数值，也就是 a2，这样 move()方法中的 self.name 就是 a2 的 name，因此输出的名称是老虎。

10.2.3　访问控制

面向对象编程理念的一个基本想法是封装，程序将很多细节封装在类中，其中一些细节是不需要也不希望外界知道的。外界只需调用对象公开展示的一些方法、属性即可，就像生活中使用的自动柜员机一样。这就要求在类的定义中能表明哪些属性、方法是公开给外界调用的，哪些属性、方法是类在自己内部使用的，不希望外界知道，更不希望外界直接使用这些私有的属性和方法。

为了达到对类的属性、方法的访问控制，诸如 Java 和 C#等面向对象语言中有一套类似 private、protect、public 的访问控制关键字，使用这些关键字可以声明类的哪些方法是公开的（Public），可以给外部使用者调用；哪些是私有的（Private），只能类在自己内部使用。但 Python 没有这几个关键字，而是通过给方法、属性的名称前加一个或两个下画线的方式来暗示这些方法或属性是私有的，没有特殊理由不要在类的外界直接访问它。

下面的代码 10.2 定义了一个历史名人类，将有关的姓名、年份及备注等信息封装到这个类中。其中，年份属性以 1 个下画线开头，而备注属性以 2 个下画线开头，以此暗示这两个属性不希望在类的外部直接访问，类提供了专门访问这两个属性的方法，分别是 get_note()方法和 get_year()方法。其中，get_year()方法会根据年份数值的正负进行一些必要的处理，这样可以避免展示负数年份。这也是不希望外界直接使用年份属性的一个原因。

代码 10.2　使用下画线暗示私有属性

```python
class HistoryPerson():
    def __init__(self,name,year,note=""):
        self.name = name
        self._year = year       #1 个下画线开头
        self.__note = note      #2 个下画线开头

    def get_note(self):
        return self.__note

    def set_note(self,note):
        self.__note = note

    def get_year(self):
        year_str = str(abs(self._year))
        if self._year < 0:
            year_str = "公元前" + year_str
        return year_str

famous_person = []
famous_person.append(HistoryPerson("李白",701))
famous_person.append(HistoryPerson("老子",-551,"*"))
for person in famous_person:
    print(person.name,end=": ")
    if person.get_note() == "*":
        print(f"生卒年份不详，大致活跃于{person.get_year()}年前后")
    else:
```

```
        print(f"生于{person.get_year()}年")

lao = famous_person[1]
print(lao._year)
print(lao.__note)      #error
```
代码 10.2 的运行结果如下。

```
李白：生于 701 年
老子：生卒年份不详，大致活跃于公元前 551 年前后
-551
Traceback (most recent call last):
  File "D:\代码示例\代码10.2-使用下画线暗示私有属性.py",line 31,in <module>
    print(lao.__note)    #error
AttributeError: 'HistoryPerson' object has no attribute '__note'
```

代码 10.2 中部的 for 循环中规中矩地通过 get_note()方法和 get_year()方法访问了对象的相应属性，但最后两行代码违背了下画线的暗示，尝试直接访问年份与备注两个属性。根据实际运行的结果可知，1 个下画线开头的年份属性在类的外部直接访问也是可以的，但访问 2 个下画线开头的备注属性却会报错。这就是以 1 个下画线和 2 个下画线作为暗示的区别，Python 解释器不对 1 个下画线开头的属性做任何特殊处理，这个下画线是只给暗示的。但对于以 2 个下画线开头的属性，Python 解释器会做一些控制，虽然这个控制其实很容易绕过去。总体来说，Python 对于属性、方法的访问控制没有强制要求，而是交给程序员自行决定。

10.3 继承与多态

面向对象的另外两个理念是继承与多态。它们都可以有效地消除代码中重复的部分，将相同、类似的代码块提取出来放到更高一层的父类中去。先来看看继承，它可以定义一种"is a"关系。

10.3.1 继承的基本形式

Python 中所有的类都有一个共同的祖先：object 类。注意这是一个类，类名为 object。Python 中所有的类都是从 object 类派生而来的。当一个类在定义时没有明确指明自己的父类时（如代码 10.1 中的 Animal 类），其父类就是 object 类。那么如何在定义类时明确指明其父类呢？代码 10.3 在 Animal 类存在的情况下定义了几个更细分的子类。

代码 10.3   类的继承

```
#父类
class Animal:
    def __init__(self,name,weight):
        self.name = name
        self.weight = weight


    def move(self):
        print(f"我是{self.name}，我真的在动，不骗你。")


#子类
class Fish(Animal):
    pass       #虽然只有一个pass,但Fish类继承了Animal类的属性与方法
```

```python
class Bird(Animal):
    def sing(self):
        print("我是一只小小鸟，想要飞却飞不高。")

    def move(self):
        print(f"我是{self.name}，一只鸟，我可以振翅高飞。")

class Snake(Animal):
    def move(self):
        super().move()
        print("虽然我没有腿，但我爬的速度并不慢。")

class Person(Animal):
    def __init__(self,name,weight,gender):
        super().__init__(name,weight)
        self.gender = gender

    def speak(self,message):
        print(message)

    def move(self,veicle="高铁"):
        print(f"人坐上{veicle}就快多了。")

#实例化子类
animals = []
animals.append(Fish('小丑鱼',5))
animals.append(Bird('小小鸟',0.5))
animals.append(Snake('响尾蛇',4))
animals.append(Person('三毛',48,'男'))

for ani in animals:
    if isinstance(ani,Person):
        ani.speak('你好，我是一个人。')
    elif isinstance(ani,Bird):
        ani.sing()
    ani.move()
    print(f"我是Animal类的实例吗：{isinstance(ani,Animal)}")
    print()
```

代码 10.3 的运行结果如下。

我是小丑鱼，我真的在动，不骗你。
我是 Animal 类的实例吗：True

我是一只小小鸟，想要飞却飞不高。
我是小小鸟，一只鸟，我可以振翅高飞。
我是 Animal 类的实例吗：True

我是响尾蛇，我真的在动，不骗你。

虽然我没有腿，但我爬的速度并不慢。
我是 Animal 类的实例吗：True

你好，我是一个人。
人坐上高铁就快多了。
我是 Animal 类的实例吗：True

上述代码中，从 Fish 到 Person 这几个类都由 Animal 类派生而来，都是 Animal 类的子类，都继承了 Animal 类的特征。第一个子类 Fish 虽然自身内部什么都没有定义，但并不意味着 Fish 类没有属性方法。它从 Animal 类继承了 name 和 weight 属性及 move()方法，所以实例化 Fish 类时仍然要提供 name 和 weight 两个参数值。

代码使用了 isinstance()函数来判断一个变量保存的对象是否为某个类的实例。对于 animals 列表中的所有对象来说，它们都是 Animal 类的实例，不过只有 animal[1]是 Bird 类的对象，拥有 sing() 方法；只有 animal[3]是 Person 类的对象，拥有 speak()方法。

10.3.2　方法的覆盖

仔细观察代码 10.3，可以看出各子类在继承 Animal 类时表现各异。有的直接照搬父类，如 Fish 类。有的则对父类进行扩充，如 Bird 类和 Person 类都拥有父类没有的方法（Bird 类的 sing()方法、Person 类的 speak()方法）。这在子类中是很常见的，子类既然是在父类的基础上派生出来的，往往具有一些父类不具备的行为特征。

除此之外，子类还可以覆盖父类的方法，如 Bird、Snake、Person 这 3 个子类都用自己的 move() 方法覆盖了父类 Animal 的 move()方法。因为子类对事物的描述更加精细，所以对父类的某个行为往往会有更加精准的表述，这种情形下子类需要对从父类继承来的方法重新进行定义，使用自己特有的版本来覆盖父类的方法。从代码 10.3 中可以看到，Bird 类的 move()方法对运动的方式描述更为精准，而 Person 类的 move()方法则多了一个参数。这两个子类的 move()方法都是完全抛弃父类 move() 方法的细节而重新定义的，但 Snake 类的 move()方法则不同，它保留了父类 move()方法的实现细节，希望在父类的 move()方法上进行改良，加上自己需要的额外的代码。这就意味着在 Snake 类的 move() 方法中要调用父类的 move()方法，此时就要使用 super()这个特别的方法了。在一个类中使用 super() 方法意味着呼唤这个类的父类，所以 Snake 类的 move()方法先输出父类的 move()方法的结果，然后输出"虽然我没有腿，但我爬的速度并不慢。"

对父类方法的覆盖并不只限于普通方法，即便是__init__()这样的特殊方法也可以被覆盖。例如，Person 类除了 name 和 weight 属性，还有一个 gender（性别）属性，因此在实例化 Person 类对象时，就要对 3 个属性进行初始化，所以 Person 类覆盖了父类的__init__()方法。但这个覆盖并不是完全重打鼓另开张，而是先调用父类的__init__()方法对 name 和 weight 两个属性初始化，然后完成自己特有属性 gender 的初始化，因此在 Person 类的__init__()方法中也用到了 super()方法来调用父类。

10.3.3　多态和鸭子类型

父类的同一个行为在不同的子类中有不同的表现形式，这在面向对象中被称为多态（Polymorphism），如 Animal 类的 move()方法在多个子类中表现各异。多态是面向对象思想中非常酷的一个想法，它让程序既可以表现出各子类的独特特点，又可以在一个更高的层次上统领这些子类。想象一下如果没有 Animal 类的 move()方法，而是直接在 Bird、Fish、Person 等类中各自添加 fly() 方法、swim()方法和 walk()方法，这样是可以表现这些类各自的运动细节，但这些类彼此就没有什么关系了，程序无法用一个统一的视角来看待它们。当程序的某个输入只是需要一个拥有运动能力的对象时，程序无法说清这个要求。如果说程序需要一个拥有 fly() 方法的对象，那就把除 Bird 对象外的其他拥有运动能力的对象都排除了。同样也不能说需要一个拥有 swim() 方法的对象，实际上这种情况下说不清楚，因为没有一个更高层次的统一视角。而如果有了拥有 move() 能力的 Animal 类，程序只需要求输入的对象是 Animal 类的对象即可，Bird、Fish、Person 等子类对象都是合法的输入对象，至于当下输入的 Animal 对象运动时是飞、是游、是走就无所谓了。当然如果只有 Animal 类的 move() 方法也不行，这样太笼统，无法体现各不同子类对象的运动特点。因此多态才很酷。利用多态可以说明程序需要一个拥有 move() 能力的 Animal 对象，但具体传入数据时，可以传入 Bird 对象，也可以传入 Fish 对象，因为这些对象都是 Animal 类对象，都拥有 move() 能力，但它们又都保持了各自独特的 move() 方法细节。

多态是面向对象中很重要的一个概念，Python 在这一点上走得更远，提出了一个更有意思的概念：鸭子类型（Duck Typing）。正像有句话所说："当一只鸟走起来像鸭子、游起泳来像鸭子、叫起来也像鸭子时，那么这只鸟就可以被称为鸭子。"言外之意鸭子类型关注的不是对象到底是什么类型的，而是对象是否拥有程序需要的能力。一只鸟是不是鸭子并不重要，重要的是它能否像鸭子一样地走、像鸭子一样地叫、像鸭子一样地游泳。因为说到底，程序需要的其实并不一定是鸭子，而是鸭子的那些能力。如果一只鸟完美地拥有鸭子的这些能力，即便它不是鸭子又有什么问题呢。代码 10.4 中的 Car 类并不是 Animal 类的子类，但它拥有一个 move() 方法，因此当程序需要一个能 move() 的对象时，一个 Car 类对象完全可以像 Animal 类的对象一样胜任。这比需要继承关系的多态更进一步，更加灵活。

代码 10.4　多态的延伸：鸭子类型

```python
class Animal:
    def __init__(self,name,weight):
        self.name = name
        self.weight = weight

    def move(self):
        print(f"我是{self.name}，我真的在动，不骗你。")

class Fish(Animal):
    pass

class Car:
    def move(self):
        print("我是一辆轿车，我不是动物，但我能动。")

class Stone:
    pass

def is_movable_obj(obj):
    try:
        obj.move()
    except:
        print("这不是一个能动的东西。")
```

```
things = []
things.append(Fish('小丑鱼',5))
things.append(Car())
things.append(Stone())
for obj in things:
    is_movable_obj(obj)
```

代码 10.4 的运行结果如下，可以看出 things 列表中前两个对象在传递给 is_movable_obj() 函数后都可以顺利地 "move"，但第三个对象是 Stone 类，没有 move() 方法，因此无法胜任移动的任务。

我是小丑鱼，我真的在动，不骗你。
我是一辆轿车，我不是动物，但我能动。
这不是一个能动的东西。

10.4 Python 生态系统之 tkinter 库

前面各章的程序除小海龟绘图外，大多没有图形用户界面（Graphic User Interface，GUI）。虽然 GUI 并不是程序必须具备的，但很多普通用户还是习惯使用它，因此本节就来介绍一个可以进行 GUI 设计的库。在 Python 生态系统中可以进行 GUI 设计的工具包很多，如 tkinter、PyQt、wxPython、kivy、enaml 等。其中，tkinter 的功能虽然不是最强大的，但它是标准库，无须额外安装，而且容易理解、易于上手，不失为一个好的起点。

10.4.1 初识 tkinter

tkinter 库将 GUI 看成一个树状结构。首先有一个窗体作为根，位于窗体上的一系列的零部件（标签、按钮、文本框、菜单等）都是根窗体的树枝。利用 tkinter 工具包设计 GUI 的过程就是用代码描述清楚各窗体零部件属于哪个父窗体、位置如何的过程。tkinter 库采用面向对象理念设计，提供了一系列的窗体零部件类，根据这些类可以很方便地生产出标签、文本框、按钮等 GUI 所需的零部件。在生产这些零部件的同时可以指定它们的父窗体及零部件自身的一些特征，之后使用某种布局方式说明零部件在父窗体中的位置。

tkinter 提供了多种布局方式，其中 place 方式将父窗体看成坐标原点在左上角的一个平面坐标系，要说明各零部件位于窗体的位置只需指出零部件的左上角坐标位置即可；而 grid 方式则将父窗体假想成一个有若干行列的表格，然后指出每个零部件位于第几行、第几列的单元格即可。

各种窗体零部件中有的只具有展示功能，信息的传递是单向的。但类似文本框或按钮之类的零部件是可以接收用户的操作的，如输入文本、鼠标单击等，这类窗体零部件的信息传递是双向的，对于这些零部件还会有辅助其工作的一些其他窗体要素。为了说明这些细节，下面以常见的登录界面为例，演示如何使用 place 布局方式打造一个图 10.1 所示的界面。在这个登录界面中，主窗体尺寸比较小，而且不希望用户调整窗口尺寸，因此窗体右上角的【最大化】按钮为不可用状态。窗体上有两个标签 Label 用来展示说明性文字 "用户""密码"，还有两个文本框 Entry，两个按钮 Button。单击【登录】按钮，程序会检验用户输入的用户名和密码是否正确，根据正确与否打开一个对话框给用户反馈。单击【重置】按钮后，会将当前文本框中输入的内容清空。

接下来对程序的分析分成两大部分，首先是窗体和负责静态信息展示的标签的生成过程；之后是可以和用户互动的文本框、按钮等零部件的生成过程。

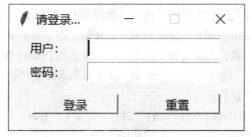

图 10.1   登录界面效果图

10.4.2   生成窗体与标签

生成登录窗体及标签部件的代码如代码 10.5 所示，首先导入 tkinter 库，因为判断完密码是否正确后要用到消息对话框给用户反馈，所以一并导入消息对话框模块。

接下来利用 Tk 类创建登录界面的根窗体，并设置窗体的标题栏文本为"请登录..."，然后利用 geometry()方法指明窗体的几何特征，包括窗体的尺寸大小及在屏幕的位置。这些信息通过一个特殊格式的字符串来说明，需要指出的是宽高之间使用字母 x 分开，而不是乘号。最后在窗体对象的 resizable()方法中声明窗体在两个维度上都不可以调整大小，因此右上角的【最大化】按钮将失效。

接下来调用 tkinter 库中的 Label 类生成两个标签部件，分别显示"用户："和"密码："。在生成这些界面零部件时，首先要指明其所属的父窗体，这里显然都为 root_win。另外，还有其他一些描述零部件特征的信息可以一并说明，对于标签部件而言，要显示的文字内容是必须要说明的，这可以通过 text 参数给出。标签对象诞生后还要指明其在父窗体上的位置，否则这些标签是不显示的。这个例子使用 place 布局方式，所谓 place 布局方式其实就是调用零部件的 place()方法，然后声明零部件左上角在主窗体中的横纵坐标位置。代码中将"用户："标签放置在（10,5）的位置，并且宽度为 80 像素、高度为 25 像素。另外一个标签的布局设置完全类似。

代码 10.5   生成登录界面的主窗体以及标签

```
import tkinter
import tkinter.messagebox


root_win = tkinter.Tk()                    #生成窗体
root_win.title('请登录...')                 #窗体标题栏
root_win.geometry('300x120+700+300')       #宽300、高120,在屏幕的位置为（700,300）
root_win.resizable(False,False)            #不可以调整窗体的大小


lbl_user = tkinter.Label(root_win,text='用户: ')
lbl_user.place(x=10,y=5,width=80,height=25)
lbl_pwd = tkinter.Label(root_win,text='密码: ')
lbl_pwd.place(x=10,y=35,width=80,height=25)
```

10.4.3   生成文本框与按钮

文本框的设置略微复杂一些，由于文本框是"双向"的，不仅能展示信息，还能从用户处获取信息。但实际上文本框部件本身只是一层"皮"，真正的数据信息如用户名是要保存在变量中的，因此每一个文本框一定有一个与其配套的变量。前台的文本框和幕后的变量一起完成数据的展示或获取，在这个过程中二者是捆绑在一起的。用户在文本框中输入的数据会保存在幕后的变量中，而

幕后的变量值如果发生了变化，文本框中的内容也会跟着改变。因此在描述窗体中的文本框时，除文本框本身的外观外，还要指明和文本框搭档的幕后变量。由于幕后变量要与搭档的文本框绑定在一起，以实现内容信息的一致，因此这种变量不是一个普通的 Python 变量。tkinter 库提供了一个专门的类来创建这种幕后变量，这就是 StringVar 类。根据 StringVar 类创建的幕后变量都有 get()和 set()方法用来读取、修改幕后变量的值。

在代码 10.6 中首先使用 tkinter.StringVar()声明一个变量 var_user，并将其值设为空字符串。这就是要和用户名文本框搭档的幕后变量。接下来调用 Entry 类生成文本框，除指明父窗体外还要指明和其搭档的幕后变量是谁，这是通过 textvariable 参数完成的。之后同样调用文本框部件的 place()方法设置其在主窗体上的位置。接下来的密码文本框设置过程与用户名文本框是类似的，只是多了一个 show 参数，用来设置密码文本框不把用户输入的密码直接显示出来，而是以*号代替。

界面元素还剩下两个按钮，单击按钮后要有反应动作，因此对于按钮部件最重要的是要指明单击按钮之后执行什么命令（command），即要为按钮预备响应函数。所以代码 10.6 先定义了一个 login()函数，并在利用 Button 类生成【登录】按钮时通过 command 参数指明单击按钮后的响应函数是 login()函数。注意，command 参数处只写函数名，不需要函数的括号。在 login()函数中通过和文本框配合的幕后变量的 get()方法获取文本框中用户输入的用户名与密码，然后与预存的正确值进行比对。根据比对结果调用 messagebox.showinfo()或 showwarning()显示消息对话框，这里可以设置对话框的标题栏、要展示的消息文本等。【重置】按钮的处理是类似的，这里不再赘述。单击【重置】按钮后执行 reset()函数，因此在 reset()函数中调用两个幕后变量的 set()方法对两个幕后变量的值进行重置。因为这两个幕后变量和界面中的两个文本框是分别绑在一起的，所以当它们的值改变时，两个文本框中的内容也会随之而变。

代码的最后一行调用根窗体的 mainloop()方法启动整个窗体，此方法运行后，整个窗体和其上的零部件都将显现，直到用户关闭窗体。

代码 10.6　生成登录界面中的文本框与按钮

```python
var_user = tkinter.StringVar()
var_user.set('')
entry_user = tkinter.Entry(root_win,textvariable=var_user)
entry_user.place(x=100,y=5,width=170,height=25)
entry_user.focus()              #用户文本框成为当前焦点


var_pwd = tkinter.StringVar()
var_pwd.set('')
entry_pwd = tkinter.Entry(root_win,show='*',textvariable=var_pwd)
entry_pwd.place(x=100,y=35,width=170,height=25)


def login():
    user = var_user.get()
    pwd = var_pwd.get()
    if user=='admin' and pwd=='123456':
        tkinter.messagebox.showinfo(title='登录成功！',
message='您以管理员身份登录。')
    else:
        tkinter.messagebox.showwarning(title='登录失败！',
message='用户名或密码错误。')
#单击【登录】按钮会执行 login()函数
```

```
btn_login = tkinter.Button(root_win,text='登录',command=login)
btn_login.place(x=30,y=75,width=110,height=25)

def reset():
    var_user.set('')
    var_pwd.set('')
#单击【重置】按钮会执行 reset()函数
btn_reset = tkinter.Button(root_win,text='重置',command=reset)
btn_reset.place(x=160,y=75,width=110,height=25)

root_win.mainloop()
```

10.5 小试牛刀

本节将通过两个案例分别演练学习到的面向对象的相关知识，以及利用 tkinter 库进行 GUI 设计。

10.5.1 使用类重构历史时间线案例

在第 8 章的小试牛刀环节有一个绘制历史名人时间线的案例，其实未必一定是历史人物，历史事件、历史发明或历史文物都可以出现在时间线中。历史人物、历史事件、历史发明、历史文物等虽然各有不同的细节，但都可以看成历史时间线上的条目，拥有共同的一些特征。

下面的代码 10.7 利用类重构了第 8 章的案例，除了历史人物，还在时间线上添加了历史事件。历史人物与历史事件都继承了时间线条目的一些共同属性、方法，同时又可以有各自独特的地方，如历史事件希望使用红色来进行绘制，这些都可以通过类的继承与多态来轻松实现。

代码 10.7 使用类重构历史事件线案例

```
import turtle
import random

class TimeLineItem():                   #时间线条目
    def __init__(self,name,year):
        self.name = name
        self._year = year

    def get_year_val(self):
        return self._year

    def draw_time_line(self,t):
        t.pensize(3)                    #时间主线较粗
        t.goto(self._year,0)

    def draw_myself(self,t,up_down):
        distance = random.randrange(30,180,10)
        t.setheading(up_down * 90) #根据 up_down 的值设置引线的朝向
        t.pensize(1)                    #姓名引线较细
        t.forward(distance)
        t.write(self.name,font=("黑体",10))
```

```
        t.backward(distance)
        t.setheading(0)

class HistoryPerson(TimeLineItem):
    def __init__(self,name,year,note=""):
        super().__init__(name,year)
        self._note = note

class HistoryEvent(TimeLineItem):
    def draw_myself(self,t,up_down):
        t.pencolor("red")              #历史事件使用红色绘制
        super().draw_myself(t,up_down)
        t.pencolor("black")

time_line_items = []
time_line_items.append(HistoryPerson("李白",701))
time_line_items.append(HistoryPerson("老子",-551,"*"))
time_line_items.append(HistoryEvent("郑和下西洋",1405))
time_line_items.append(HistoryEvent("鸦片战争",1840))
time_line_items.append(HistoryEvent("张骞出使西域",-138))
time_line_items.sort(key=lambda x:x.get_year_val())    #按年份升序排列
limit_min = time_line_items[0].get_year_val() - 100    #横坐标的最小刻度
limit_max = time_line_items[-1].get_year_val() + 200   #横坐标的最大刻度
turtle.setup(0.9,0.8,100,100)                          #窗体占屏幕比例
turtle.setworldcoordinates(limit_min,-200,limit_max,200)
t = turtle.Turtle()
t.penup()
t.goto(limit_min,0)
t.pendown()
up_down = 1    #值为 1 表示条目出现在时间线上方,值为-1 表示条目出现在时间线下方
for item in time_line_items:
    item.draw_time_line(t)
    item.draw_myself(t,up_down)
    up_down *= -1           #改变下一个条目引线的方位
t.pensize(3)
t.goto(limit_max,0)
t.hideturtle()
t.getscreen().mainloop()
```

代码定义了 TimeLineItem 类，将时间线条目应该具有的一些共性的东西都封装在这个类中。无论是历史人物还是历史事件，甚至是代码中没有演示的历史文物等，都可以从 TimeLineItem 类派生出来。TimeLineItem 类不仅规定了所有的时间线条目都应具有 name 和 year 两个属性，还规定了应具有在时间线上绘制自身的能力，即 draw_time_line()方法和 draw_myself()方法。其中，draw_time_line()方法负责绘制上一条目至本条目之间的时间轴主线，而 draw_myself()方法负责绘制本条目自身，包括引线和名字。为了能更好地区别时间线上的历史人物和历史事件，程序希望历史事件使用红色绘制。也就是历史事件对象在绘制自身时有更细致的要求，这一点通过在 HistoryEvent 类中覆盖父类的 draw_myself()方法来实现。

如果历史人物或历史事件还有其他独特的要求，都可以在子类中通过扩展、覆盖父类的属性、

方法来实现。程序也可以很方便地添加历史文物等其他类型的时间线条目。目前演示的只有历史人物和历史事件，如图 10.2 所示。

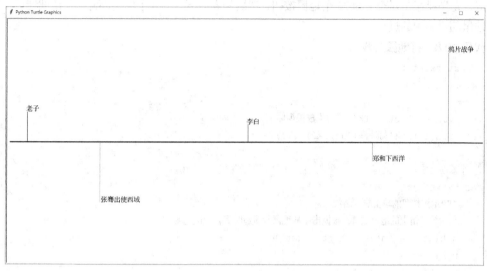

图 10.2　历史人物与历史事件构成的时间线效果图

10.5.2　使用 tkinter 设计打地鼠游戏

这个案例将尝试使用 tkinter 开发一个类似"打地鼠"的小游戏，界面效果如图 10.3 所示。界面中有 5 行 5 列共 25 个按钮，每个按钮代表一个地鼠。界面最下方有 4 个标签，用来记录玩家命中的地鼠数量及地鼠更换洞穴的速度。从图 10.3 可以看出，整个界面的布局呈现明显的表格效果，因此使用 tkinter 库的 grid 布局方式是很方便的。在 grid 布局下，只需说明每个零部件位于窗体假想表格的第几行、第几列即可。

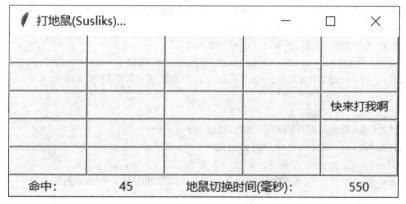

图 10.3　打地鼠游戏效果图

程序中的 25 个地鼠按钮被保存在一个嵌套列表中，每个按钮都有可用和不可用两种状态，不可用时对单击动作没有反应。程序通过持续不断地随机改变某个按钮的状态来模拟随机出现的地鼠。这个实现过程的关键点利用了按钮零部件的 after() 方法，该方法可以在指定的时间过后去执行某个函数，正是这个函数让当前可用按钮不可用，并再次随机挑选下一个可用的按钮，从而实现地鼠不断出现的过程。

具体程序的细节如代码 10.8 所示。代码分成几个部分，在导入所需模块、生成主窗体后，代码迎来了辅助函数部分，这里定义了 4 个辅助函数。然后是 3 个全局变量，接下来就是各界面零部件的生成，先是保存在列表中的 25 个地鼠按钮，然后是界面下方的 4 个标签部件。一切就绪后，程序启动地鼠随机出现的过程。

代码 10.8　打地鼠游戏

```python
import tkinter
import random


root_win = tkinter.Tk()      #生成根窗体
root_win.title('打地鼠(Susliks)...')


#4 个辅助函数
def hitted():
    """地鼠按钮的单击响应函数
    负责统计击中的地鼠数量，根据击中的地鼠数量适时更新地鼠速度"""
    n_hitted = int(var_hitted.get())
    n_hitted += 1
    var_hitted.set(n_hitted)
    if n_hitted % 5 == 0:
        suslik_speed = int(var_suslik_speed.get()) - 50
        var_suslik_speed.set(suslik_speed)


def random_suslik():
    """随机出现一个地鼠"""
    global poped_suslik,after_id
    x = random.randint(0,4)              #随机选择地鼠出现的行 x, 0≤x≤4
    y = random.randint(0,4)              #随机选择地鼠出现的列 x, 0≤x≤4
    poped_suslik = susliks[x][y]         #susliks 为保存全部地鼠按钮的全局列表
    poped_suslik['state'] = 'normal'     #将这个地鼠按钮改为可用状态
    poped_suslik['text'] = '快来打我啊'
    suslik_speed = int(var_suslik_speed.get())
    after_id = poped_suslik.after(suslik_speed,disable_suslik,x,y)
    #suslik_speed 毫秒后会调用 disable_suslik() 函数，并向其传递参数 x 和 y


def disable_suslik(x,y):
    """根据当前可用地鼠按钮的行列号，修改其状态为不可用"""
    susliks[x][y]['state'] = 'disabled'
    susliks[x][y]['text'] = ''
    random_suslik()          #再调用 random_suslik() 函数随机选择下一个地鼠按钮


def before_quit():
    """负责在窗体退出时取消地鼠按钮的下一次 after 调用"""
    poped_suslik.after_cancel(after_id)
    root_win.destroy()


#3 个全局变量
poped_suslik = None      #记录当前可用的地鼠按钮
```

```
after_id = None          #记录地鼠按钮 after()方法返回的调用 id
susliks = []             #保存所有地鼠按钮的列表

#双重循环生成所有的地鼠按钮,初始状态皆不可用
for x in range(5):               #5 行
    row_susliks = []             #记录每一行的地鼠按钮,每行开始时要清空
    for y in range(5):           #5 列
        btn_suslik = tkinter.Button(root_win,text="",width=10,command=hitted)
        btn_suslik.grid(column=y,row=x)     #地鼠按钮放在窗体表格相应的位置
        btn_suslik['state'] = 'disabled'    #初始状态不可用
        row_susliks.append(btn_suslik)      #当前行地鼠按钮保存到行列表中
    susliks.append(row_susliks)             #整行地鼠按钮保存到 susliks 中

#窗体下方的 4 个标签
lbl_msg_1 = tkinter.Label(root_win,text='命中: ')
lbl_msg_1.grid(column=0,row=5)        #显示 "命中: " 文本标签

var_hitted = tkinter.StringVar()      #与标签搭档的幕后变量 var_hitted
var_hitted.set(0)
lbl_hitted = tkinter.Label(root_win,textvariable=var_hitted)
lbl_hitted.grid(column=1,row=5)       #显示命中数量的标签

lbl_msg_2 = tkinter.Label(root_win,text='地鼠切换时间(毫秒): ')
lbl_msg_2.grid(column=2,row=5,columnspan=2) #文本标签,跨 3、4 两列

var_suslik_speed = tkinter.StringVar()
var_suslik_speed.set(1000)            #地鼠切换速度,单位为毫秒,值越小速度越快
lbl_suslik_speed = tkinter.Label(root_win,textvariable=var_suslik_speed)
lbl_suslik_speed.grid(column=4,row=5)       #显示地鼠切换速度的标签

random_suslik()                       #启动随机选择地鼠按钮的过程
root_win.protocol('WM_DELETE_WINDOW',before_quit) #退出前执行善后工作
root_win.mainloop()
```

下面对代码细节进行简单分析。辅助函数中的 hitted()函数是地鼠按钮的单击响应函数,负责记录击中的地鼠数量,也就是及时更新 var_hitted 这个与标签搭档的幕后变量值。另外,hitted()函数还要在玩家连续击中 5 个地鼠后提升地鼠切换的速度,这里的速度其实是按钮状态切换的等待时长,因此时间越短地鼠切换速度越快。接下来的 random_suslik()函数负责地鼠随机出现的模拟过程。其原理是随机挑选 25 个地鼠按钮中的一个,将其按钮状态改为正常的可用状态,并让按钮上显示文本"快来打我啊"。但仅有这些还只能实现一次地鼠的"露头"效果,要想不断地呈现这种效果,必须在一段时间后将当前可用的地鼠按钮再变为不可用,而后再次随机挑选一个地鼠按钮使其可用。实现这一点的关键是,用到了按钮零部件的 after()方法,该方法在等待指定时长后会执行指定的函数,并能向要执行的函数传递必要的信息。正是依赖 after()方法,在每个被选中的地鼠按钮可用状态持续了短暂时间后(该时间段由幕后变量 var_suslik_speed 决定,会随着玩家击中地鼠的数量增多而变得越短),程序会转而执行 disable_suslik()函数并将当前可用按钮的行列号传递过去。而 disable_suslik()函数会根据行列号将该地鼠按钮设为不可用状态,按钮上的文本也会消失。之后再次调用 random_suslik()函数,这样程序就又回到随机选择下一个可用地鼠按钮的过程了。通过 random_suslik()

函数和 disable_suslik() 函数的配合，地鼠随机 "露头" 的效果就可以一直呈现了。但这里有一个小问题，即在玩家关闭主窗体时，如果不做任何善后处理，则可能会导致地鼠按钮的 after() 方法已经发出了对 disable_suslik() 函数的调用，然而由于主窗体关闭事件的发生，程序正处于退出过程中，disable_suslik() 函数已经不存在了。为了避免这种情形，程序倒数第 2 行将窗体销毁事件与 before_quit() 函数挂上钩，这样当玩家关闭主窗体时，会触发 before_quit() 函数的执行，而在 before_quit() 函数中通过地鼠按钮的 after_cancel() 方法取消了之前 after() 方法发出的调用申请。当然要取消之前发出的调用申请时，需要知道调用申请返回的 id，这就是 after_id 的来历。而且因为要跨越两个函数使用，所以将 after_id 声明为全局变量。

程序接下来的 3 个全局变量中另外两个分别是保存 25 个地鼠按钮的嵌套列表和 poped_suslik 记录当前可用按钮（也就是模拟弹出地鼠效果的按钮）。它们都需要在多个函数中使用，因此都定义为全局变量。

代码接下来的工作是开始生成界面上的众多零部件，包括 25 个地鼠按钮及下方的 4 个标签。生成地鼠按钮时使用了双循环，便于与嵌套列表对应。每个按钮的宽度为 10 个字符，初始状态均不可单击，按钮上没有文字，响应函数设置为 hitted() 函数。4 个标签中有 2 个只是单纯地负责展示提示信息，比较简单。另外 2 个标签需要幕后变量的配合，因此各有一个 StringVar 类型的变量与之绑定。前面的辅助函数只需在合适时机更新这两个幕后变量的值，与之搭档的标签就会将相应数值更新在界面上了。

10.6 拓展实践：试一试面向对象编程

简单的计算器允许使用者提供两个数和一个运算符，然后返回运算结果。问题是计算器上会有比较多的运算种类，如何处理众多的运算呢？当一种新的运算出现后，如何方便地扩展程序使其支持新的运算呢？不同的运算处理流程是相似的，如何避免大量重复代码呢？这些都是在设计程序时要考虑的问题。不仅要考虑解决当下问题，还要考虑未来业务发生变化后程序是否能很好地适应。计算器这个例子虽然很小，但也存在这些问题。接下来通过编写一个简单的计算器程序，实际感受一下面向对象编程的优势。

10.6.1 识别对象与类

在面向对象编程过程中恰当地识别程序需要的对象是非常重要的。在计算器这个例子中显然计算器是一个核心对象，应该将其定义为一个类。但计算器有很多运算类型，如加、减、乘、除等，如何处理它们呢？一种方案是定义一个计算器类，然后在其内部定义对应加、减、乘、除等一系列运算的很多方法。另一种方案是定义一个父类，说明运算的一般要素，如两个输入、一个输出；然后定义很多子类，每个子类完成一种特定的运算。显然，第一种方案所有的程序逻辑都位于一个核心的计算器类中，随着运算种类的增加，程序变得越来越复杂，这个计算器类也就变得越来越庞大、臃肿，类中对应各种运算的方法之间会有很多代码是类似的、重复的，而且因为程序的功能都写到了这一个类中，程序的耦合度非常高。而使用第二个方案，程序结构就会清晰、均衡，因为所有类型运算的一般要素都写在父类中，各子类只需将注意力放在自己对应的运算类型的具体实现上，就会降低代码的重复性和耦合度。即便将来支持的运算类型越来越多，也只是从父类派生出的子类越来越多而已，程序的结构不用改变，扩展起来比较容易。

代码 10.9 就是按照第二种方案实现的。首先定义父类 AbstractCalculator，这个类定义了加、减、乘、除等众多运算器都应该具有的共性特征。这个类好比 Animal 类，而下面具体的运算器类就相当于具体的动物子类。例如，PlusCalculator 类是加法运算器类，负责实现加法运算，其 calculating()方法覆盖父类的 calculating()方法；MinusCalculator 类是减法运算器类，负责实现减法运算，其 calculating()方法也要覆盖父类中的 calculating()方法。通过这样的设计，以后程序如果想支持更多种类的运算，只需添加相应的子类，新添加的子类也只需覆盖父类的 calculating()方法，子类只需操心如何实现运算细节即可。

代码 10.9 将每种运算抽象为类

```
class AbstractCalculator:
    '''抽象的运算器，不能做真正的计算，但它概括了各种运算应有的要素。
    完成具体某种运算的运算器应该从它这派生出去。'''
    def __init__(self,op1=0.0,op2=0.0):
        self.op1 = op1
        self.op2 = op2
        self.result = None

    def calculating(self):
        self.result = '当前计算器不支持这种计算功能...'

    def get_result(self):
        return self.result


#各种具体的运算器均由 AbstractCalculator 类派生出来
class PlusCalculator(AbstractCalculator):
    '加法运算器'
    def calculating(self):
        self.result = self.op1 + self.op2

class MinusCalculator(AbstractCalculator):
    '减法运算器'
    def calculating(self):
        self.result = self.op1 - self.op2


a_minus_calc = MinusCalculator(24,12.3)     #生成具体的减法计算器对象
a_minus_calc.calculating()
a_plus_calc = PlusCalculator(24,12.3)
a_plus_calc.calculating()
print(a_minus_calc.get_result())    #输出 11.7
print(a_plus_calc.get_result())     #输出 36.3
```

上面的代码给出了加法、减法两种具体的运算器子类。如果愿意，也可以添加更多类型的运算器子类，如乘法、除法等。

10.6.2 使用设计模式

有了诸如 PlusCalculator 和 MinusCalculator 等具体的运算器类之后，程序就可以根据用户输入的运算符创建相应的运算器对象了，然后完成用户的运算要求。在生成具体的运算器对象时可以使用简单工厂模式。

模式（Pattern）是对一个重复发生的问题，以及人们总结出来的对该问题的一个较优的解决方案的描述。例如，在工程上人们总结了很多问题的解决方案；又如，在棋类游戏中也有很多定式，

什么样的局面用什么样的招数,棋谱上都有说明。棋谱其实就是人们总结的各种模式。类似地,程序设计模式描述了程序设计过程中针对一些常见问题人们总结的比较优良的解决方案。而简单工厂模式是关于如何创建所需对象的一种简单的模式。

在简单工厂模式中,负责生产具体运算器对象的方法被定义在一个专门的工厂类中,工厂类仅作为这个方法的一个容器,但实际上调用这个方法并不需要再去实例化一个工厂类对象,那样就太烦琐了。因此把生产运算器对象的方法通过@staticmethod 修饰符声明为静态方法。静态方法简单来说就是不需实例化对象,直接使用类名即可调用的方法,因此静态方法没有 self 参数。这样工厂类就可以根据用户提供的操作符来生成相应的运算器了。具体效果如代码 10.10 所示。

代码 10.10　负责生成运算器对象的工厂类

```python
class CalculatorFactory:
    """根据用户输入的运算符生成真正的运算器"""
    @staticmethod
    def create_calculator(operator,op1,op2):
        if operator == '+':
            return BC.PlusCalculator(op1,op2)
        elif operator == '-':
            return BC.MinusCalculator(op1,op2)
        elif operator == '*':
            return BC.MultiplyCalculator(op1,op2)
        elif operator == '/':
            return BC.DividCalculator(op1,op2)
        else:
            return AbstractCalculator(op1,op2)
```

至此,定义各种运算功能的类都具备了,负责生成具体运算器对象的工厂也具备了,剩下的就是程序和用户交互的部分了。这个部分可以是命令行式的,也可以是图形界面。代码 10.11 提供了命令行方式的交互过程。

代码 10.11　计算器程序的交互部分

```python
class MyCalculator:
    @staticmethod
    def main():
        op1 = float(input('请输入第一个数: '))
        op2 = float(input('请输入第二个数: '))
        operator = input('请输入运算符: ')
        calc = CalculatorFactory.create_calculator(operator,op1,op2)
        calc.calculating()
        print('计算结果: ',calc.get_result())
```

不管交互部分是什么样子的,前面代码中定义的各种运算逻辑都不用变。这就是程序不同部分之间耦合度低的优点。耦合度高的程序就像是雕版印刷,要印一页书,就要把这页书的字刻在同一个木板上,一旦某个字需要改动,整个雕版就都需要重新雕刻。程序的耦合度太高,牵一发而动全身,用户提出小小的一处修改,导致程序做大调整,弊端是显而易见的。而耦合度低的程序好比活字印刷,哪个字需要修改,换一个活字就可以了,易维护、易扩展(添加新的字很容易)、易复用(同一批活字可用来印多篇文章)、灵活性高(横着印、竖着印均可)。面向对象编程就是要达到这样的目的,通过封装、继承、多态等理念合理设计程序,实现程序各部分间的松耦合,让程序也易维护、易扩展、易复用、灵活性高。

10.6.3　使用模块和包

10.6.2 小节中的计算器程序不过是"一只小麻雀"，可是已经定义了多个类。真正实用的大型程序需要的类会更多，为了程序结构的清楚、便于维护，不应该将众多的类的定义都写到一个 Python 代码文件中，因此自然会考虑将用途不同的类分别写到不同的文件中。下面就将计算器程序的多个类分别放到不同的模块中。

首先在磁盘上建一个 MyCalcualtor 的文件夹，计算器程序所有的代码文件都保存在这个文件夹下。根据程序的结构，可以考虑将程序代码分到 4 个模块中，也就是 4 个代码文件，分别是 AbstractCalculator.py、BasicCalculators.py、CalculatorFactory.py、CalcProgram.py。从文件名应该能看出，AbstractCalculator.py 文件保存的是 AbstractCalculator 类的定义；BasicCalculators.py 文件保存的是加、减、乘、除等基本运算器对应的类，将来出现的其他更高级的运算功能也可以保存在另外一个代码文件中；CalculatorFactory.py 文件保存的是简单工厂类；最后的 CalcProgram.py 文件保存的是和用户交互的代码。

当把代码分到多个模块后，要根据需要在代码头部添加导入模块时所需的 import 语句。例如，在 CalcProgram.py 代码文件的开头添加 import 语句，导入 CalculatorFactory 模块。因为只用到 CalculatorFactory.py 文件中的工厂类，所以可以使用 from CalculatorFactory import CalculatorFactory 这种写法。这样原有的 CalcProgram.py 文件代码无须做任何更改。其他几个模块之间也会有引用关系，所以也需要 import 语句。CalculatorFactory 模块需要用到 AbstractCalculator 及加、减、乘、除 4 个类，要导入 AbstractCalculator 模块和 BasicCalculators 模块。模块 BasicCalculators 要用到 AbstractCalculator 这个模块中的 AbstractCalculator 类，所以也要添加 import 语句。有了这些 import 语句，多个模块文件之间的代码就联合起来形成一个有机的整体，程序就可以正常运行了。

其实还可以再进一步。设想一下，如果一个大型的程序代码被分成模块文件后不是 4 个文件，而是上百个文件，这些文件都堆在同一个文件夹下也是不好的。因此对于大型程序还要加一层组织结构，那就是包（Package）。就像把众多的类组织到模块文件中一样，众多的模块文件又可以被组织在多个包中（文件夹）。不过一个普通的文件夹要想真正成为 Python 认可的 Package，需要做一个"记号"，即在该文件夹下放置一个 __init__.py 文件。以计算器程序为例，在 MyCalculator 文件夹下建一个 Calculators 文件夹，随后在这个文件夹下新建一个 __init__.py 文件。然后将文件 BasicCalculators.py 移动到 Calculators 文件夹下。甚至还可以在这个文件夹下新建一个 AdvanceCalculators.py 文件，保存将来实现的各种更高级运算类型的代码。代码文件的组织效果如图 10.4 所示。

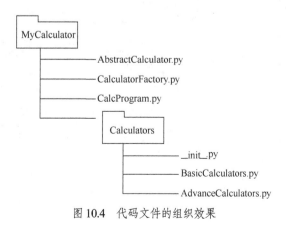

图 10.4　代码文件的组织效果

当然，在把 BasicCalculators.py 文件移动到 Calculators 文件夹下后，导入 BasicCalculators 模块的 import 语句也要跟着修改。这样计算器程序代码不仅被分到了不同的文件中，这些文件又被分到了不同的文件夹中。规模大的程序经过这样的组织后代码结构会更清晰，便于维护。

本章小结

本章介绍了面向对象编程的几个重要概念，包括封装、继承与多态，分析了 Python 中对象实例化的过程。为了加强对面向对象编程理念的理解，在小试牛刀和拓展实践中都进行了演练。另外，本章还介绍了界面设计工具包——tkinter 库，该库的使用也处处体现了面向对象的优势。

思考与练习

1. 尝试描述类中的方法与普通函数的异同。
2. 为本章拓展实践环节的计算器案例补充更多的运算类型。
3. 为本章的绘制历史时间线案例添加历史文物类，并绘制新的拥有 3 类条目的历史时间线。
4. 利用 tkinter 设计一个可以完成加、减、乘、除运算的计算器图形界面，并尝试将界面和本章计算器案例代码融合。
5. 利用 tkinter 为第 6 章小试牛刀环节的比萨计价案例设计一个图形界面。